装备科技译著出版基金

X 射线工业 CT

Industrial X-Ray Computed Tomography

[意] 西莫内·卡米尼亚托
[比] 威姆·德伍尔夫　　主编
[英] 理查德·利奇

李磊　闫镔　席晓琦　等译

国防工业出版社
·北京·

著作权合同登记 图字：军－2018－56号

图书在版编目（CIP）数据

X 射线工业 CT /（意）西莫内・卡米尼亚托（Simone Carmignato），（比）威姆・德伍尔夫（Wim Dewulf），（英）理查德・利奇（Richard Leach）主编；李磊等译 . —北京：国防工业出版社，2024.5 重印
书名原文：Industrial X – Ray Computed Tomography
ISBN 978-7-118-12525-2

Ⅰ . ①X… Ⅱ . ①西… ②威… ③理… ④李… Ⅲ . ①工业 CT Ⅳ . ①TB302.5

中国版本图书馆 CIP 数据核字（2022）第 117549 号

（根据版权贸易合同著录原书版权声明等项目）
First published in English under the title
Industrial X-Ray Computed Tomography
edited by Simone Carmignato, Wim Dewulf and Richard Leach, edition：1
Copyright © 2018 Springer International Publishing AG
This edition has been translated and published under licence from
Springer International Publishing AG, part of Springer Nature.
本书简体中文版由 Springer 授权国防工业出版社独家出版。
版权所有，侵权必究。

※

国防工业出版社出版发行

（北京市海淀区紫竹院南路 23 号 邮政编码 100048）
雅迪云印（天津）科技有限公司印刷
新华书店经售

*

开本 710 × 1000 1/16 插页 32 印张 18¾ 字数 333 千字
2024 年 5 月第 1 版第 2 次印刷 印数 1301—1800 册 定价 126.00 元

（本书如有印装错误，我社负责调换）

国防书店：（010）88540777 书店传真：（010）88540776
发行业务：（010）88540717 发行传真：（010）88540762

译审人员名单

(按姓氏笔画排序)

王林元　王敬雨　巨星海

闫　镔　孙艳敏　李　磊

陈　健　张文昆　席晓琦

梁宁宁　韩　玉　蔡爱龙

译者序

X射线CT在医学诊断中的价值已广为人知，近年来作为确保工业部件高质量生产的重要工具也得到越来越多行业的认可。借助于工业CT技术，复杂内部结构的尺寸测量、复合材料内部纤维走向观测、裂缝等内部材料缺陷无损检测成为可能。这种趋势主要得益于X射线CT技术能够以无损、非接触和相对快速的方式给出部件的外部和内部几何形状的多维度结构信息。CT不仅可获取内部几何形状和缺陷的定性信息，还逐渐成为能够提供尺寸和材料分析的完全定量技术。

随着X射线CT技术的发展以及在工业和国防领域的应用，对CT技术的理解和掌握变得更加重要。《Industrial X-ray Computed Tomography》是一本系统介绍工业X射线CT技术的最新代表性著作，该书作者在国际工业CT技术的交流和推广方面做出了突出贡献。2018年该书第一次由Springer出版社出版，一经出版就获得"工业CT领域的优秀参考书"、"第一本工业CT而非医学领域教材"等诸多好评，是目前国际上少见的非医学类X射线CT图书。

该书介绍了X射线工业CT技术的基本原理，涵盖了包括历史、基础、各种系统结构、硬件和软件在内的工业CT主要特点，还包括误差来源、评价与测试、测量溯源性、校准和性能验证的最新进展以及大量应用实例。同时该书还着重指出仍有哪些工作要做，例如，由于X射线CT扫描的复杂性，依然存在需要解决的计量问题、规范标准仍在制定中等，对于工业CT技术的系统性研究具有很高的指导价值。

译者团队长期致力于三维成像与智能信息处理领域的教学与科研工作，发表相关学术论文百余篇，在本书的编译过程中尊重原著的同时力求简洁、通俗易懂，并得到了装备科技译著出版基金全额资助。本书是跨工程、物理学、材料科学及利用X射线工业CT技术分析的生命科学等多个领域学者必不可少的科研和教学书籍，非常适合工业界、学术界包括计量院所在内的X射线CT系统用户和工程技术人员使用，作为研究生和本科生学习教材也非常适合。如果有对CT图像重建算法感兴趣的读者，可参考译者团队编著的《CT图像重建算法》。

衷心感谢在本书翻译过程中提供帮助和指导的所有人员，还要感谢喜欢本书的读者朋友，译者随时接受读者的建议、评论和批评。

译者
2021年7月于郑州

目　　录

第 1 章　工业 CT 介绍

Adam Thompson，Richard Leach

摘要： 本章将介绍工业 CT 相关基本概念和发展历程，包括从传统断层成像技术到现代 CT 技术的由来，概述 5 代临床 CT 和 2 种工业 CT 类型，并讨论 CT 的工业应用需求。

计算机断层成像 （Computed Tomography，CT） 是一种使用 X 射线或 γ 射线照射物体并通过数学算法生成物体断层图像的成像方法 （VDI/VDE，2009）。Tomography 单词本身来源于希腊语 tomos （表示切片或截面） 和 graphien （表示书写或记录）。在断层成像过程中，使用 X 射线摄影术生成大量射线透射投影，通过数学重建算法生成被扫描物体的切片图像 （Hsieh，2009）。在很多应用中通常将重建的切片图像堆叠在一起来形成物体的三维图像。断层成像技术最初是作为一种新的临床可视化方法发展起来的，与将物体三维体积信息压缩为二维投影信息的传统二维 X 射线摄影术相比，具有显著的优势。尤其当物体内部结构重叠时，二维 X 射线摄影术由于深度信息的模糊性会难以准确定位物体内部结构特征，并且结构重叠得越密集，感兴趣的特征越容易被掩盖。例如，在病人佩戴有珠宝首饰的情况下 （图 1.1），或者当骨骼与癌性肿瘤在相同的 X 射线照射路径上时，肿瘤在影像上的信息有可能由于骨骼的存在而被完全掩盖。

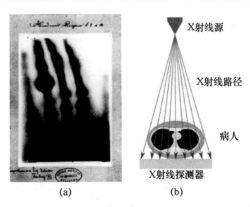

图 1.1　（a） 伦琴夫人的手的 X 射线影像示例，影像显示手指骨骼信息被掩盖在结婚戒指之下 （NASA 2007）；（b） 获取 X 射线影像信息的基本设置

1.1 X射线断层成像技术的历史

自从人类发现X射线并开启了X射线成像时代以来，X射线成像技术取得了许多重要的发展。本节简要介绍传统断层成像、计算机断层成像的发展历史，以及现代成像系统的技术进展，探讨CT系统架构的发展历程。

1.1.1 X射线断层成像技术

在现代计算机发明之前，断层成像技术是无法像现代CT系统那样进行复杂计算的。传统的断层成像技术最初是在1921年由André Bocage设计提出的（Bocage，1921；Hsieh，2009），这项发明描述了通过模糊感兴趣平面上方和下方的结构来获得物体的该平面切片图像的方法。Bocage使用X射线源、物体和探测器的简单结构设计，在当时的情况下所谓探测器就是一张X射线胶片。在成像实验中，Bocage将X射线源和探测器沿相反方向进行同步线性平移，以模糊位于系统焦平面之外的结构信息。为了便于理解Bocage方法的工作原理，假设被扫描物体内有标记为A和B的两个点，其中A点在焦平面内，B点在焦平面上方。当X射线源和探测器反向平移时，A点的投影始终保持在探测器上的相同位置，因此A点的图像信息不会模糊。然而，B点的投影则在探测器上发生相应的平移，导致B点的图像信息模糊成线段。因此与B点类似，不在X射线束的焦平面上的任意点都会发生类似的不同程度的模糊，而位于焦平面中的任意点则与A点类似都不会发生模糊，最终结果是关于成像焦平面的、相对清晰的切片图像，该过程如图1.2所示。

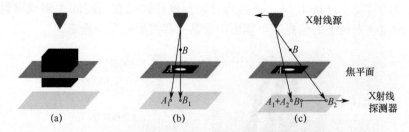

图 1.2 传统断层成像原理示意图

（a）从被扫描物体中选择一个平面；（b）A点和B点在探测器上投影的初始位置；
（c）A点和B点的投影位置沿相反方向进行相对线性平移。下标1
和2分别表示平移前和平移后（Hsieh，2009）。

传统的断层成像技术具有以下特点，首先该方法得到的图像中存在信息模糊，这是由于焦平面之外的信息叠加导致图像对比度降低。另外，距离焦平面越近，图像结构模糊的程度越低。虽然在真实物体焦平面上的图像信息将具有最高清晰度，但是实际上最终图像表示的是与真实物体焦平面相对的具有一定厚度的切片信息总和。模糊量可用于对切片厚度进行阈值处理，这取决于 X 射线束扫过的角度，如图 1.3 所示。切片厚度与 tan（1/α）成反比，因此 α 必须足够大以产生相对薄的切片。

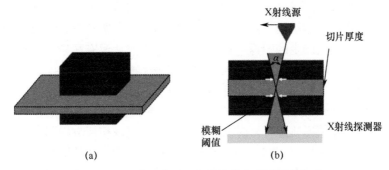

（a）
（b）

图 1.3　（a）表示穿过被扫描物体的有限尺寸切片；
（b）切片厚度为角度 α 的函数（Hsieh，2009）

传统断层成像技术的另一个重要特点是，模糊通常仅存在于与 X 射线源和探测器运动轨迹平行的方向上，而垂直方向上几乎没有。这种方向性的模糊使得待测物体的结构仅沿着平行于源和探测器运动方向发生模糊。图 1.4 展示了传统断层成像中与方向相关的模糊现象。在图 1.4 中，参考体模（右）由两个平行的圆柱体制成，每个圆柱体顶部都有一个比圆柱体密度更大的球体。两个球体的位置平行于由圆柱体形成的平面，并位于圆柱体上方。

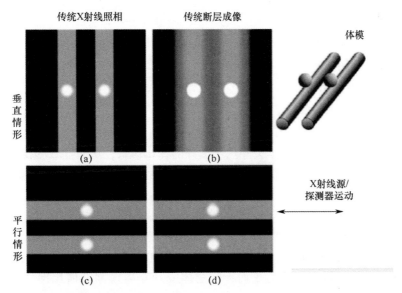

图 1.4　使用体模的透视图像与传统断层成像对比，从而显示传统断层成像依赖于方向的模糊。每个断层图像的焦平面位于球体的中心（Hsieh，2009）

图 1.4（a）和（b）为体模的长轴沿垂直于射线源和探测器运动方向放置时的成像结果，而图 1.4（c）和（d）为体模的长轴沿平行于射线源和探测器运动方向时的成像结果。在垂直情况下，图 1.4（b）清楚地显示了放置在焦平面之外的圆柱体的模糊，同时也显示了球体的更清晰的图像（对于该示例，可以被认为是物体内部感兴趣的结构信息）。在图 1.4（d）中，圆柱体的所有模糊都与它们的方向平行，因此产生的图像与传统的射线透视照片没有区别。这种情况也导致了球体图像没有增强的问题，因为模糊效果被体模的取向所抵消。

在所谓"多向"断层成像的过程中，使用比这里所示的简单线性平移更复杂的源和探测器运动路径，可以在一定程度上解决依赖于方向的模糊问题。例如，使用圆形或椭圆形轨迹，X 射线源和探测器分别按相反方向做同步移动，从而在所有方向上实现均匀模糊。图 1.5 显示了这种形式的传统断层成像示例。应当指出的是，使用这种多向方法也会带来一些缺点，如扫描成本和时间增加，以及 X 射线剂量更大，尤其在对活体成像时辐射剂量问题更为显著。

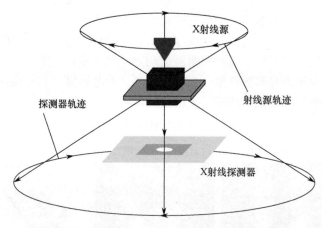

图 1.5　多向断层成像方法示例（Hsieh，2009）

尽管多向断层成像成功地解决了传统线性断层成像中图像定向模糊问题，但是仍然不能从断层图像中完全去除焦平面外的物体信息，从而导致图像中焦平面内不同结构之间的对比度降低。因此，传统断层成像（无论线性还是多向形式）在实际应用中受到严重制约，最初几乎无法用于临床或工业应用。随着图像处理技术的发展和数字平板探测器（与射线感光胶片相对应）的问世，传统断层成像重新成为研究热点，在临床应用中它所需要的 X 射线剂量比 CT 更低（Hsieh，2009；Dobbins Ⅲ 和 Godfrey，2003；Warp 等，2000；Stevens 等，2001；Nett 等，2007；Deller 等，2007），在对平面板状物体或具有高尺寸纵横比部件进行分析的工业应用中更具有优势（Kruth 等，2011；De Chiffre 等，2014）。现代版本的传统断层成像技术（也称为层析成像或层析合成）可以使用单个数据集获取不同焦平面的若干图像，并通过现代图像处理改善图像质量。

1.1.2　X射线计算机断层成像

CT成像的数学理论可以追溯到1917年，当时Johann Radon证明了一个函数可以使用"Radon变换"从其无限投影集中重建恢复该函数（Radon，1986）。二维Radon变换是由函数沿直线的积分组成的积分变换（Arfken和Weber，1985）。因为Dirac delta函数的Radon变换可以用正弦波表示，所以Radon变换数据通常被称为"正弦图"（见第2章）。1940年Gabriel Frank提出了X射线断层成像方法，并被广泛接受认可，如专利（Frank，1940；Webb，1992；Hsieh，2009）所述。考虑到现代计算技术在1940年尚未存在的事实，这被认为是不可思议的壮举。Frank在专利中描述了用于生成被扫描物体线性投影（即正弦图）的设备，以及用于图像重建的光学反投影技术（见第2章）。

Frank的专利奠定了现代CT的基础，但在当时由于缺乏现代计算技术而受到了严重阻碍，因此在其专利发布后的一段时间内没有取得任何进展。1961年，来自加利福尼亚大学洛杉矶分校的神经学家William H. Oldendorf公开了他的实验设计，使用γ射线来检查被其他钉子环形包围的钉子（通过常规射线成像无法实现对环中心钉子的成像检查）（Oldendorf，1961）。Oldendorf的实验旨在模拟人体头部，并研究是否有可能通过透射测量获得被其他密集结构包围的内部结构信息。Oldendorf的实验装置如图1.6所示，测试样品位于经过准直的$I^{131}\gamma$射线源和NaI闪烁体探测器之间，以88mm/h进行线性平移，同时以16r/min的速率进行旋转。Oldendorf的实验示意图如图1.7所示。

图1.6　William H. Oldendorf使用的样品，包括分别围绕一个铝钉和一个约15mm
铁钉的两个铁钉环，放置在100mm×100mm×4mm的塑料块上。
使用的γ射线源显示在图像的右上角（Oldendorf，1961）

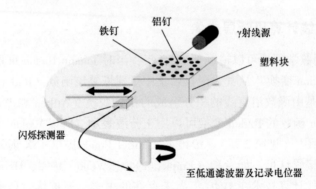

图 1.7　Oldendorf 的实验示意图

在 Oldendorf 设计的这个实验中，γ 射线束始终穿过系统的旋转中心，同时在每次旋转过程中 γ 射线束会穿过环上每个钉子两次，而由于非常缓慢地线性平移运动，射线束会相对缓慢地通过两个中心钉子，并测量记录随时间变化的射线束强度。当环上的钉子相对快速地进出射线束时，所得到的强度变化可以被认为是高频信号，因此可以使用低通滤波器从强度分布中移除。由于较慢的线性平移，两个中心钉在射线束中会保持更长的时间段，因此与环上的钉子相比，可以表示为相对低频率的信号，并通过低通滤波器得以保存。Oldendorf 通过重建穿过旋转中心的一条线就能够检测到两个中心钉的存在。由于当时无法存储线数据，因此 Oldendorf 没有尝试重建切片。然而，Oldendorf 设计的方法确实代表了现代 CT 成像系统的基本原理。

断层成像技术的下一个进步发生在 1963 年，当时 David Kuhl 和 Roy Edwards（Kuhl 和 Edwards，1968）提出了横向断层成像的想法。在成像研究中，Kuhl 和 Edwards 围绕患者的大脑在 24 个均匀间隔的角度上，使用放射性同位素进行 24 次独立的曝光来获取一个断层。在每一步的扫描过程中，两个探测胶片相对放置，并与旋转轴同心圆相切。探测胶片曝光于穿过阴极射线管屏幕的细光线，其中阴极射线管屏幕的方向、速度与探测胶片的视线匹配。通过这一环节，Kuhl 和 Edwards 实际上正在进行反投影操作（Hsieh，2009），后来他们用计算反投影操作替换了探测胶片来进行数字化处理。虽然 Kuhl 和 Edwards 当时没有重建方法，但这个特殊的实验是由 Kuhl 和 Edwards 最初提出并实现的，并构成了现代发射型 CT 技术的基础。

1963 年，Cormack 结合其多年的研究工作详细报告了第一个实际的 CT 成像设备（Hsieh，2009）。在他的论文中，Cormack 发表了一种由与有限平面区域相交的所有直线的线积分反求该区域分布函数的方法，并将该方法应用于对感兴趣区域内物质衰减系数的重建以改进放射治疗。在推导得到图像重建的数学理论之后，Cormack 使用测试体模验证了他的理论，该体模是直径为 11.3mm 的由铝合金环包围的铝盘，外面被直径为 200mm 的橡木环包围。Cormack 使用 C_0^{60} 伽马射线源和盖革计数探测器，在单个角度上以 5mm 的步进增量对测试体模进行线扫描。由于测试体模是圆对称的，因此在各个角度上的扫描数据在理论上应该是相同的，故而可以使用单角度扫描数据并依据其重建理论来计算铝和木材的衰减系数。

在上面提到的 1963 年论文及其 1964 年的后续论文（Cormack，1963、1964）中，Cormack 使用了非对称测试体模来重复他的实验，测试体模由铝环包围的两个铝盘中间填充塑料代表病人头骨内的肿瘤。在这种情况下，Cormack 仍然使用伽马射线源和盖革计数探测器，并以 180°的角度范围、单角度内 24 个步进增量进行线扫描。

与此同时，EMI 公司的 Godfrey Hounsfield 同样假定通过沿着被检查对象的所有 X 射线测量值来重建其内部结构是可能的（Hounsfield，1976）。基于此想法，Hounsfield 于 1967 年在 EMI 公司使用相对低强度的镅伽马射线源开发出第一台临床 CT 扫描设备，原型机如图 1.8 所示。Hounsfield 的原型机用了 9 天的时间来获取一个完整的数据集并重建一张图片，包括连续求解 28000 个方程所需的 2.5h 计算时间。假定 Hounsfield 不了解 Cormack 算法的情况下，他需要通过求解这些方程来生成重建图像。Hounsfield 稍后修改了他的初始原型系统，使用了比镅具有更高辐射强度的 X 射线源和闪烁体探测器，大大减少了扫描时间并提高了测量衰减系数的准确度（Hsieh，2009）。

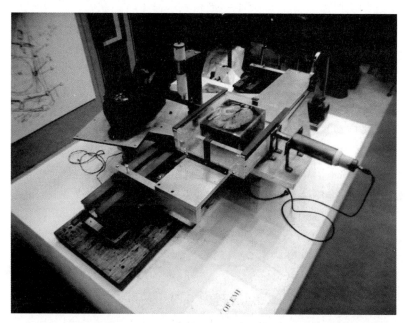

图 1.8　1967 年最初的 X 射线 CT 扫描设备由 Godfrey Hounsfield 在 EMI 开发（Bioclinica，2011）

Hounsfield 的 CT 扫描设备之后一直在不断改进，直到 1971 年发布并在伦敦的 Atkinson – Morley 医院安装。扫描设备的最终版本能够在不到 5min 的时间内以

80×80 像素的分辨率扫描单层图像，重建时间约为7min。该扫描设备仅适用于头部扫描，并且需要水箱围绕患者的头部，以便减少 X 射线到探测器上的动态波动范围。从患者的扫描图像中成功识别出患者头部的额叶肿瘤，该扫描设备生成的图像如图1.9所示（Paxton 和 Ambrose，1974）。CT 技术的发明最终为 Cormack 和 Hounsfield 赢得了 1979 年诺贝尔生理学或医学奖。

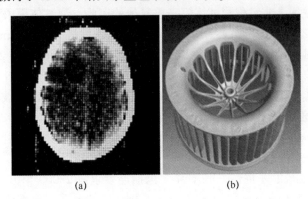

(a)   (b)

图1.9　（a）1971 年 10 月 1 日拍摄的患有额叶肿瘤的患者的第一张临床扫描
图像（Impactscan，2013）；（b）用于工业质量检查的汽车零件
重建模型图像（Kruth 等，2011）

自上述早期扫描应用以来，CT 扫描领域取得了诸多发展，最初是在 1974 年 Robert Ledley 开发出的自动计算机横轴（Automatic Computerized Transverse Axial，ACTA）扫描设备，这是第一台能够对患者进行全身扫描的设备（Ledley 等，1974）。除了功能性方面的明显改进之外，ACTA 扫描设备还提供了比 3 年前发布的 EMI 扫描设备更高的分辨率和更快的扫描速度。

自 ACTA 扫描设备发布以来，围绕扫描速度、成像空间分辨率、低对比度分辨率以及切片层数等方面的改进已持续多年，临床 CT 中每层切片所需的扫描时间大约每 2～3 年减少一半，与密集集成电路中晶体管数量呈指数增长的摩尔定律基本一致（Hsieh，2009）。CT 扫描技术也适用于广泛的应用领域，从兽医诊断领域（Hsieh，2009）到高分辨率工业 CT 的最新应用（图1.9）。随着工业技术的发展，CT 现在越来越多地用于材料表征、内部结构测量和缺陷检测的无损检测领域，以及根据产品尺寸和几何规格直接对零件进行尺寸测量的应用（Kruth 等，2011；De Chiffre 等，2014）。

1.2　CT 扫描设备的发展历程

如上所述，随着时间的推移，CT 技术已经取得了一些发展，其中许多都是由临床成像领域应用需求所驱动的。本节概述了自 Hounsfield 最初原型机以来开发的各种扫描设备类型；有关扫描模式及其对扫描质量影响的更深入的讨论见第

3 章。类似地,用于计量、无损检测和其他专业分析的 CT 数据处理会在第 4 章讨论。

1.2.1 临床 CT 扫描设备

与医学物理学类似,临床 CT 扫描技术发展也受患者需求所驱动。例如,在减少扫描时间方面对扫描设备进行改进,以减少患者接受的 X 射线剂量,并减少由无意识的患者运动所引起的图像模糊。临床扫描设备通常被设计成设备围绕患者高速旋转方式,因为尽管患者台可以沿扫描仪旋转轴平移,但是患者不能被旋转。这些约束会在一定程度上限制扫描设备的准确性和精确度,但是这些临床扫描设备根据应用需求随时间演变的过程是值得我们去关注的。这里描述的扫描方法都是用于获得单层 CT 数据的,患者可以通过扫描设备的轴平移来获得体积扫描数据。

1.2.1.1 第一代和第二代临床 CT 扫描设备

Hounsfield 在 1971 年开发的最初的扫描设备被称为第一代 CT 扫描设备,使用准直的 X 射线笔形束(沿扫描平面 3mm 宽,13mm 长)一次采集一个数据点。X 射线源和探测器相对于样品进行线性移动以获取扫描平面上的各个数据点。然后将射线源和探测器旋转 1°,并重复该过程以获取不同角度下的物体投影数据,如图 1.10 所示。

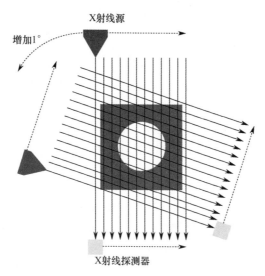

图 1.10 Hounsfield 的第一代 CT 扫描设备,采用平移 – 旋转结构

第一代扫描设备代表了 CT 的技术概念,但正如图 1.8 中脑扫描获得的低质量图像所示,该扫描设备在患者内部几何结构形状的表示方面能力有限,其扫描图像质量低可部分归因于患者在 4.5min 扫描时间内的运动。为了缩短扫描时间,在对第一代设计进行了许多改进的基础上,构建了第二代 CT 扫描设备。第二代扫描设备使用与第一代扫描设备基本相同的架构,仍然使用平移 – 旋转方式,但

是指向不同角度的多个笔形束射线可以使所需的旋转角度数量进一步减少，从而加速扫描。第二代扫描设备结构如图 1.11 所示。

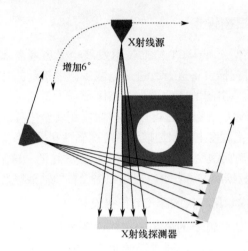

图 1.11　第二代 CT 扫描设备，采用改进的平移－旋转结构

第二代扫描设备所做的改进使采集速度更快，1975 年 EMI 发布了第二代扫描设备，通过使用 30 个单独的笔形光束探测单元，可以在不到 20s 的时间内获得扫描切片（Hsieh，2009）。20s 的阈值在临床 CT 中特别重要，因为 20s 是患者能够屏住呼吸的足够小的时间长度，因此可以显著减少与患者运动相关的问题。

1.2.1.2　第三代临床 CT 扫描设备

在临床医学中，CT 扫描设备的终极目标是能够在一瞬间生成患者体内组织几何形状的快照，而平移－旋转型扫描设备在可实现的最快速度方面存在难以突破的"天花板"。因此，设计开发了第三代 CT 扫描设备，去除了之前设计所需的线性运动组件，从而能够比前两代更快地获取数据。第三代扫描设备的设计经受住了时间的检验，至今仍然是临床扫描设备最受欢迎的设计。

第三代临床扫描设备将探测器单元阵列放置在与 X 射线源相对的圆弧上，射线源发射的扇束射线与探测器形成的有效视野范围覆盖患者区域。射线源和探测器保持相对静止并围绕患者旋转进行扫描，示意图如图 1.12 所示。

第三代扫描设备自问世以来取得了诸多进展，由于最初的扫描设备需要通过布设线缆来传输信号，因此显著地限制了扫描设备的旋转。这种限制要求扫描设备通过顺时针和逆时针交替旋转以获取切片数据，而这使得最低切片扫描时间限制在大约 2s（Hsieh，2009）。之后改进设计运用了滑环技术，允许射线源和探测器机架的恒向旋转，从而消除了扫描设备反复加速和减速所消耗的时间，进而可以将切片扫描时间减少到 0.5s。第三代扫描设备也使得螺旋形扫描成为可能，取代了步进式切片扫描（有关螺旋和步进式扫描详见第 3 章）。

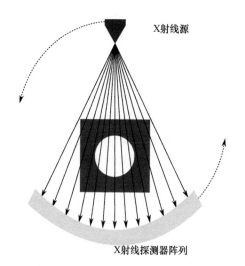

图 1.12 第三代 CT 扫描设备，最初的扇形束扫描设备

1.2.1.3 第四代临床 CT 扫描设备

第三代扫描设备并非没有缺陷，特别是 X 射线探测器的稳定性和扫描数据中出现的混叠。为了克服这些缺陷，系统架构设计改进为采用围绕患者的封闭环形固定探测器，X 射线源仍然围绕患者旋转，并在旋转过程中发射扇形 X 射线照射探测器环（Hsieh, 2009）。这种配置，称为第四代 CT 扫描设备，如图 1.13 所示，与第三代扫描设备不同，采样间距不依赖于探测器单元尺寸，因此每次旋转可以获得更多数量的投影。其优点可以减少混叠效应并可以动态校准探测器，因为探测器单元会在射线源旋转过程的某个位置点上暴露于未衰减的 X 射线束，而动态校准可用于解决第三代扫描设备中探测器的稳定性问题。

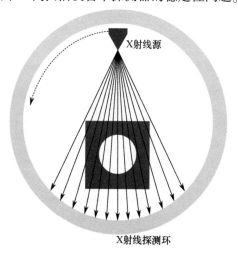

图 1.13 第四代 CT 扫描设备，使用环形探测器单元

第四代扫描设备主要问题是系统所需的硬件数量——需要大量的探测器才能构造足以容纳患者的封闭环（Hsieh，2009）。探测器数量的增加会带来相当大的成本代价，而在临床应用中（仪器成本通常是一个令人望而却步的因素），鉴于有限的性能优势，很难证明购买第四代扫描设备是否合理值得。因此，第四代扫描设备不如旧版扫描设备受欢迎。

第四代（相对于第三代）扫描设备的另一个重要问题与散射效应有关，因为每个探测器单元必须能够从相对宽的角度检测 X 射线（Hsieh，2009）。这会使散射的 X 射线也到达探测器单元并使扫描数据失真，却没有简单的方法来处理这个问题。虽然可以使用后处理算法或参考探测器来校正散射，但是这两种校正都需要增加重建图像花费的时间。

1.2.1.4 第五代临床 CT 扫描设备

第三代和第四代扫描设备现在已经发展到可以在不到 1s 的时间内获得一层完整切片的扫描数据，但在临床医学应用中仍存在人体运动速度与这个时间相当或者速率更快的情况。第三代和第四代扫描设备最终受限于其减少扫描时间的能力，因为机架的最大旋转速度受限于设备能承受的最大离心力。这种限制需要进一步的技术发展来减少扫描时间，因此在 20 世纪 80 年代早期，第五代 CT 扫描设备被研制出来专用于患者心脏检查（Boyd 等，1979；Hsieh，2009），扫描速度要求足够快，在低于 50ms 时间内准确提供心脏运动的快照。第五代 CT 扫描设备的设计不需要射线源、探测器或患者的机械运动，而是通过电磁场控制电子束来回轰击圆筒状的 X 射线靶产生扇形束 X 射线。第五代扫描设备如图 1.14 所示。

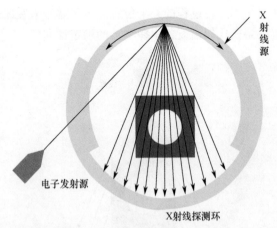

图 1.14　第五代 CT 扫描设备。射线源和探测器环覆盖
角度范围 210°，非共面放置且部分重叠

由于使用电子束打靶，整个第五代扫描设备必须密封在真空中，而真空性的要求使扫描设备的设计在尺寸方面严重受限。扫描设备的设计是为了对心脏

进行专门成像，因此需要沿扫描仪方向进行 80mm 平移，这依靠第三代或第四代扫描设备机械运动来实现几乎不可能，但电子束系统可达到的速度就要快得多。

1.2.2 工业 CT 扫描设备

在工业应用中，进行 CT 扫描的主要目标与医学领域大不相同。在大多数情况下，工业 CT 扫描并不像医学应用那样关注样本接受的 X 射线剂量，虽然快速扫描无疑是一个优势，但在工业环境中超快扫描的时间需求通常没有那么迫切。因此，工业 CT 可以使用更高强度的 X 射线源，并且当需要进行高精度扫描时，还可以适当延长扫描时间。工业 CT 主要用于材料表征、无损检测和计量应用，因此通常更侧重于实现最大可能的扫描分辨率、准确性和精度。工业 CT 还可以应用在诸如纤维增强复合材料的检查以及多模态数据分析等领域。关于工业 CT 在特定领域的应用将在本书第 8 章和第 9 章讨论，本节主要解释近年来为了满足工业应用需求，相对于临床 CT 扫描设备的针对性改进（De Chiffre 等，2014 年）。

对于材料分析和计量应用，工业 CT 扫描设备的根本区别在于系统旋转部件。与在医疗应用中扫描设备围绕患者高速旋转不同，在大多数工业系统中，扫描设备固定而样本旋转，这种改进使得构建的 CT 系统具有更高精度和稳定性，这对于它们的生产应用是至关重要的（Kruth 等，2011）。临床和工业类型 CT 扫描设备之间的另一个主要区别是所使用的输入参数差别很大，因为被扫描对象物质组成（医学中是人体组织，工业中主要是金属和聚合物）以及所需的输出和被扫描物体的大小，在不同应用之间差异很大（De Chiffre 等，2014）。大多数工业 CT 扫描设备都是基于第三代 CT 扫描设备设计，视具体应用分为扇形或锥形 X 射线束两类。

计量 CT 系统参考了接触式探针坐标测量系统设计，进行了许多其他的添加和修改。例如，计量 CT 系统通常具有高精度机械系统，用于调整样品、探测器和射线源的相对位置，以及保证其结构的热稳定性（De Chiffre 等，2014）。这些系统通常还包含高精度温度稳定硬件，并处于温控实验室环境。

1.2.2.1 工业扇束 CT 扫描设备

在架构设置方面，除了先前所述的旋转样品而不是扫描台架的差异，扇形束 CT 扫描设备基本上与第三代 CT 扫描设备相同。图 1.15 给出了扇形束扫描架构。与传统的第三代 CT 扫描设备一样，X 射线源输出的二维扇形 X 射线束穿过被扫描的物体到达探测器。工业 CT 中探测器通常使用带有现代电荷耦合器件（CCD）的闪烁体，可以是弯曲的或直的、线状或平板状的结构。第 3 章会对探测器特性进行更深入地讨论。扇形束系统可以以螺旋或步进的方式获取切片数据。因此，当用于重建被扫描物体完整的三维图像时，它比锥形束类型扫描设备

（在 1.2.2.2 节中讨论）慢得多。然而，扇形束 CT 不会受到锥形束 CT 所面临的一些成像伪影（见第 5 章）的影响，因此能够产生比锥形束 CT 更高精度的扫描数据，特别是在高能射线源应用中。考虑到在尺寸测量中尺寸精度是最重要的应用要素，这使得扇形束扫描成为非常有力的选择。当需要更高的 X 射线能量和精度时，扇形束扫描设备也可用于材料分析应用。

图 1.15　扇形束扫描结构示意图，与传统的第三代扫描设备类似，只是扫描台架保持静止同时样品旋转

1.2.2.2　工业锥束 CT 扫描设备

与之前讨论的其他 CT 系统不同，锥形束 CT 扫描设备能够在单次旋转中采集三维体积数据。锥形束 CT 扫描设备利用三维锥形 X 射线束一次扫描整个物体（或部分），因此与扇形束 CT 系统相比，它是快速采集的代表。与扇形束扫描设备类似，系统通过在固定的射线源和探测器之间旋转被扫描物体来进行扫描。对于被扫描物体大于视场的应用，可以以步进或螺旋锥形束方式移动物体穿过 X 射线束来解决（De Chiffre 等，2014）。锥形束 CT 扫描设备结构如图 1.16 所示。

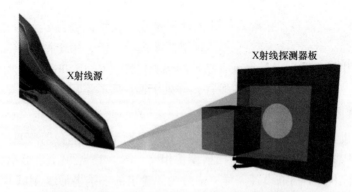

图 1.16　锥束 CT 扫描结构示意图，可在一次旋转中获取 3D 体积数据

与扇形束相比，锥形束 CT 受到许多附加成像伪影的影响（见第 5 章），因此锥形束扫描的质量通常低于扇形束 CT 系统的扫描质量。因此，当需要使用高

能 X 射线扫描大部件或难以穿透的材料时，锥形束 CT 则不适用。在这种情况下，使用锥形束 CT 会导致大量的成像伪影，因此结果不准确（见第 5 章），而扇形束扫描是优选的。但是对于相对较小的且容易穿透的部件，目前大多数应用利用锥形束扫描来获得该技术的速度优势。

1.2.2.3 其他高级 CT 设置

近年来，特定工业需求推动着 CT 技术向个性化定制方向发展（De Chiffre 等，2014）。例如，在线检测情况下，开始使用集成机器人将零件装载到在线系统以减少处理时间（图 1.17）。CT 系统还可以集成到扫描电子显微镜（SEM）上，使用 SEM 中的电子束产生 X 射线，用于小样本的高分辨率检查（Bruker，2016）。面向大型部件或集装箱检测的大型 CT 可能需要使用非常高电压的 X 射线管或粒子加速器（Salamon 等，2015）。直线加速器和同步加速器 CT 现在也越来越多地用于特定工业应用（De Chiffre 等，2014）。直线加速器能够产生高能量的电子束，以获得高穿透性的 X 射线束，可用于检查如前所述的高密度或大型部件。同步加速器能够产生高度准直的单色 X 射线束，而且是相干的、高亮度的并易于调节。然而，同步加速器具有占地面积大的缺点，其装置通常需要几百米甚至几千米直径。大多数同步辐射装置都包含可供使用的 CT 设备，但是它们经常需要长期的预约等待并且产生大量相关成本（De Chiffre 等，2014）。图 1.18 显示了英国的国家同步辐射设施，牛津郡的钻石光源。

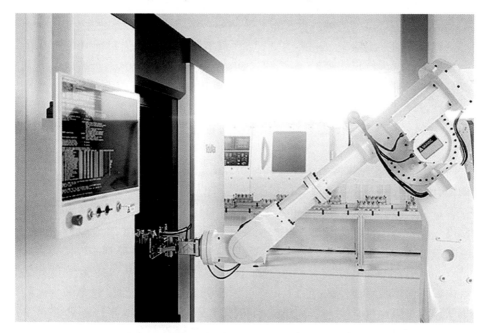

图 1.17 自动化机器人加载到 CT 系统进行在线检测（Zeiss，2016）

图 1.18 英国牛津郡钻石光源的鸟瞰图（Diamond Light Source，2006）

1.3 工业需求

随着 CT 技术的发展，对各种工业应用需求进行了总结归纳（De Chiffre 等，2014；Kruth 等，2011）。Kruth 等特别关注于 CT 测量，得出的结论是"CT 测量技术对于内部有空腔的部件具有很大的尺寸质量控制潜力，这是其他测量设备无法达到的。它还可以对机械部件进行整体测量，即完全评估部件的内部和外部表面而不是有限的一组点"。Kruth 等还讨论了 CT 测量如何成为目前唯一可在单一检测过程中同时进行尺寸测量和材料分析的方法，尽管他认为仍然需要做大量工作。特别是对于计量应用，需要在系统鉴定和性能验证领域以及建立 CT 测量的可追溯性方面开展工作。这些将在第 6 章和第 7 章中详细介绍。Kruth 等还指出，对来自不同测量系统的数据进行数据融合可能是未来工业 CT 应用发展的一个方向。

De Chiffre 等进一步指出了计量和材料分析应用的未来工业需求，减少 CT 仪器的检查周期时间和成本、改善用户友好性和扩大应用范围将成为工业 CT 未来的主要目标。除此之外，De Chiffre 等讨论了通过减小焦斑尺寸提高扫描分辨率和精度、多材料组件的测量选项和大型零件测量技术的开发要求。

在最近的一篇综述中（Thompson 等，2016），作者特别提到 CT 对新型增材制造（Additive Manufactured，AM）部件测量的适用性，因为 AM 天然具有生产复杂内部几何形状零部件的能力。由于光学探针或接触探针的接触要求，这些几何形状通常难以通过常规方法测量。CT 的体积成像特性使得制造商能够在非接触的情况下测量 AM 部件，因此可以测量 AM 部件特有的复杂内部几何形状。然而，汤普森等也认为用于尺寸测量的 CT 系统在校准和验证方面仍然需要做大量的工作，以及面对日益精确的无损检测要求需要进一步提高扫描分辨率。CT 测量在 AM 中的应用将在第 9 章进一步讨论。

在第 2 章中，本书将详细介绍计算机断层成像的原理，讨论 X 射线生成和探测的基本物理过程、图像重建的概念和各种重建算法。第 3 章讨论 CT 设备的主要组件，第 4 章讨论 CT 数据的处理、分析和可视化部分。本书的后半部分将对上述技术取得的进展进行总结归纳，特别是关于 CT 测量中的误差来源（见第 5 章），CT 系统质量和设置的改进（见第 6 章）以及 CT 测量可追溯性方面的进展（见第 7 章）。CT 在工业无损检测和材料表征以及尺寸测量领域的最新进展在第 8 章和第 9 章中介绍。

参考文献

Arfken G, Weber HJ (1985) Integral transforms. Mathematical methods for physicists, 3rd edn. Academic Press, Orlando, pp 794–864

Bioclinica (2011) The evolution of CT scan clinical trials. http://www.bioclinica.com/blog/evolution-ct-scan-clinical-trials. Accessed 12th May 2016

Bocage AEM (1921) Procédé et dispositifs de radiographie sur plaque en mouvement. French Patent No. 536464

Boyd D, Gould R, Quinn J, Sparks R, Stanley J, Herrmmannsfeldt W (1979) A proposed dynamic cardiac 3-D densitometer for early detection and evaluation of heart disease. IEEE Trans Nucl Sci 26(2):2724–2727

Bruker (2016) Micro-CT for SEM: true 3D imager for any scanning electron microscope (SEM). Bruker microCT. http://bruker-microct.com/products/SEM_microCT.htm. Accessed 16th May 2016 2016

Cormack AM (1963) Representation of a function by its line integrals, with some radiological applications. J Appl Phys 34(9):2722–2727

Cormack AM (1964) Representation of a function by its line integrals, with some radiological applications II. J Appl Phys 35(10):2908–2913

De Chiffre L, Carmignato S, Kruth J-P, Schmitt R, Weckenmann A (2014) Industrial applications of computed tomography. Ann CIRP 63(2):655–677. doi:10.1016/j.cirp.2014.05.011

Deller T, Jabri KN, Sabol JM, Ni X, Avinash G, Saunders R, Uppaluri R (2007) Effect of acquisition parameters on image quality in digital tomosynthesis. Proc SPIE 6510:65101L

Diamond Light Source (2006) Diamond about us. Diamond Light Source. http://www.diamond.ac.uk/Home/About.html. Accessed 5th Apr 2016

Dobbins JT III, Godfrey DJ (2003) Digital x-ray tomosynthesis: current state of the art and clinical potential. Phys Med Biol 48(19):65–106

Frank G (1940) Verfahren zur herstellung von körperschnittbildern mittels röntgenstrahlen. German Patent 693374

Hounsfield G (1976) Historical notes on computerized axial tomography. J Can Assoc Radiol 27(3):135–142

Hsieh J (2009) Computed tomography: principles, design, artifacts, and recent advances. SPIE Press, Bellingham, WA, USA

Impactscan (2013) CT History. http://www.impactscan.org/CThistory.htm. Accessed 5th April 2016

Kruth J-P, Bartscher M, Carmignato S, Schmitt R, De Chiffre L, Weckenmann A (2011) Computed tomography for dimensional metrology. Ann CIRP 60(2):821–842. doi:10.1016/j.cirp.2011.05.006

Kuhl DE, Edwards RQ (1968) Reorganizing data from transverse section scans of the brain using digital processing. Radiology 91(5):975–983

Ledley R, Wilson J, Huang H (1974) ACTA (Automatic Computerized Transverse Axial)—the whole body tomographic X-ray scanner. Proc SPIE 0057:94–107

NASA (2007) X-rays. NASA. http://science.hq.nasa.gov/kids/imagers/ems/xrays.html. Accessed 28th Sept 2016

Nett BE, Leng S, Chen G-H (2007) Planar tomosynthesis reconstruction in a parallel-beam framework via virtual object reconstruction. Proc SPIE 6510:651028

Oldendorf W (1961) Isolated flying spot detection of radiodensity dis-continuities-displaying the internal structural pattern of a complex object. IRE Trans Biomed Electron 8(1):68–72

Paxton R, Ambrose J (1974) The EMI scanner. A brief review of the first 650 patients. Br J Radiol 47(561):530–565

Radon J (1986) On the determination of functions from their integral values along certain manifolds. IEEE Trans Med Imaging 5(4):170–176

Salamon M, Boehnel M, Riems N, Kasperl S, Voland V, Schmitt M, Uhlmann N, Hanke R (2015) Computed tomography of large objects. Paper presented at the 5th CIA-CT conference and InteraqCT event on "industrial applications of computed tomography", Lyngby, Denmark

Stevens GM, Fahrig R, Pelc NJ (2001) Filtered backprojection for modifying the impulse response of circular tomosynthesis. Med Phys 28(3):372–380

Thompson A, Maskery I, Leach RK (2016) X-ray computed tomography for additive manufacturing: a review. Meas Sci Technol 27(7):072001

VDI/VDE 2360 Part 1.1 (2009) Computed tomography in dimensional measurement, basics and definitions

Warp RJ, Godfrey DJ, Dobbins JT III (2000) Applications of matrix inversion tomosynthesis. Proc SPIE 3977:376–383

Webb S (1992) Historical experiments predating commercially available computed tomography. Br J Radiol 65(777):835–837

Zeiss (2016) Inline Computer Tomography. Zeiss. http://www.zeiss.co.uk/industrial-metrology/en_gb/products/systems/process-control-and-inspection/volumax.html. Accessed 12th May 2016

第 2 章 X 射线 CT 成像原理

Petr Hermanek，Jitendra Singh Rathore，Valentina Aloisi，Simone Carmignato

摘要： 本章概述了 X 射线计算机断层成像的物理和数学原理。首先，介绍了 X 射线物理学的基本原理，详细介绍了 X 射线的产生、传播和衰减，也包含了相衬和暗场成像的简要介绍。然后，讨论了 X 射线图像的探测、数字化和处理的基础知识。最后，本章重点介绍了断层重建的基本原理，并介绍了主要的重建算法。

X 射线计算机断层成像（CT）最初在医学领域得到应用，经过多年的技术发展，已经扩展到不少工业应用领域中（见第 1 章的历史介绍）。X 射线 CT 技术已广泛应用于非侵入人体检查、工业部件及材料的非破坏性分析中。当前临床和工业 CT 系统最显著的区别是它们的光源－扫描－探测器结构配置（见1.2 节）。在临床 CT 中，探测器和射线源围绕被成像对象（或患者）旋转；而在工业 CT 中，探测器和射线源在大多数情况下是固定的，被检测对象进行旋转运动（关于不同工业 CT 配置的进一步细节在第 3 章中给出）。锥形束 CT 扫描的基本架构为从多个角度获取二维（2D）投影（射线照片），并应用重建算法获得扫描对象的三维（3D）体数据（典型 CT 扫描过程的示意图如图 2.1 所示）。由于经常应用于工业中，故以锥形束 CT 结构为例说明其原理。其他的结构在第 3章中说明。

图 2.1 典型 X 射线 CT 扫描工作流程示意图

本章将简要介绍 X 射线 CT 的物理原理，并提供一个通用的背景知识，以便更好地理解后续章节中所讨论的主题。2.1 节介绍关于 X 射线的产生、传播和衰减的内容；2.2 节描述部分衰减辐射的探测；2.3 节解释重建原理并综述主要的重建算法。

2.1　X射线物理基础

本节介绍X射线成像的物理原理，这是CT扫描流程的第一步，它对了解X射线物理学的基本原理，进而理解由X射线性质产生的物理现象非常重要。X射线性质将在后面的章节中讨论。

首先讨论X射线的产生，接下来描述X射线谱及其影响因素，最后讨论X射线的衰减，并补充用于研究X射线与物质相互作用的替代评估技术：相衬和暗场成像。

2.1.1　X射线产生

X射线在被威廉·康拉德·伦琴（Wilhelm Conrad Röntgen）发现之后通常被称为伦琴射线，伦琴也因为发现X射线在1901年获得了第一个诺贝尔物理学奖。这种新发现的射线没有电荷，且比已知的阴极射线具有更强的穿透力（Curry等，1990）。X射线可以穿过生物组织，显示人体的骨骼和其他组织，这是革命性的发现。第一张X射线图像是Michael Pupin于1896年在医学应用上获得的（Carroll等，2011），这是一个手术病例，伤者手上满是弹片（图2.2）。第1章中已对X射线和CT历史进行了详细介绍。

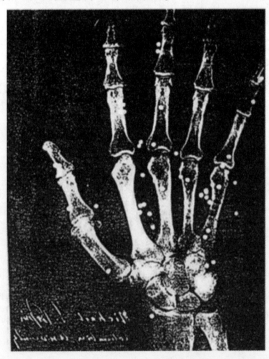

图2.2　Michael Pupin在1896年获得的第一张X射线图像（纽约特斯拉纪念协会）

这里所提到的 X 射线可以看作电磁波，每个 X 射线光子的能量与它的频率成正比，可表示为

$$E = hv = \frac{hc}{\lambda} \tag{2.1}$$

式中：h 为普朗克常数（6.63×10^{-34} J·s）；c 为光速（3×10^{8} m·s^{-1}）；λ 为 X 射线的波长。

如图 2.3 所示，X 射线的特征波长范围为 0.01 ~ 10nm。根据波长和穿透材料的能力，X 射线被分类为软 X 射线和硬 X 射线。较长波长的 X 射线（$\lambda > 0.1$nm）被称为"软 X 射线"，而较短波长的 X 射线被称为"硬 X 射线"。

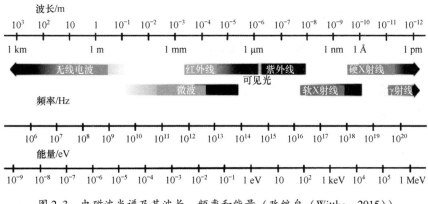

图 2.3　电磁波光谱及其波长、频率和能量（改编自（Wittke，2015））

X 射线可以通过不同的源产生（直线加速器、同步加速器等），为了简单起见，本章在最常用的射线源——X 射线管上解释这些生成原理，其他光源类型的详细信息在第 3 章中介绍。CT 系统中使用的大多数 X 射线管的基本原理是以库利奇（Coolidge）管，也称为热阴极管为基础的，其历史可追溯到 1913 年（Hsieh，2009）。库利奇管主要利用热离子效应（Thermionic effect）产生电子。

X 射线管的主要部件是阴极和阳极，它们嵌于真空腔体中。在工业 CT 系统中使用不同类型的阳极（靶），如透射的、旋转的或液体的。这里主要利用最常用的反射靶来解释 X 射线产生原理，其他类型的靶和辅助 CT 部件在第 3 章中详细描述。阴极通常由细钨丝组成，电子从中发射出来，低压发生器连接到阴极，然后通过焦耳效应加热。随着阴极温度的升高，电子的动能增加，当这种热诱导的动能变得足以克服电子与灯丝原子的结合能时，电子可以从金属中逃逸（Buzug，2008），这种效应称为热离子效应。由于相反电荷之间的吸引力，自由电子停留在灯丝附近，形成电子云。因此，对于热电子发射，灯丝温度应该足够高，使得电子的动能达到克服在金属中吸引力束缚所需的最小能量，这个最小能量称为功函数。在热电子发射过程中，钨丝的温度达到 2400 K（钨的熔点为 3695 K）（BuZug，2008）。

发射电子的电流密度由 Richardson-Dushman 方程描述，可表示为

$$J = AT^2 e^{-W/kT} \tag{2.2}$$

式中：J 为电流密度；A 为常数，等于 1.20173×10^{-6} A·m^{-2}·K^{-2}；T 为灯丝温度；W 为功函数；k 为玻尔兹曼常数，等于 1.38×10^{-23} J·K^{-1}。

阳极由金属部分（靶）和较厚的嵌入部分组成，靶材料通常为钨或钼，典型的嵌入部分由散热良好的铜制成。阴极和阳极分别连接到高压发生器的负极和正极。由于电势差，阴极上的热离子效应产生的电子会向阳极加速，撞击靶（图 2.4）。

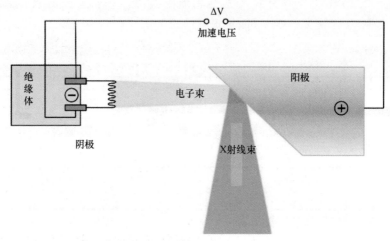

图 2.4 X 射线管的示意图。阴极上的热离子发射产生的电子被阴极和阳极之间施加的电压加速，当电子到达阳极时，产生 X 射线

从灯丝发射的电子轨迹，通常通过聚焦杯控制，以便将电子聚焦到靶上的一个小区域。电子到达靶上的能量取决于所施加的加速电压，即

$$E_{electrons} = e\Delta V \tag{2.3}$$

式中：e 为电子的电荷，等于 1.6×10^{-19} C；ΔV 为阴极和阳极之间的加速电压。加速能量用电子伏特（eV）测量，1 电子伏特是由 1 V 的 ΔV 加速一个电子获得的动能。

高速电子轰击靶材料，会发生几种类型的相互作用。其中大约 99% 的能量被转化为热量，这是加速电子和阳极电子之间的低能量转移的结果，并导致了靶原子电离。剩余 1% 的能量通过以下相互作用转换成 X 射线（Hsieh，2009；Buuug，2008）：

（1）高速电子在靶材料原子中的减速。

（2）由外壳层电子重新填入原子内壳层中的空位而产生的 X 射线发射。

（3）加速电子与原子核的碰撞。

相互作用（1）如图 2.5（b）中描述。快速电子接近原子核，被原子的库仑场偏转和减速。由减速引起的能量损失产生 X 射线辐射，这种辐射通常称为轫致辐射，它是德语词 bremsen "制动" 和 Strahlung "辐射"（即 "刹车辐射" 或

"减速辐射")的简称。轫致辐射过程通常包括多个减速过程,因为在多数情况下,一个电子会发射多个光子。单光子的能量由级联减速期间传递的能量大小决定。还有另一种可能,会发生单个电子的总能量转移到单个光子的情况,但概率非常低。由于发射光子的数量和转移的能量取决于电子的轨迹及与原子核的接近程度,因此能量的分布是连续的(图2.5(a))。

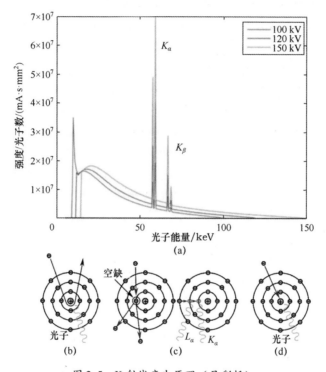

图 2.5　X 射线产生原理(见彩插)

(a)钨靶在加速电压 100kV、120kV 和 150kV 下的 X 射线谱,其中连续曲线是由于轫致辐射,而尖峰是特征 K 线;(b)轫致辐射的原理;(c)特征辐射的原理;(d)电子与原子核之间的直接相互作用。X 射线光谱使用软件

SpekCalc(Poludniovski 等,2009)获得。

当加速电子直接与靶材料的内壳电子碰撞时,发生相互作用(2)。图2.5(c)描述了从灯丝发出的电子撞击 K 壳层电子时的情况。当发生碰撞时,原子被电离,并且在 K 壳层能级中留下空穴。一个来自外壳层(用 L、M、N 等表示)的电子会填充这个空穴,同时发射一个光子。填充空穴的电子最可能来自相邻的壳层,即对于 K 壳层空穴,最可能由来自 L 壳层的特征能量为 K_α 的电子填充。然而,也可能是从更远处的壳层跃迁,从 M、N、O 等壳层跃迁到 K 壳层的特征能量用 K_α、K_β、K_γ 表示,类似的跃迁到 L 壳层由 L_α、L_β、L_γ 表示。这种直接电子相互作用产生的特征线谱如图2.5(a)所示,由谱中的尖峰表示。特征辐射的能量由两个相互作用的电子壳层的结合能决定,且与阳极材料有关。

图 2.5（d）显示一个阳极原子的原子核与加速电子间的直接相互作用。在这种情况下，电子的全部能量以 X 射线谱的最大能量转移到韧致辐射。但是，直接电子 – 原子核相互作用的概率很低，如图 2.5（a）所示高能 X 射线的强度很低。

2.1.2 X 射线辐射能谱和焦点

X 射线能谱受多种因素影响，而它又直接影响后续的 X 射线衰减方式。下面列出最重要的几个因素（CIENIAK，2011；Stock，2008；BuZug，2008）：加速电压，管电流，滤波片，阳极角和靶材料。

加速电压影响 X 射线束的"质量"和"数量"，即电压影响能量间隔和振幅，如图 2.5（a）所示。因此，增加管电压会将谱线搬移到更高的能量，这有利于穿透吸收能力更强的样品。

管电流增加可引起 X 射线强度的线性增长，而 X 射线能量的分布保持不变。因此，电流仅影响 X 射线束的"数量"（发射的 X 射线量子数）。电流变化的影响如图 2.6 所示。通过增加电流，可以降低图像噪声水平，是作为增加管功率的一个折中方案（这可能增加焦斑尺寸，从而对获得的图像质量产生负面影响）。

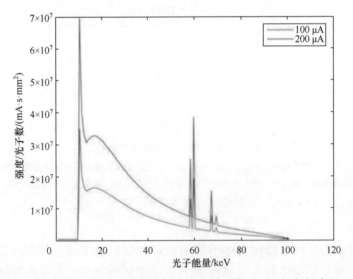

图 2.6　100kV 下电流对钨靶的 X 射线光谱的影响。X 射线光谱使用软件 SpekCalc（Poludniovski 等，2009）获得（见彩插）

对于具体应用，X 射线束的滤波片是另外一种修正和调整 X 射线谱的方式。未经过滤波的 X 射线光谱由宽范围的发射光子组成，包括具有大波长的光子。低能量（软）X 射线比高能（硬）X 射线更容易被物质衰减，这是造成射束硬化伪影的原因，这些在第 3 章和第 5 章中详细讨论。当软 X 射线被成像对象完全吸收时，它们对探测的信号没有贡献，并且穿过物质的 X 射线束的平均能量增加，即射束硬化。为了减小低能量 X 射线的影响，可使用物理过滤。通常采用扁平金属滤波片（如铜、铝或锡），滤波片厚度从零点几毫米到几毫米，放置在 X 射线源和被扫描物体之间。各种滤波片材料和厚度的影响如图 2.7 所示。物理滤波片的预硬化效应导致 X 射线束强度降低，提高光谱平均能量。通过滤除软 X 射线，可以减少射束硬化伪影（Hsieh，2009）。

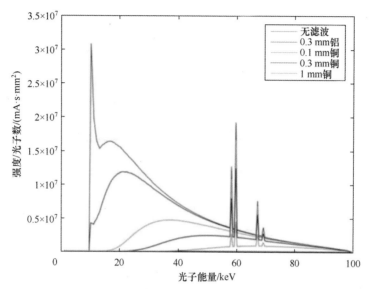

图 2.7　由不同材料和厚度的滤波片对 X 射线过滤时，对加速电压 100kV 钨靶材料的 X 射线光谱的影响。X 射线光谱使用软件 SpekCalc（Poludniovski 等，2009）获得

对整个光谱起主要贡献的轫致辐射，其强度可以定义为（Agarwal，2013）

$$I \propto Zh(v_{max} - v) \tag{2.4}$$

式中：Z 为原子序数；h 为普朗克常数；v 为电子速度。公式（2.4）表明轫致辐射强度直接取决于阳极材料的原子序数，具有高 Z 的材料可以使 X 射线束达到更高强度，例如，钨（$Z = 74$）在常用工业 CT 系统中被用作靶材料。还可以通过增加阳极角获得相同的强度改善（Banhart，2008）。

靶材料会遭受极端的热负荷（如本章前面所解释的）。因此，电子束聚焦的点（称为焦斑）必须具有有限的尺寸（它不可能是单个点，或理想的零尺寸焦斑），否则会导致靶的局部熔化。然而，由于焦斑大小的增加，就会出现所谓的半影效应，如图 2.8 所示。焦斑的大小限制了所采集图像的分辨率并影响图像质量，产生边缘模糊。因此，应尽量将焦斑尺寸减到最小。根据可实现的焦斑尺寸，工业 CT 系统可分为几类：

（1）常规或宏观 CT 系统，焦斑大于 0.1mm。

（2）微焦点（μ-CT）系统，焦斑尺寸在几微米范围内。

（3）纳米焦点系统，焦斑尺寸小于 1μm（低至 0.4μm）。

（4）同步加速器 CT，使用 Kirkpatrick Baez 光学，焦斑尺寸可以降到 0.2μm 或 0.04μm（De Chiffre 等，2014；Requena 等，2009）。

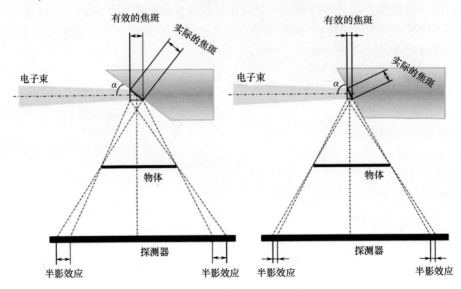

图 2.8　靶角 α 对焦斑尺寸的影响，以及焦斑尺寸对半影效应的影响

决定焦斑大小有两个主要因素：①阳极方向；②管功率。从图 2.8 能够看出，可以通过改变电子束和靶表面之间的夹角 α 来调整焦斑的有效尺寸。然而，该角度过大会导致电子的后向散射，降低 X 射线产生效率。焦斑尺寸与管功率的关系通常被大多 μ-CT 系统的制造商定义为线性关系，即 1 W ~ 1μm 焦斑放大（Müller 等，2013）。

2.1.3　与物体的相互作用

当 X 射线穿过物体时，受到入射光子的数量、能量和方向变化的影响，X 射线束的强度呈指数下降。这种强度降低的复杂机制被称为衰减，由 X 射线和物质之间的 4 种主要相互作用来描述（Cierniak，2011；Buzug，2008；Stock，2008）：光电效应，康普顿（非相干）散射，瑞利/汤姆逊（相干）散射，电子对效应。

1）光电效应

当入射光子能量高于被照射样品的原子中电子的结合能时，光子能量足以使原子从其内壳层中释放出电子，并为迸发释放出来的电子（通常称为光电子）提供额外的动能。这种能量转移可表示为

$$E_p = E_b + E_{pe} \tag{2.5}$$

式中：$E_p = h\nu$ 为光子的能量；E_b 为电子结合能；E_{pe} 为自由光电子的动能。当电子被释放时，原子保持电离，直到内壳中的空穴被外壳层电子重新填充。由于两

个电子能级之间的能量差，会发射出特征荧光光子。当二次能量足够大时，会释放出另一个电子，新的自由粒子被称为俄歇（Auger）电子。

光电效应指入射光子被吸收的现象，是阿尔伯特·爱因斯坦在 1905 年发现的。吸收与辐射材料的原子序数 Z、光子能量 $E = hv$ 成正比。在文献中有不同的方法来描述上述因素（吸收、Z 和 E）之间的关系。其中一种方法（Bu-Zug，2008）使用下面的公式作为一个经验法则来估计光电效应对吸收系数的影响，即

$$\mu_{pe} \propto Z^4 \lambda^3 \qquad (2.6)$$

式中：λ 为光子的波长。总截面，即事件的内在似然性，可表示为（Jackson 和 Hawkes，1981）

$$\sigma_{pe} \propto Z^5 E^{-3.5} \qquad (2.7)$$

或（Jenkins 和 Snyder，1996）

$$\sigma_{pe} \propto A Z^4 E^{-3} \qquad (2.8)$$

式中：A 为原子质量数。在大多数模型中，原子序数 Z 的影响占主导。由于对 Z 的强依赖关系，高原子序数材料可用于屏蔽 X 射线辐射，如铅（$Z = 82$）。

2）康普顿（非相干）散射

在康普顿散射中，碰撞的 X 射线光子通过与原子中的电子相互作用，失去能量并改变方向。这种反应在光子具有比电子结合能高得多的能量时发生，光子将电子从原子中踢出；然而，与光电效应相比，光子在被偏转或散射时不被吸收并继续以较低的能量、偏移的波长和不同的方向行进。能量平衡定义为

$$E_p = E_e + E'_p \qquad (2.9)$$

式中：E_e 为被弹出的电子动能；E'_p 为偏转光子的能量。携带部分入射光子能量的反冲电子称为康普顿电子。散射光子和康普顿电子在离开物质之前可能会有进一步的碰撞。

散射角取决于入射 X 射线光子的能量。高能光子趋向于前向散射，而较低能量的光子具有更高的后向散射概率，这可以在探测器上产生所谓的鬼影图像。波长的变化可表示为（Lifshin，1999）

$$\Delta \lambda = \frac{2\pi h}{m_e c} + (1 - \cos\theta) \qquad (2.10)$$

式中：m_e 为电子质量；c 为真空中的光速；θ 为散射角。

相比光电效应，康普顿散射的概率取决于被照射物体的电子密度，而不是电子数。由康普顿散射引起的衰减系数可定义为

$$\mu_{compt} = n \cdot \sigma_{compt} \qquad (2.11)$$

式中：n 为电子密度；σ_{compt} 为由 Klein-Nishina 表达式（Leroy 和 Rancoita，2004）推导的康普顿散射的总截面。

3）瑞利（相干）散射

当低能光子与原子中的电子相互作用时，发生瑞利（或汤普森）散射。瑞利散射的过程是电磁波普遍性质的结果，电磁波主要通过振荡电场与电子相互作用。这些振荡电子，无论它们是否与原子紧密结合，都可以发生弹性散射。与康普顿散射相比，主要的区别是没有能量传递，并且在作用期间不发生电离。此外，由于瑞利散射是弹性的，入射光子和散射光子都具有相同的波长，散射 X 射线只发生了方向变化。瑞利散射是一个强烈的前向过程，总截面可表示为（BuZug，2008）

$$\sigma_{\text{ray}} = \frac{8\pi r_e^2}{3} \frac{\omega^4}{(\omega^2 - \omega_0^2)^2} \tag{2.12}$$

式中：r_e 为经典的电子半径；ω 为振荡频率；ω_0 是有界的原子电子的固有频率。值得注意的是，弹性散射只在低能条件下很重要，而随着 X 射线能量的增加，康普顿散射和光电效应占主导地位。因此，瑞利散射对于典型的 CT 应用来说影响较小。

4）电子对效应

基于电子 – 正电子对的形成，在 X 射线高能量范围（数兆电子伏特）内发生的效应被称为电子对效应。这种电子对效应发生在电子或原子核的库仑场内。新出现的电子对相互湮灭，并发射出两条 γ 射线。这两个新出现的光子沿相反方向行进，并被原子核散射或吸收。然而，由于常见工业应用的能量范围远低于 1 MeV，因此电子对效应产生的贡献对于总衰减通常可以忽略（BuZug，2008）。

5）总衰减

本节介绍的 4 种相互作用的总和确定了穿透物体的 X 射线总衰减。总衰减系数定义为

$$\mu = \mu_{\text{pe}} + \mu_{\text{compt}} + \mu_{\text{ray}} + \mu_{\text{pp}} \tag{2.13}$$

式中：μ_{ray} 为瑞利散射引起的衰减系数；μ_{pp} 为由于电子对效应引起的衰减系数。如上所述，单个衰减贡献因素取决于 X 射线的能量和照射材料的性质。因此，通常难以确定单个衰减机制的相对重要性。对于不同的材料（碳、铝和钨），光电效应、康普顿散射和瑞利散射对总衰减的影响如图 2.9 所示。图 2.9（a）表明，对于碳（在 3 种选择的材料中，原子序数最低，$Z = 6$）来说，康普顿散射在 25keV 以上的能量中占主导地位。图 2.9（b）中描述了铝（$Z = 13$）的情况，衰减的主要部分来自能量高于 50keV 的康普顿散射。最后，对于钨（$Z = 74$）来说，光电吸收在较大的能量范围内占据主导效应（图 2.9（c））。此外，在图 2.9（c）中可以看到钨的特征 K、L 和 M 吸收边。

6）比尔 – 朗伯衰减定律

当 X 射线束穿过衰减系数 $\mu > 0$ 的物质时，其强度呈指数级衰减。假设入射光束是单色的，并且被照射的物体是均匀的（即具有恒定的衰减系数），则 X 射

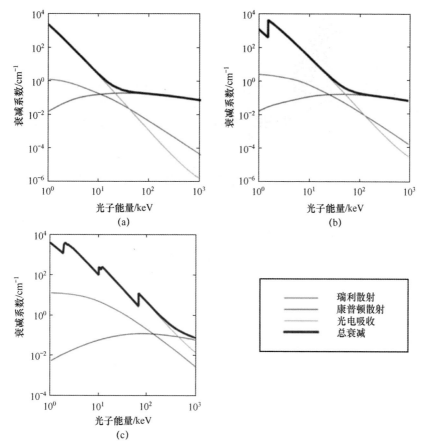

图 2.9 衰减系数与光子能量的关系，突出单个因素对总衰减的贡献

(a) 碳；(b) 铝；(c) 钨

衰减系数的值从国家标准与技术研究所（NIST）在线数据库（Berger 等，2010）获得（见彩插）。

线衰减可表示为

$$\frac{\mathrm{d}I}{I(x)} = -\mu\mathrm{d}x \qquad (2.14)$$

式中：I 为 X 射线强度；x 为穿过物质的距离。将式（2.14）的两边积分，给出一个指数方程，称为比尔–朗伯定律（Beer-Lambert law），即

$$I(x) = I_0\mathrm{e}^{-\mu x} \qquad (2.15)$$

式中：I_0 为入射的 X 射线强度；I 为与物质相互作用后的强度（图 2.10）。然而，式（2.15）假设材料均匀和 X 射线束单色，在普通工业 CT 应用中是不现实的。因此，为了考虑变化的衰减系数，必须将式（2.15）的指数改写为沿着路径 L 的线积分，其路径上的每个点都是变化的（图 2.10）。新方程变为

$$I(L) = I_0\mathrm{e}^{-\int_0^L \mu(x)\mathrm{d}x} \qquad (2.16)$$

另外，为了适应多色 X 射线束光谱的关系，式（2.16）修改为

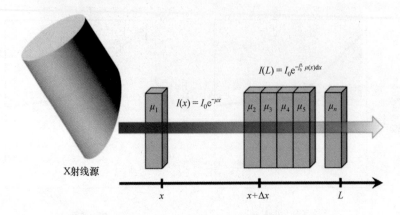

图 2.10　X 射线衰减服从比尔 – 朗伯定律。图像的第一块（左）中描述了
衰减系数为 μ_1、厚度为 x 的同质物体衰减的情况，右侧是由不
同衰减系数 μ_2，μ_3，…，μ_n 的不同材料组成的物体的衰减

$$I(L) \;=\; \int_0^{E_{\max}} I_0(E)\,\mathrm{e}^{-\int_0^L \mu(E,x)\,\mathrm{d}x}\,\mathrm{d}E \tag{2.17}$$

式中：E 为 X 射线的能量。然而，为了简便，通常在实践中仍然使用式（2.16），这也是在 CT 重建中存在射束硬化伪影的原因之一（见第 5 章）。

　　7）相衬和暗场成像

　　值得注意的是，传统基于透射的 CT 依赖于 X 射线强度衰减，而其他 CT 方法，如相衬和暗场成像，依赖于 X 射线的波长特性。当衰减对比度不足以识别感兴趣的结构时，这些非常规方法特别有用。

　　相衬成像利用穿过物体的 X 射线束相位改变的信息来产生图像。X 射线束与物体的相互作用导致折射，从而使入射光束产生相移，而这取决于构成物体材料的特定折射率。相衬成像的主要任务是将相移转换成强度的变化，有几种技术可以实现这样的转换（Pfeiffer 等，2006；BANHART，2008）：

　　（1）干涉方法，即基于参考波和穿过物体的波叠加的方法。

　　（2）衍射增强方法，即使用光学元件来提取相位梯度的方法。

　　（3）基于相位传播的方法，即光束由波阵面弯曲产生的聚焦与发散形成更高或更低的光强分布。

　　暗场成像是一种基于散射的方法，用于增强材料中微小特征的对比度，如亚微米细节，这些细节由于太小而无法被传统的基于透射的 CT 成像。暗场成像使用原理为均匀物质引起的小角度 X 射线散射可忽略不计，密度波动会引起强烈的小角度散射。而后从所获取的图像中去除非散射信号，获得样本周围的暗场（Pfeiffer 等，2008）。

　　在图 2.11 中可以看到传统的（基于衰减的）射线照相与暗场和相衬成像的 X 射线图像的例子。

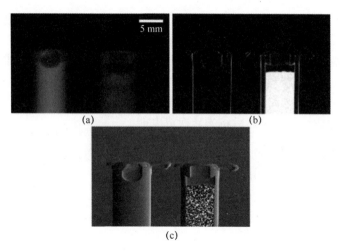

图 2.11　2 种塑料容器用 3 种不同的技术获得的水（左）和糖（右）的 X 射线图像的比较
（a）常规（衰减）X 射线图像；（b）暗场图像；（c）相位对比图像（Pfeiffer 等，2009）。

2.2　信号探测和处理

　　CT 成像中信号探测和处理的工作流程如图 2.12 所示。在 X 射线 CT 处理链条中，探测步骤通过探测器来实现，探测器捕获衰减的 X 射线束并将其转换成电信号，随后将其转换成二进制编码信息。如图 2.12 所示，经过几个处理步骤之后，结果可用于计算机上的最终可视化和解释。本节的第一部分重点介绍探测器，后一部分阐述图像处理的基础知识。

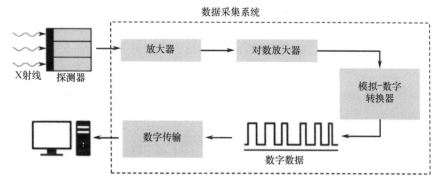

图 2.12　CT 系统中的信号探测与处理（改编自（Seeram，2015））

2.2.1　X 射线探测器

　　如 2.1 节所述，在传统的基于衰减的 CT 中，X 射线由于穿过材料被吸收或散射而衰减，而后通过使用探测器捕获衰减后的 X 射线来测量衰减。多年来，探测技术有了相当大的改进。各代 CT 系统会采用不同类型/配置的探测器（Hsieh，2009；Panetta，2016），关于不同 CT 代际的更多细节可以在第 1 章中找到。

探测器捕获 X 射线束并将其转换为电信号。X 射线能量转换为电信号主要基于两种原理：气体电离探测器和闪烁体（固态）探测器。两种探测原理如图 2.13 所示。气体电离探测器将 X 射线能量直接转换成电能，而闪烁体探测器将 X 射线转化成可见光，然后将光转换成电能。

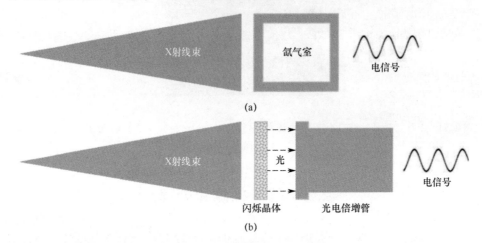

图 2.13 采集 X 射线束的示意图
(a) 气体探测器；(b) 固态探测器。

1）气体电离探测器

气体电离探测器（也称为气体探测器）首次在第三代 CT 成像系统中引入（第 1 章讨论了不同代际）。气体电离探测器利用 X 射线电离气体（氙）的能力。当 X 射线照射在气室上时，由于光电相互作用，产生正离子（Xe⁺）和电子（e⁻）。正离子和电子分别被吸引到阴极和阳极上，如图 2.14（a）所示。正离子

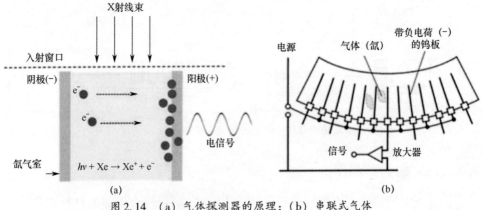

图 2.14 (a) 气体探测器的原理；(b) 串联式气体电离探测器的基本结构（改编自（Seeram，2015））

和电子的移动引发一个小的信号电流，它随 X 射线束的强度即光子数变化。在气体探测器的基本结构组成中，有一系列由钨板隔开的单独气体室，它们充当阴极，如图 2.14（b）（Seeram，2015）所示。

2）闪烁体（固态）探测器

闪烁体探测器，或固态探测器，用于绝大多数的现代工业 CT 系统。固态探测器由闪烁晶体和光子探测器组成。当 X 射线碰到闪烁晶体时，它们在闪烁介质中转换成长波辐射（可见光）（图 2.15（a））。然后，光被引导到电子的光传感器，如光电倍增管（图 2.15（b））。光电倍增管吸收闪烁体发出的光，并通过光电效应发射电子。如图 2.15（b）所示，当光碰到光电阴极时，电子被释放，然后电子依次通过一系列维持在不同电位的倍增电极，产生输出信号（Seeram，2015）。

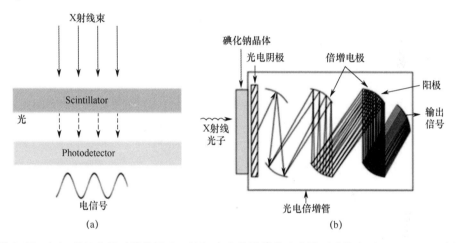

图 2.15 （a）闪烁体探测器的原理；（b）光电倍增管的示意图（改编自（Seeram，2015））

闪烁体材料的选择很关键，主要依赖于 X 射线 - 光转换的量子效率，以及转换过程的时间常数，它决定了探测器的"余辉"（即关闭辐射之后图像的持久性，在下面的章节叙述）。现代亚秒级扫描仪需要非常小的时间常数（或非常快的荧光衰减），因此需要使用由稀土氧化物制成的陶瓷材料。闪烁体的典型材料是掺铊碘化钠、碘化铯、钨酸镉（$CdWO_4$）、硫化锌（ZnS）、萘、蒽和其他基于稀土元素的化合物，或硫氧化钆（Gd_2O_2S）（Buzug，2008；Fuchs 等，2000；Cierniak，2011）。

3）探测器特性

与 X 射线与物质的任何相互作用一样，当 X 射线与探测器材料接触时，前面所讨论的现象都会发生。探测器材料的质量衰减系数必须是已知的，以便评估探测器材料的量子效率。如图 2.16 所示，Gd_2O_2S（闪烁体探测器）通过光电吸收器时比氙气具有更高的能量转化概率，因而具有更高的量子效率（后面定义）。

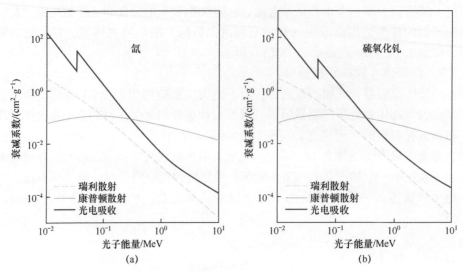

图 2.16 探测器材料中主要光子–物质相互作用原理的质量衰减系数，衰减系数的值从 NIST 在线数据库（Berger 等，2010）获得（见彩插）

探测器特性描述了探测器所能达到的成像质量。这些特性中最重要的是：探测效率、时间稳定性、能量分辨率、余辉、响应时间和动态范围（Cierniak，2011）。

总体探测效率主要由几何效率（填充因子）和量子效率（捕获效率）决定。几何效率是指探测器的 X 射线敏感区域与总曝光面积之比，量子效率是指吸收的入射量子与对信号有贡献的量子的比率（Cunningham，2000）。闪烁体探测器比气体（氙）探测器具有更高的量子效率，这是因为闪烁体所用材料的原子序数比气体大得多。然而，由于固态探测器中的两个步骤（从 X 射线到光和从光信号到电信号）的转换所造成的损失，这一优势在一定程度上被抵消。

时间稳定性是指探测器响应的稳定性。闪烁体探测器往往在照射过程中特性会发生改变，从而导致传输特性的变化。一旦停止照射，半导体晶体可以在一定时间后恢复到原来的状态，这一特性随材料类型的不同而变化，从几分钟到几小时。然而，气体探测器对辐射不敏感。

能量分辨率是探测器分辨入射光子能量的能力，用探测器传输特性的半高宽（FWHM）刻画，将其看作入射 X 射线光子能量的函数（图 2.17）。找到最大检测量对应的 X 射线频率，并确定其最大值。最大值的一半作为估计传递函数宽度的参考水平，进而决定探测器的能量分辨率。宽度越小，探测器的能量分辨率越高，且由多色 X 射线束引起的图像失真就越小。

余辉是指在关闭照射后图像的持久性。为了探测 X 射线束透射强度的快速变化，要求晶体表现出极低的余辉，例如，当辐射终止时，在 100ms 之后小于 0.01%（KalEnter，2011）。

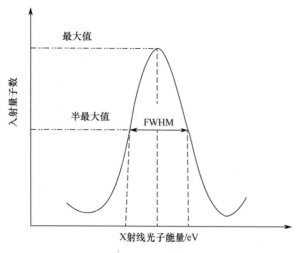

图 2.17　半高宽（FWHM）的确定

探测器的响应时间是探测器能够探测到一个 X 射线事件并复原来检测连续事件的速度。响应时间应尽可能短（通常以微秒计），以避免与余辉和探测器"累积"相关的问题（Seeram，2015）。

动态范围是可测量的最大信号与最小信号的比率，例如，如果 $1\mu A$ 和 $1nA$ 分别为最大和最小信号，则动态范围为 $10^6 \sim 1$（Parker 和 Stanley，1981）。

4）多层 CT 探测器

多年来，CT 生产商的主要关注点是持续增加 X 射线能够同时照射的探测单元数量，这会提高扫描速度。拓宽检测到的 X 射线束的立体角，使得成像中利用的辐射的比例增大，能够更快速采集并提高 X 射线管的热效率。因此，制造商之间竞相增加探测器层/排的数量。Panetta（Panetta，2016）已经对 X 射线探测器的发展进行了很好的总结。

闪烁探测器可以扩展到多排或多层探测器，而高压气体探测器阵列不易扩展到平坦区域探测器系统。因此，现代 CT 系统主要配备基于固态闪烁体的探测器（Buzug，2008）。如图 2.18 所示，多层探测器可用两种几何形态，曲面的或平面的，都由单层（弯曲或直线型）探测器构成。平板探测器（Flat-panel detectors，FPD）主要应用于工业 CT 扫描仪（如 μ-CT 系统），而临床 CT 系统通常使用弯曲或圆柱形探测器。

图 2.19（a）中给出了基于闪烁体探测器技术的数字 FPD 的典型组成。每个元件由光电二极管和在单个玻璃基板上的非晶硅制成的薄膜晶体管（TFT）组成。通过物理沉积工艺，在像素矩阵上涂覆 X 射线敏感的碘化铯（C_sI）层，C_sI 涂层就是所需的闪烁体层。薄铝覆盖层用作反射器，碳盖保护免受机械损伤。探测器场边缘的多芯片模块为读出放大器。实现这些精细结构的探测器元件，需要许多物理和化学处理步骤，与半导体生产中所使用的步骤类似。理想情况下，这

样能够产生高填充因子，但并不能通过基本探测器类型的简单组合来实现。填充因子是探测器的 X 射线敏感区域与探测器总面积的比值，即

$$填充因子(f) = \frac{探测器的 X 射线敏感区域}{探测器总面积 \, xy} \tag{2.18}$$

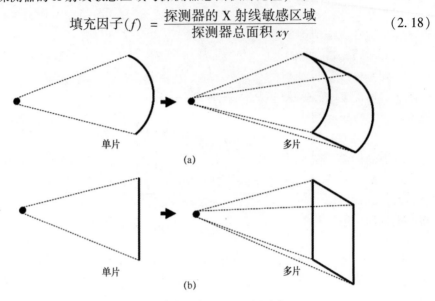

图 2.18　从单层到多层的探测器结构
(a) 曲线型；(b) 直线型。

如图 2.19 (b) (Buzug, 2008) 所示。在第 3 章中将讨论关于各种探测器结构及其对图像质量影响的细节。

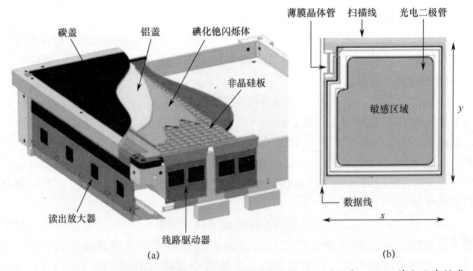

图 2.19　(a) 数字平板探测器（通用电气公司 CT 系统提供）的组成；(b) 单个元素敏感区域的描述（填充因子按式 (2.18) 确定）(Buzug, 2008)

2.2.2　CT 图像处理

本节介绍图像数字化处理的基础。重建也可以看作是图像处理的一部分，但重建的细节在 2.3 节中单独介绍。

如 Castleman（1996）所定义的，数字图像处理就是"将对象的数值表示进行一系列操作以获得期望的结果"。多年来，图像处理本身已经成为一门学科，因此，不可能在有限的篇幅内涵盖细节。这里仅介绍 CT 领域中用到的概念和技术。

1）数字图像的特性

数字图像是一幅数值的图像，在笛卡儿坐标系中可以识别每个数值的位置（像素），如图 2.20 所示的（x，y）坐标系，x 轴和 y 轴分别描述位于图像上的行和列。例如，图 2.20 中的空间位置（9，4）表示从图像左侧向右第 9 列和从图像顶部向下第 4 行的像素。这种表达称为空间位置域。一般来说，图像可以基于它们的采集方式在两个域中表示：空间位置域和空间频率域。射线照相和 CT 在空间位置域获取图像，而磁共振成像（MRI）在空间频率域中获取图像。术语"空间频率"是指单位长度的周期数，即每单位长度的信号变化次数。在一个物体内，小的结构产生高空间频率，而大结构产生低空间频率，它们分别代表图像中的细节和对比度信息。

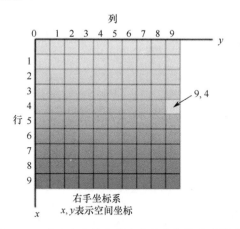

图 2.20　用于在空间位置域中数字化描述图像的
右手坐标系（改编自（Seeram，2015））

描述数字图像的基本参数是：矩阵、像素、体素和位深（Seeram，2015）。数字图像是由一个称为矩阵的二维数组组成的。矩阵由列（M）和行（N）组成，其定义了被称为图像元素或像素的小区域。列和行描述图像的维度，图像的大小（以比特为单位）可表示为

$$大小 = M \times N \times 2^k \tag{2.19}$$

式中：k 为位深。当列和行的数目相等时，图像是正方形的，否则是矩形的。操

作人员可以选择矩阵的大小，称为视野（field of view，FOV）。

像素就是图像元素，其组成矩阵，通常认为是方形的。每个像素用代表亮度值的数字（离散值）来刻画。数字表示材料特性，例如，在射线照相和 CT 中，这些数字与材料的衰减系数有关（如在 2.1 节中解释的），而在 MRI 中，它们代表材料的其他特性，如质子密度和弛豫时间。像素尺寸计算可表示为

$$像素尺寸 = FOV/矩阵大小 \qquad (2.20)$$

对于数字成像模态，矩阵越大（对于同一 FOV），像素尺寸越小，空间分辨率越好。

体素（体像素，volumetric pixel）是 3D 像素，它表示在成像物体材料的一个体块中包含的信息。体素信息被转换成像素数值，并且这些数字被赋予亮度水平，如图 2.21 所示。这些数字代表来自探测器的信号强度，数值高代表高强度，数值低代表低强度，分别表现为亮和暗的色度。

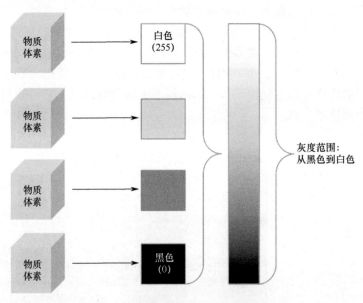

图 2.21　体素信息转换为数值（位深为 8）（Seeram，2015）

每个像素的比特数定义为位深，如式（2.19）所示，k 是位深，作为 2 的指数，它是二进制表示的基础。例如，位深为 8 意味着每个像素具有 2^8（256）个灰度级或灰度色度。位深影响灰度色度的数目，即图像的对比度分辨率（Seeram，2015）。在图 2.22 中可以看到位深对图像质量的影响，图像质量随着位深的增加而提高。

2）正弦图

CT 投影数据集是在一定角度范围内获得的一组图像。正弦图空间是最常用的表示投影的方式之一。如图 2.23 所示，正弦图是通过堆叠所有不同角度获取的投影形成的；换言之，对于一个给定切片，透射过成像对象的一组投影数据集

被称为正弦图。正弦图呈现为一幅图像，其行数对应于所获取的投影的数目，每一行表示一个给定角度的投影，列数等于探测器的宽度方向探元数量。一个切片的重建是基于正弦图中记录的数据实现的。

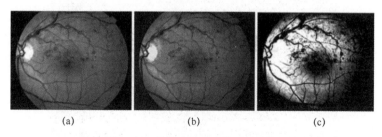

图 2.22　图像质量作为位深的函数

（a）8 位（256 级）；（b）4 位（16 级）；（c）1 位（2 级）（图像由 http：//eye-pix. com/resolution/提供）。

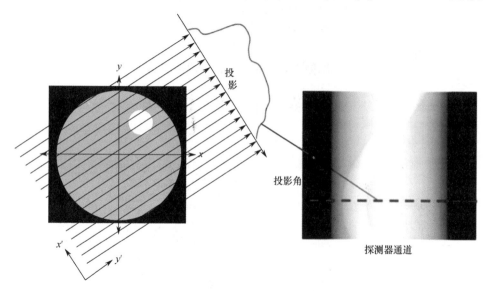

图 2.23　物体空间与正弦图之间映射的说明

为了定位物体中一点的投影在正弦图空间中由其极坐标 (r, φ) 确定的位置，定义一个旋转坐标系 (x', y')，其 y' 轴平行于 X 射线束（图 2.23）。点的 x' 坐标（即它在投影上的位置）满足关系为

$$x' = r \times \cos(\varphi - \beta) \tag{2.21}$$

式中：β 为与 x 轴形成的投影角。式（2.21）表明，单个点的投影作为投影角的函数，可以得到正弦图空间中的一条正弦曲线。任何物体都可以由位于空间中的点的集合来近似，并且对于这样的物体，正弦图空间由若干重叠的正弦或余弦曲线组成。图 2.24 显示了人体体模的横截面和它的正弦图。靠近正弦图中心（左至右）的高亮度曲线对应于由体模本身形成的投影，而在正弦图的左右侧的低强度曲线则是由体模下面的台子形成的投影。位于中心附近的 2 个气泡在正弦图中

清晰可见，在中心附近有 2 条较暗的正弦曲线，而在体模外周附近的 5 个高密度肋条显示为明亮的正弦曲线。

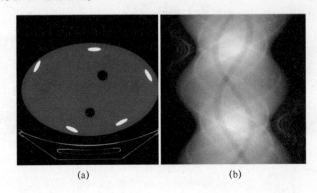

图 2.24　（a）身体体模；（b）其正弦图（Hsieh，2009）

　　正弦图对于分析投影数据及检测 CT 系统中的异常也很有用。例如，一个有缺陷的探测器通道在正弦图中表现为一条垂直线，这是由于单个探测器通道采集的数据在所有投影角度上保持与 iso 中心（旋转中心）距离固定。X 射线管的故障则产生具有水平线中断的正弦图，因为正弦图中的每条水平线对应于特定的投影角度（Hsieh，2009）。

　　3）图像滤波

　　图像滤波对应于对图像像素的任何类型的操作，一般包括抑制噪声、平滑、边缘增强和分辨率恢复（Lyra 和 Ploussi，2011；Van Laere 等，2001）。

　　在 CT 领域中，滤波反投影（Filtered back projection，FBP）是最常用的重建技术，重建技术的细节在 2.3 节中解释。滤波反投影（FBP）通常伴随着滤波步骤。对投影轮廓滤波可以去除在简单反投影中存在的典型星状模糊（图 2.25），更多细节在 2.3 节中给出。

　　4）滤波技术

　　滤波反投影是通过反投影与斜坡滤波器相结合来实现的。低空间频率是未滤波图像中引起模糊的主要原因。去除引起模糊的频率混叠可以使用高通滤波器。频域中的斜坡滤波器的数学函数可表示为

$$H_R(K_x, K_y) = k = (K_x^2 + K_y^2)^2 \qquad (2.22)$$

式中：K_x 和 K_y 为空间频率。

　　斜坡滤波器是一种补偿滤波器，因为它消除了由简单反投影产生的星状伪影。高通滤波器增加了对象的边缘信息，但同时也放大了图像中存在的统计噪声。因此，斜坡滤波器总是与低通滤波器组合使用，低通滤波器或平滑滤波器阻挡了高频，并允许低频保持不变，以便从数字图像中去除高空间频率噪声。常用的低通滤波器有：Shepp-Logan、Hanning、Hamming、引导图像滤波、中值滤波和邻域滑动滤波（Lyra 和 Ploussi，2011；Ziegler 等，2007）。

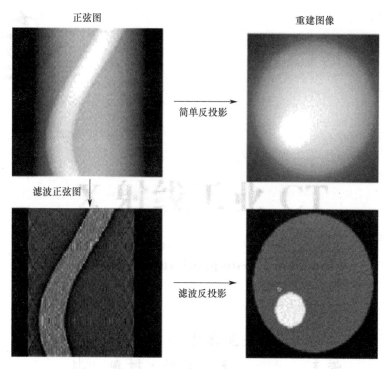

正弦图　　　　　　　　　　　　重建图像

简单反投影

滤波正弦图

滤波反投影

图 2.25　重建中滤波步骤的说明

低通滤波器用"截止频率"和"阶"描述其特征，它们分别确定某个截止频率以上作为噪声消除以及滤波器的斜率。对于截止频率以上的频率，滤波器函数将其函数值定义为零。高的截止频率会导致空间分辨率的改进，但图像噪声仍然存在。而低截止频率增加平滑性的同时降低图像对比度（Lyra 和 Ploussi，2011）。

Shepp-Logan 滤波器可以归类为低通滤波器，其具有高分辨率并产生最小平滑的特性（Gui 和 Liu，2012）。Shepp-Logan 滤波器可以在数学上表示为

$$S(f) = \frac{2f_{\mathrm{m}}}{\left[\pi\left(\sin|f|\dfrac{\pi}{2f_{\mathrm{m}}}\right)\right]} \tag{2.23}$$

式（2.23）~（2.25）中：f 和 f_{m} 分别是图像的空间频率和截止或临界频率。

Hanning 滤波器也是一种低通滤波器，其特征由截止频率刻画。在频域中定义为

$$H(f) = \begin{cases} 0.50 + 0.50\cos\left(\dfrac{\pi f}{f_{\mathrm{m}}}\right), & 0 \leqslant |f| \leqslant f_{\mathrm{m}} \\ 0, & \text{其他} \end{cases} \tag{2.24}$$

Hanning 滤波器在图像去噪方面效果非常好，因其较快地达到零。然而，该滤波器不能有效地保护边缘（Riederer 等，1978）。

Hamming 滤波器是另一种低通滤波器，它能够提供高的平滑度，类似于 Hanning 滤波器。截止频率的幅值是 Hamming 和 Hanning 滤波器之间唯一的差别。Hamming 滤波器的数学表示为

$$H(f) = \begin{cases} 0.54 + 0.46\cos\left(\dfrac{\pi f}{f_m}\right), & 0 \leq |f| \leq f_m \\ 0, & \text{其他} \end{cases} \quad (2.25)$$

He 等的文章（He 等，2013）提出的引导图像滤波方法中，将滤波器输入或另一图像用作引导图像。引导滤波器的输出在局部可以看作引导图像的线性变换。定义一个一般的随线性变换改变的滤波过程，包含一幅引导图像 I、一幅输入图像 p 和一幅输出图像 q。在像素 i 处的滤波输出可以表示为一个加权平均

$$q_i = \sum_j W_{ij}(I)p_j \quad (2.26)$$

式中：i 和 j 为像素坐标。滤波器的核 W_{ij} 是一个独立于 p 的关于 I 的函数。

引导滤波器具有类似于双边滤波器的边缘保持和平滑特性，但不会产生不必要的梯度反转伪影（Bae 等，2006；Durand 和 Dorsey，2002），这在使用双边滤波器时会很明显。引导滤波器适用于各种应用，包括图像平滑/增强、高动态范围成像、去雾及联合上采样（He 等，2013）。

中值滤波用于去除脉冲噪声（也叫椒盐噪声），这种噪声是单个像素按一定比例随机数字化到两个极端强度，最大值和最小值。中值滤波用相邻像素的中值代替每个像素的值，中值是指相邻像素中 50% 高于这个值，50% 低于这个值。然而，中值滤波一般能够很好地保持边缘。中值滤波是一种非线性的方法，它在边缘保持方面优于去噪的线性滤波器（Arias-Castro 和 Donoho，2009）。

邻域滑动滤波器对重建图像中的噪声抑制是非常有用的。在滤波过程中，随着掩模图像上移动，图像被滑动邻域滤波。掩模是由加权因子组成的滤波核（其值取决于预先设计），它可以减轻或加重图像的某些需要处理的特性（Lukac 等，2005）。

2.3　重建

图像重建是进行断层成像分析的一个必要步骤，在 CT 测量的工作流程中，它连接投影采集和图像处理步骤（见 2.2 节），如图 2.1 所示。图像重建建立了获取的投影图像和所研究对象的三维表示之间的联系。本节介绍图像重建的基本原理和主要重建算法，没有提供严格的数学公式推导，更多的细节读者可以参考 Hsieh（2009）和 Buzug（2008）。

2.3.1　重建的概念

获得 X 射线投影后，通过数学算法进行重建，获得对象的三维体数据（或

被重建对象的二维切片），描述其内部和外部结构。重建的三维体数据由体素构成，也就是体块表示的像素。

从断层成像的角度来看，被重建对象是一个二维分布函数 $f(x, y)$，它表示物体的线性衰减系数。恢复此功能（2D 图像）所需的信息是投影数据（见 2.2.2 节）。为了理解投影重建是基于怎样的原理，应首先分析 X 射线投影中包含的信息种类。

如 2.1.3 节所讨论的，穿过物体的 X 射线根据 Lambert-Beer 定律式（2.15）衰减，X 射线探测器记录 X 射线穿透物体后经过衰减的强度值，每个探测器的像素所得到的衰减后强度值是衰减系数 μ 和 X 射线路径的函数。为了数学处理更简单，Lambert-Beer 定律使用其简化形式（式（2.15）），对单色情况有效，且假设材料均质。

在图 2.26 中，在二维视图下，一个物体用一个圆简化表示（物体的截面与旋转轴正交）。考虑 X 射线沿着路径 L 穿过物体，线积分可以通过微分形式表示为式（2.14），再沿着路径 L 积分得到

$$p_L = \ln(I_0/I) = \int_0^L \mu(s)\,\mathrm{d}s \tag{2.27}$$

式中：$\mu(s)$ 为在位置 s 处沿射线 L 的衰减系数；I_0 为入射 X 射线强度；I 为出射 X 射线的强度。

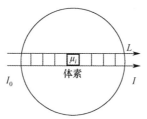

图 2.26　每个体素对沿射线路径 L 总衰减的贡献的示意图。
根据 Lambert-Beer 定律，X 射线衰减强度值从输入
强度值 I_0 到输出强度值 I

沿着路径 L，具有衰减系数 μ_i 的每个体素对总衰减都有贡献。因此，每个 X 射线投影可以描述为衰减系数分布沿特定射线路径的线积分。断层重建的目的是在只知道线积分 P_L 的情况下给每个体素分配正确的 μ 值，线积分值是不同角度上沿不同方向的直线 L 的投影，是探测器记录的 X 射线衰减后的强度值（图 2.27）。换句话说，考虑一个具有 $M \times N$ 像素的探测器，重建过程就是将衰减强度值分配到矩阵的 $M \times N \times N$ 个体素。

重建断层图像的理论基础由奥地利数学家 Radon 于 1917 年建立，他提供了一种已知线积分值唯一确定函数值的数学解法（Radon，1917）。这个函数的重建是通过逆变换实现的，称为 Radon 逆变换，从一系列的线积分（即 Radon 变换）恢复原函数。1963 年，Cormack 提出了一种利用有限数量的投影重建图像的

数学方法（Cormack，1963）。随着 1971 年第一台 CT 扫描仪的面世，Cormack 的理论走入了真正的应用（见第 1 章）。

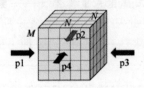

图 2.27　断层重建问题示意图。重建一个物体意味着，通过已知不同的
角位置上的探测器记录的线积分，给立方矩阵的每个体素分配衰减系数。
在该示例中，p1、p2、p3、p4 代表在不同的旋转角度处获取的 4 个投影

　　图像重建有几种技术，可分为解析型、代数迭代和统计迭代重建算法。解析技术将重建对象作为一个数学函数，通过求解连续积分方程进行重建。根据积分方程的解是否精确，解析技术又分为精确和非精确算法。文献中介绍了几种解析技术（Hsieh 等，2013；Katsevich，2003；Grangeat，1990）。代数重建技术（Algebraic reconstruction techniques，ART）利用迭代重建方法，执行多轮迭代直到满足特定准则（Herman 等，1991；Buzug，2008）。统计重建算法也是迭代方法，但在该方法中，是在似然准则意义下分配未知的值（Buzug，2008；Herman 和 Meyer，1993）。

　　第 2.3.2 ~ 2.3.4 节介绍解析技术的基础数学概念，给出滤波反投影（FBP）的描述和 FBP-型算法，并介绍一个实际中最常用的非精确算法，即 Feldkamp-Davis-Kress（FDK）算法。2.3.5 节给出代数和统计重建技术原理的概述，并与 FBP 算法比较主要优缺点（Hsieh，2009；buzug，2008；Kak 和 Slaney，2001；Feldkamp 等，1984）。

2.3.2　傅里叶切片定理

　　断层图像重建依赖的数学基础是傅里叶切片定理，也被称为中心切片定理。通过二维图像重建中平行束几何的例子介绍理论原理（图 2.28）。尽管不是现代工业 CT 系统上最常用的扫描几何设置，这里给出的结果仍为理解结构较为复杂的扇形束和锥形束（三维图像重建）几何情况提供了基础。

　　在图 2.28 定义的坐标系中，物体由函数 $f(x,y)$ 和其 Radon 变换给出

$$p(\theta,\varepsilon) = \int_{-\infty}^{+\infty} f(x,y)\delta(x\cos\theta + y\sin\theta - \varepsilon)\mathrm{d}x\mathrm{d}y \tag{2.28}$$

式中：δ 为狄拉克函数。

　　傅里叶切片定理指出，物体 $f(x,y)$ 在 θ 角度下的平行投影的傅里叶变换，描述了物体傅里叶变换空间相同角度的一条径向线（图 2.29）。换句话说，如果 $P_\theta(\omega)$ 是式（2.28）的一维傅里叶变换，其中 ω 是频率分量，$F(\theta,\omega)$ 则是物体的二维傅里叶变换，即

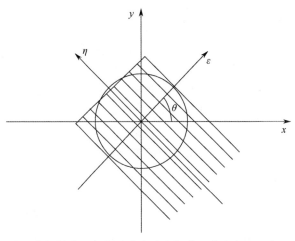

图 2.28　平行束几何中用于断层重建的坐标系。在这个示例中，成像对象
简单表示为二维视图中的一个圆，用函数 $f(x, y)$ 描述

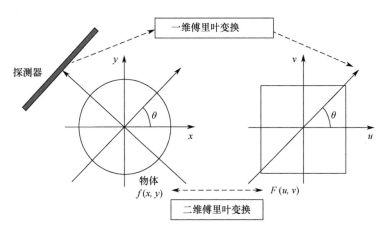

图 2.29　傅里叶切片定理示意

$$P_\theta(\omega) = F(\theta, \omega) \qquad (2.29)$$

式（2.29）表达的概念意味着，如果采集到足够数量的投影，整个傅里叶空间可通过在每个角度 θ 对平行投影进行一维傅里叶变换来填充，然后物体可以采用 2D 逆傅里叶变换重建。

虽然傅里叶切片定理提供了一个直接的重建流程，但在实际执行中存在一些困难。每个投影应用傅里叶变换后，傅里叶空间被填充在极坐标网格内。然而，快速傅里叶变换（FFT），需要笛卡儿网格的数据。为了用 FFT 算法实现二维逆 Radon 变换，必须进行网格重排，投影数据需要从极坐标到笛卡儿网格通过插值重新排列。然而，在频域内插值不像空间域那么直接，是很难实现的。为了克服这个问题，提出了对傅里叶切片定理的替代性实现（Stark 等，1981；O'Sullivan，1985；Edholm，1988），其中最受欢迎的实现是 FBP 算法。

2.3.3　滤波反投影

FBP 算法是目前应用最广泛的重建方法。简单的反投影的概念如图 2.30 所示。为了解释反投影的原理，做一个理想示例，使用由 5 个球组成的简单物体，考察不同角度 θ 下获取的 3 个投影（图 2.30 中的 p1、p2 和 p3）。每个投影描述给定的 X 射线路径的衰减系数分布（图 2.30（a））。根据反投影原理，每条剖线沿着获取它的视线方向（即 θ 角度）反投影（图 2.30（b））。在生成的网格中，每个投影值被添加到与射线方向相交的每个体素上。当然，在现实情况下，情形会比图 2.30 中简化得到的更复杂。

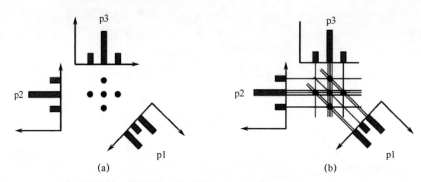

(a)　　　　　　　　　　　　(b)

图 2.30　投影和反投影的概念

（a）投影：每个射线投影描述了沿给定射线路径衰减系数的分布；（b）反投影：每条射线
沿着获取它的观察方向反投影。线条的总量表示吸收量。如此生成一个网格，
其中每个投影值被添加到与射线方向相交的体素上。

从图 2.30 中可以明显看出，网格的每个体素得到的强度值为每个投影对应的非负值之和。由于每个投影是一个非负函数，不包含物体的体素也被赋了正的值，这会导致图像模糊。图 2.31 展示了一个点状物体的简单反投影结果。叠加的剖线产生中间的尖峰同时带有一个宽的裙边，其值降为 $1/r$。

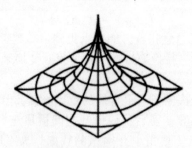

图 2.31　点目标的简单反投影。在重建过程中，将正值分配给每个像素，
这导致了一幅模糊图像，中间有尖峰同时带有一个宽的裙边，
其值降为 $1/r$（ISO 15708-1，2002）

由于产生图像模糊，改变了图像的形态，因此简单反投影的方法不够理想。FBP 重建算法的实现解决了这个问题。在计算逆傅里叶变换恢复物体之前，FBP 包含投影与滤波函数的卷积，可表示为

$$f(x,y) = \int_0^\pi d\theta P(\theta,\varepsilon) * k(\varepsilon)\big|_{\varepsilon = x\cos\theta + y\sin\theta} \qquad (2.30)$$

式中：$k(\varepsilon)$ 为卷积核。卷积核由一个高通滤波器构成，它能够保持探测器的响应，但增加了负的拖尾，来抵消物体以外的正值。在图 2.32 中，显示了与图 2.31 相同的点状物体，可以看出滤波函数卷积能够消除反投影过程中造成的模糊。滤波核的性质对图像重建非常重要，读者可以参考 Hsieh (2009)，文献详细描述了不同的滤波核对重建图像的影响。

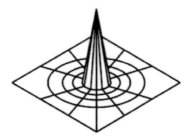

图 2.32　图 2.30 中点目标的滤波反投影。反投影过程造成的模糊通过与滤波函数的卷积去除（改编自（ISO 15708-1，2002））

在前面的章节中，在平行束几何情况下介绍了傅里叶切片定理和 FBP 方法。使用发散光束装置时（即射线不是平行的），如扇束和锥形束几何，式（2.29）的关系会变得更加复杂。

在实际应用中，扇形束几何有两种可能的设计：等角扇束和等距扇束（图 2.33）。

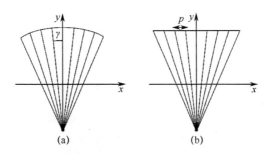

图 2.33　等角和等距扇束几何示意图

（a）在等角几何中，探测器是由位于弧上的几个模块组成，模块之间的角空间 γ 是常数；

（b）在等距几何中，探测器是平的，采样单元沿表面以恒定距离 p 分布。

图 2.34 描述等角和等距扇束的几何关系。在等角扇束中，任何扇形束射线可以由两个参数唯一确定：①γ，射线与 iso-射线形成的夹角；②β，iso-射线与 y

轴形成的夹角。在等距扇束中，射线可以通过参数 t 和 β 唯一确定，t 表示 iso-中心到虚拟探测器与射线的交点间的距离，β 与等角扇束定义方式相同。

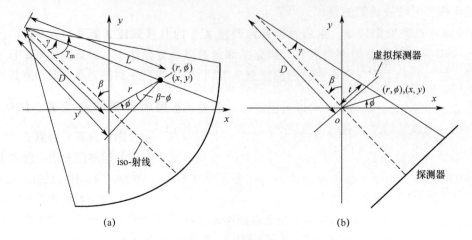

(a)   (b)

图 2.34 　扇束的几何关系 iso-射线是一条连接 X 射线源与 iso-中心
的虚拟射线（改编自（Hsieh，2009））
(a) 等角；(b) 等距。

式（2.30）是在平行束情况下推导的，由此出发在极坐标下分别给出等角和等距扇束重建公式，式（2.31）和式（2.32）。对于公式的推导读者可以参考 Hsieh（2009）。这两个公式中的变量在图 2.34 中解释。等角情况为

$$f(r,\varphi) = \frac{1}{2}\int_0^{2\pi}\mathrm{d}\beta\int_{-\gamma_\mathrm{m}}^{\gamma_\mathrm{m}}q(\gamma,\beta)h(L\sin(\gamma'-\gamma))D\cos\gamma\,\mathrm{d}\gamma \qquad (2.31)$$

式中：等角扇束投影用 q（γ，β）表示。等距情况公式为

$$f(r,\varphi) = \frac{1}{2}\int_0^{2\pi}U^{-2}(R,\varphi,\beta)\mathrm{d}\beta\int_{-\infty}^{+\infty}\left(\frac{D}{\sqrt{D^2+t^2}}\right)q(t,\beta)h(t'-t)\mathrm{d}t \qquad (2.32)$$

式中：

$$U(R,\varphi,\beta) = \frac{D+R\sin(\beta-\varphi)}{D} \qquad (2.33)$$

等距扇束投影用 q（t，β）表示。比较式（2.30）与式（2.31），主要有两点差异：①滤波前乘了一个先验因子 $D\cos\gamma$；②处理扇束几何时使用加权反投影，加权因子取决于重建像素到 X 射线源的距离。

另一种实现扇束重建的方式，是数据重排后直接使用由平行束推导的公式（2.30）。重排过程将扇束投影重新组合为平行束投影。依据几何关系，等角采样几何下的一组扇束投影可以重排到平行束投影 p（θ，s），可表示为

$$p(\theta,s) = g\left(\theta-\arcsin\frac{s}{R},\arcsin\frac{s}{R}\right) \qquad (2.34)$$

式中：θ 为图 2.34 中平行束射线与 y 轴的夹角；s 为从坐标原点到所考察射线垂

直线段的长度。

在等距采样下，平行束投影 $p(\theta, s)$ 为

$$p(\theta,s) = g\left(\theta - \arcsin\frac{s}{R}, \frac{sR}{\sqrt{R^2 - s^2}}\right) \tag{2.35}$$

重排过程中，通常需要插值。因此，一方面重排对重建图像的空间分辨率有负面影响，另一方面，数据重排过程中提高了重建图像中噪声的均匀性。

上述方法都是处理二维图像重建的。然而，对于许多应用，需要重建对象的三维表示。现今的许多工业和临床 CT 系统采用锥形束几何，因为它具有多个优点（关于锥形束几何更多的细节在第 3 章给出）。例如，在扇束几何系统上扫描 100mm 高的物体，如果切片间距离为 0.1mm，需要采集 1000 个切片，导致采集时间可能是锥形束 CT 系统的 1000 倍（假设在两种情况下旋转时间保持恒定）。

三维 CT 重建比二维图像重建复杂得多，许多研究工作目前都集中于重建算法的改进。这部分重点介绍广泛使用的 Feldkamp-Devis-Kress（FDK）算法。对精确重建算法的详细描述读者可以参考 Herman 等的著作（Herman 等，1991）。

FDK 算法是目前应用最广泛的重建算法，它属于非精确类算法（或近似算法）。非精确的含义是描述重建问题的积分方程的解本身是不精确的，而不依赖于图像质量（如噪声）。

FDK 算法是 Feldkamp、Devis 和 Kress 在 1984 年提出的（Feldkamp 等，1984），它依赖于 FBP 方法。该算法基于圆轨迹和平板探测器提出，也可以适用于其他轨迹（如螺旋轨迹）。Feldkamp 的基本思想是把锥形束中由 X 射线源和一横排探测器定义的每个扇形平面单独处理，这意味着数学重建问题可以简化为二维扇束图像重建的情况，这种情况已经在前面部分描述过了。当然在三维情况下，由于射线和 x-y 平面存在夹角（即特定光束的锥角），距离需要调整，还要引入一个由锥角确定的长度校正因子。长度校正后的数据进行滤波，和二维扇束 FBP 一样，随后进行三维反投影。

2.3.4　充分条件

尽管有上述几个优点，锥形束几何采用圆扫描轨迹会被所谓的锥形束伪影影响（更多细节在第 5 章中给出）。事实上，如 Tuy-Smith 充分条件所描述的，一个物体能够精确重建，需满足在每一个与物体相交的平面，至少存在一个锥形束光源点（Tuy，1983；Smith，1985），这个条件对圆轨迹是不满足的，完整的 Radon 数据集也并不能达到精确重建。如图 2.35 所示，对于圆轨迹，一些阴影区 Radon 数据缺失，在 Radon 空间中理论上可以测量到的所有点都包含在一个圆环内。

锥形束伪影在 5.2 节中详细讨论，它会随锥角及扇面到探测器中心平面（该平面所有 Radon 数据有效）的距离增大而增大。数据缺失问题的一些解决方案在 Katsevich（2003）、Zeng（2004）中给出。

使用螺旋轨迹可以消除锥形束伪影，因为在这种情况下，Tuy-Smith 充分条

件得到满足。螺旋扫描轨迹在第 3 章讨论。

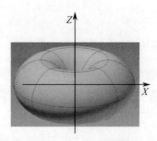

图 2.35　理论上 Radon 数据有效区域的表示：对于圆扫描轨迹，
在 Radon 空间中理论上可以测量到的所有点在一个圆环内

2.3.5　代数和统计重建技术

本节给出了代数迭代和统计迭代重建算法的基础知识概述。到目前为止讨论的所有算法本质上都是解析的，将重建物体作为一个数学函数。重建物体的过程为求解一个连续的积分方程。虽然解析算法通常所需的计算开销远小于迭代重建技术，但解析算法都要基于一些假设，这些假设使问题具有不太困难的数学处理。例如，在 FBP 型算法中，会假设焦点为一个点，假设辐射是单色的。然而在现实中，焦斑大小具有有限的尺寸且辐射是多色的。由于辐射的多色性，射束硬化伪影（更多细节见第 5 章）会影响重建质量，而 FBP 算法缺乏对多色光束的处理。此外，投影无噪声的假设也是脱离实际的。

克服上述问题的一种方法是使用迭代重建（Buzug，2008）。迭代重建算法的基本思想是比较直接的，是一种试错方法。待重建的断层图像被视为未知变量即衰减系数的离散阵列，投影集合可以表示为一个线性方程组。解决重建问题变为求解这个线性方程组。对每一个视角，正投影是通过所有沿特定射线路径的像素强度求和得到的。生成的投影与实际记录的投影对比，利用差异修正重建图像，迭代重复该过程，直到收敛到期望的结果。统计重建算法也是迭代类的方法，但根据似然准则分配未知量的值。基于统计的图像重建的更多细节读者可以参考 Fessler（2000）。

相比 FBP 型算法，迭代重建方法有几个优点，例如当数据缺失时（即有限角度断层成像）有更好的重建质量，能更好地处理投影截断和减少金属伪影（Hsieh，2009）。然而，迭代算法的一个主要局限是计算时间，通常显著高于基于 FDK 的算法，这也是在工业实践中制约迭代重建技术广泛使用的主要原因。

参考文献

Agarwal BK (2013) X-ray spectroscopy: an introduction. Springer, Berlin
Arias-Castro E, Donoho DL (2009) Does median filtering truly preserve edges better than linear filtering? Ann Stat 1172–206

Bae S, Paris S, Durand F (2006) Two-scale tone management for photographic look. ACM Trans Graph (TOG) 25(3):637–645

Banhart J (2008) Advanced tomographic methods in materials research and engineering. Oxford University Press, Oxford

Berger MJ, Hubbell JH, Seltzer SM, Chang J, Coursey JS, Sukumar R, Zucker DS, Olsen K (2010) XCOM: photon cross section database. National Institute of Standards and Technology, Gaithersburg, MD, http://physics.nist.gov/xcom. Accessed 4 Apr 2016

Buzug TM (2008) Computed tomography: from photon statistics to modern cone-beam CT. Springer, Berlin

Carroll QB (2011) Radiography in the digital age. Charles C Thomas, Springfield (IL)

Castleman KR (1996), Digital image processing. 2nd edn. Prentice-Hall, Englewood Cliffs

Cierniak R (2011) X-Ray computed tomography in biomedical engineering. Springer, London

Cormack AM (1963) Representation of a function by its line integrals, with some radiological applications. J Appl Phys 34:2722

Cunningham IA (2000) Computed tomography. In: Bronzino JD (ed) The biomedical engineering handbook, vol I. CRC, Boca Raton, pp 61–62

Curry TS, Dowdey JE, Murry RC (1990) Christensen's physics of diagnostic radiology. Lippincott Williams & Wilkins, Philadelphia (PA)

De Chiffre L, Carmignato S, Kruth J-P, Schmitt R, Weckenmann A (2014) Industrial applications of computed tomography. CIRP Annals—Manufact Technol 63(2):655–677. doi: 10.1016/j.cirp.2014.05.011

Durand F, Dorsey J (2002) Fast bilateral filtering for the display of high-dynamic-range images. InACM transactions on graphics (TOG) 21(3):257–266

Edholm P, Herman G, Roberts D (1988) Image reconstruction from linograms: implementation and evaluation. IEEE Trans Med Imaging 7(3):239–246

Feldkamp LA, Davis LC, Kress JW (1984) Practical cone-beam algorithm. J Opt Soc Am A 1(6):612–619

Fessler JA (2000) Statistical image reconstruction methods for transmission tomography. Hand book of medical imaging, vol 2. Medical Image Processing and Analysis. SPIE Press, Bellingham

Fuchs T, Kachelrieß M, Kalender WA (2000) Direct comparison of a xenon and a solid-state CT detector system: measurements under working conditions. IEEE Trans Med Imaging 19(9):941–948

Grangeat P (1990) Mathematical framework of cone beam 3D reconstruction via the first derivative of the radon transform. In: Herman GT, Louis AK, Natterer F (eds) (1991) Mathematical methods in tomography. Springer, Berlin, pp 66–97

Gui ZG, Liu Y (2012) Noise reduction for low-dose X-ray computed tomography with fuzzy filter. Optik-Int J Light Electron Opt 123(13):1207–1211

He K, Sun J, Tang X (2013) Guided image filtering. IEEE Trans Pattern Anal Mach Intell 35(6):1397–1409

Herman GT, Meyer LM (1993) Algebraic reconstruction techniques can be made computationally efficient. IEEE Trans Med Imaging 12(3):600–609

Herman GT, Louis A K., Natterer F (1991) Mathematical framework of cone beam 3D reconstruction via the first derivative of the radon transform. Springer, Berlin

Hsieh J (2009) Computed tomography: principles, design, artifacts, and recent advances. SPIE, Bellingham

Hsieh J, Nett B, Yu Z, Sauer K, Thibault JB, Bouman CA (2013) Recent advances in CT image reconstruction. Curr Radiol Rep 1(1):39–51

Jackson DF, Hawkes DJ (1981) X-ray attenuation coefficients of elements and mixtures. Phys Rep 70(3):169–233

Jenkins R, Snyder RL (1996) Introduction to x-ray powder diffractometry. Chem Anal 138

Kak AC, Slaney M (2001) Principles of computerized tomographic imaging. Society of Industrial and Applied Mathematics

Kalender WA (2011) Computed tomography: fundamentals, system technology, image quality, applications. Wiley, New York

Katsevich A (2003) A general schedule for constructing inversion algorithm for cone beam CT. Int J Math Math Sci 21:1305–1321

Leroy C, Rancoita PG (2004) Principles of radiation interaction in matter and detection. World Scientific Publishing, Singapore

Lifshin E (1999) X-ray characterization of materials. Wiley, New York

Lukac R, Smolka B, Martin K, Plataniotis KN, Venetsanopoulos AN (2005) Vector filtering for color imaging. Sig Process Mag IEEE 22(1):74–86

Lyra M, Ploussi A (2011) Filtering in SPECT image reconstruction. J Biomed Imaging 2011:10

Mannigfaltigkeiten, Saechsische Akademie der Wissenschaftten, Leipzig, Berichte über die Verhandlungen, 69, 262–277

Müller P, De Chiffre L, Hansen HN, Cantatore A (2013) Coordinate metrology by traceable computed tomography, PhD Thesis. Technical University of Denmark

O'Sullivan J (1985) A fast sinc function gridding algorithm for Fourier inversion in computer tomography. IEEE Trans Med Imaging 4(4):200–207

Panetta D (2016) Advances in X-ray detectors for clinical and preclinical computed tomography. Nucl Instrum Methods Phys Res Sect A 809:2–12

Parker DL, Stanley JH (1981) Glossary. In: Newton TH, Potts DG (eds) Radiology of the skull and brain: technical aspects of computed tomography. Mosby, New York

Pfeiffer F, Weitkamp T, Bunk O, David C (2006) Phase retrieval and differential phase-contrast imaging with low-brilliance X-ray sources. Nature Phys 2(4):258–261

Pfeiffer F, Bech M, Bunk O, Kraft P, Eikenberry EF, Brönnimann C, Grünzweig C, David C (2008) Hard-X-ray dark-field imaging using a grating interferometer. Nature Mater 7(2): 134–137

Pfeiffer F, Bech M, Bunk O, Donath T, Henrich B, Kraft P, David C (2009) X-ray dark-field and phase-contrast imaging using a grating interferometer. J Appl Phys 105(10):102006

Poludniovski G, Evans P, DeBlois F, Landry G, Verhaegen F, SpekCalc (2009) http://spekcalc. weebly.com/. Accessed 4 Apr 2016

Radon J (1917) Über die Bestimmung von Funktionen durch Ihre Intergralwerte Längs Gewisser

Riederer SJ, Pelc NJ, Chesler DA (1978) The noise power spectrum in computed X-ray tomography. Phys Med Biol 23(3):446

Requena G, Cloetens P, Altendorfer W, Poletti C, Tolnai D, Warchomicka F, Degischer HP (2009) Sub-micrometer synchrotron tomography of multiphase metals using Kirkpatrick—Baez Optics. Scripta Mater 61(7):760–763.

Seeram E (2015) Computed tomography: physical principles, clinical applications, and quality control. Elsevier Health Sciences

Smith BD (1985) Image reconstruction from cone-beam projections: necessary and sufficient conditions and reconstruction methods. IEEE Trans Med Imaging 4(1)

Stark H, Woods WJ, Paul I, Hingorani R (1981) Direct Fourier reconstruction in computer tomography. IEEE Trans Acoust Speech Signal Process 29(2):237–245

Stock SR (2008) Microcomputed tomography: methodology and applications. CRC Press, Boca Raton, FL

Tesla Memorial Society of New York. http://www.teslasociety.com/pbust.htm. Accessed 5 Apr 2016

Tuy HK (1983) An inversion formula for cone-beam reconstruction. SIAM J Appl Math 43 (3):546–552

Van Laere K, Koole M, Lemahieu I, Dierckx R (2001) Image filtering in single-photon emission computed tomography: principles and applications. Comput Med Imaging Graph 25(2): 127–133

Wittke JH (2015) Signals. Northern Arizona University, Flagstaff, AZ. http://nau.edu/cefns/labs/ electron-microprobe/glg-510-class-notes/signals/. Accessed on 29 April 2016

Zeng K, Chen Z, Zhang L, Wang G (2004) An error-reduction-based algorithm for cone-beam computed tomography. Med Phys 31(12):3206–3212

Ziegler A, Köhler T, Proksa R (2007) Noise and resolution in images reconstructed with FBP and OSC algorithms for CT. Med Phys 34(2):585–598

第 3 章 X 射线 CT 系统与构成

Evelina Ametova, Gabriel Probst, Wim Dewulf

摘要: 本章主要介绍现有包括新型 X 射线 CT 系统的硬件部分。首先回顾工业锥形束 X 射线 CT 系统基本结构,接着介绍光源、探测器和运动系统等各个硬件单元,然后概述了面向应用的 X 射线 CT 新进展,如专用于大物体检测或高度集成化的在线系统等,最后介绍与 X 射线 CT 系统操作相关的关键安全部件。

3.1 工业锥形束 X 射线 CT 系统基本结构

大多数传统工业 X 射线 CT 系统采用锥形束的几何结构,主要由 4 部分组成(图 3.1):①X 射线源用于产生 X 射线;②X 射线探测器用于测量工件对 X 射线

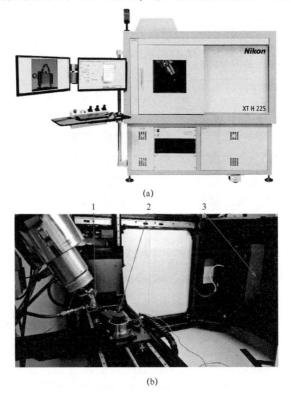

(a)

(b)

图 3.1 带温控柜体的微焦点工业 CT 系统(Nikon Metrology)
1—X 射线源;2—转台;3—探测器。

的衰减；③机械轴将物体置于射线源和探测器之间，并提供 CT 所需的旋转；④计算机用于数据采集、重建与后续分析。本质上前 3 部分的参数和性能直接影响着采集数据的质量，而测量体积受限于探测器和系统屏蔽机柜尺寸。典型的平板探测器像素数量为 1000×1000 或 2000×2000，面积可达 400mm×400mm。大部分工业 CT 系统采用全角度（360°）扫描，通常每次扫描需采集多达 3600 张图像，旋转速度取决于曝光时间和转台的机械稳定性。X 射线源需要有足够高的功率来穿透高吸收材料。商用标准射线源电压一般不高于 450kV，也有特殊的 800kV 的射线源（De Chiffre 等，2014）。

3.2 射线源

在 2.1.1 节中已介绍过 X 射线源的基本概念，本节将详细介绍 X 射线源的关键器件：灯丝（阴极）、电子光学元件和靶（阳极）。这些部件密闭在真空室（通常 <0.1μbar）内以防止发生电弧和电极氧化（图 3.2）。在射线源出口处，X 射线经过一个圆孔或隔膜（铍窗）被"束形"。由于灯丝和靶需定期更换，目前大多数工业 X 射线管是开放型的，由真空泵来维持真空。更换灯丝和靶后需使机器逐渐恢复至真空状态。

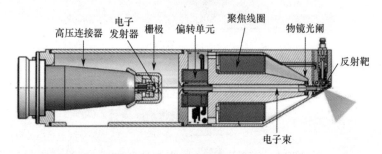

图 3.2 反射靶 X 光管示意图（X-Ray WorX 有限公司）

3.2.1 灯丝

灯丝电流与焦耳效应将灯丝（通常是钍钨丝如图 3.3 所示，也有其他材料如六硼化镧 [LaB_6]）加热至约 2400 K。在这种温度下，一部分电子能够通过热电子发射过程，克服金属灯丝结合能从灯丝中逸出，在管内电场作用下朝着靶材料的方向被加速，从而产生管电流。钨丝中的钍提升了热电子发射过程的效率，从而延长了灯丝寿命，通常工作 500~1000h 之后需要更换灯丝。

最终产生的管电流是灯丝电流和管电压（阴极灯丝与阳极靶间的电压）的函数（图 3.4）。由于热电效应的非线性，灯丝电流（温度）的小幅增大会导致管电流的大幅升高。然而当灯丝电流高、管电压低时，灯丝周围密集的空间电荷将阻碍更多的电子从灯丝中逸出。因此灯丝电流的进一步增大将不会继续增大管电流，此时称射线源工作在空间电荷限制状态。而在较高的加速电压下，热电子易被阳极吸引，这样最大的灯丝温度（电流）限制了管电流，此时增加管电压对管电流的提升就非常有限。

图 3.3 （a）灯丝；（b）聚焦杯中的灯丝；（c）固定在 X 射线源上的聚焦杯

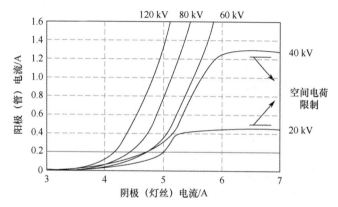

图 3.4 不同管电压下的管电流和灯丝电流关系图（Bushberg 和 Boone，2011）

3.2.2 电子光学器件

从灯丝中逃逸的电子被加速至阳极靶，并聚焦于一个小的区域（称为焦斑），形成由部分焦斑发出射线照射的半影区，从而造成图像模糊。焦斑的大小和形状是影响射线成像质量的重要因素。小焦斑在图像中产生的模糊少、细节可见度高。大焦斑虽然有更优的散热性能（见 3.2.3 节），但会增加模糊、降低细节可见度，在高放大比时更加明显（图 3.5）。

由灯丝发出的电子束尺寸很大程度上影响着焦斑的大小。为了在靶材料预期的位置上获得一个小焦斑，需使用电子光学器件控制电子的加速运动轨迹。

韦氏光学器件在灯丝附近产生一个电场，使加速电子形成一个小焦斑。磁力镜控制电子束到达靶上预期位置。然而光源功率的改变也会改变射线管内部电子束位置，进而改变焦斑位置，导致图像出现脱焦、边缘不清晰、对比度降低现象。因此，为保持高的 CT 成像质量，需要良好的电子束准直。电子束对得越准图像越清晰，重建结果灰度直方图中的材料峰值区分度越高，噪声越小、体积渲染的整体表面质量越优。图3.6展示了未对准的电子束对CT重建整体质量的影响。

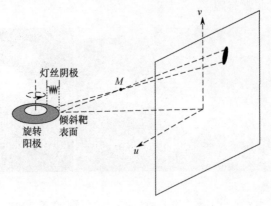

图 3.5　焦斑模糊投影示意图（Chen 等，2018）

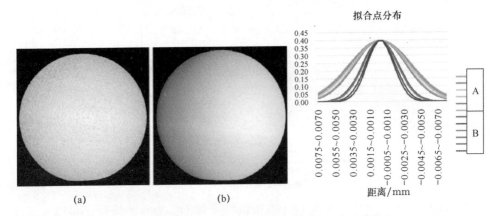

(a)　　　　　　　　　(b)

图 3.6　高放大比时电子束准直对 X 射线 CT 系统的影响
（a）电子束未准直的成像结果；（b）相同物体在良好的电子束准直下的成像结果。
右边的图展示了拟合后的点扩展函数。可以看出，电子束未准直时的偏差更大。

3.2.3　靶

因高熔点和高的 X 射线产生率，钨通常被用作靶材料，其他常见的靶材料还有钼、铜和银等。不同的靶材料具有不同光子能量的特征辐射。例如，钨的特征辐射在 70 kV 附近，而钼的特征辐射在 20 kV 附近。图 3.7 给出了 4 种典型靶材料的连续（韧致）辐射及特征辐射光谱。部分射线源制造商会提供多种金属靶材料供用户根据待测工件来选取。

大部分 X 射线源使用反射靶，其有效焦斑尺寸由靶面法线与电子束的夹角决定（图 3.8）。这也意味着 X 射线的强度分布与方向有关，在特殊应用场合中需考虑。而且，入射电子束和靶材料间角度不能过大，因其会增加电子从靶面弹性反射而不是产生 X 射线的几率。

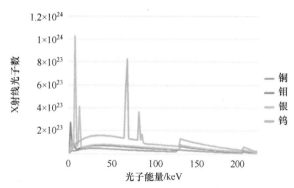

图 3.7　由 BAM aRTist 模拟软件生成的不同靶材料的 X 射线辐射光谱（见彩插）

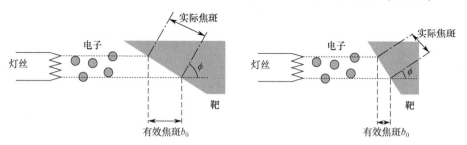

图 3.8　有效焦斑与电子束打到靶上角度的关系

　　撞击焦斑电子的动能仅一小部分转换为 X 射线（约 1%），其余转换为热量（约 99%），因而 X 光管需要冷却。当油作为冷却介质在阳极内循环时，高导热率、高原子序数的铜块常被作为靶材料的载体将热量导向冷却介质。

　　尽管有冷却装置，图像采集过程中仍会出现焦斑漂移现象，从而影响成像质量。图 3.9（a）所示为 3 种功率下 X 射线窗口处的射线管温度变化，焦斑漂移的 X、Y 分量分别如图 3.9（b）、（c）所示。CT 扫描中焦斑位置漂移造成投影图像模糊，尤其是在高放大比检测时对 CT 重建质量影响更严重。

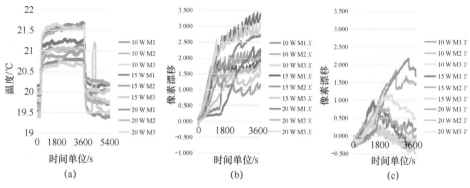

图 3.9　（a）1h 内 X 射线窗口处的源温度；（b）和（c）分别为 X 和 Y 方向由于靶材料热效应引起的焦斑漂移（Probst 等，2016）

无论是要求扫描更快（更短的扫描时间）还是穿透力更强（更高的电压）的应用，发热都会导致高功率时难以获得清晰的 X 射线图像。过高的聚焦电子束能量密度会由于焦斑局部熔化而导致靶的点蚀，这可能造成靶材料点蚀周围部位对 X 射线的自吸收，从而使 X 射线束能谱与角度有关。这种效应（称为鞋跟效应）会随着靶工作时间增加而加剧。

为避免点蚀，焦斑尺寸与管功率是相关联的。常规工业用微焦点射线源的焦斑尺寸范围为 $1 \sim 20 \mu m$，市面上焦斑尺寸小于 $1 \mu m$ 的纳米焦点射线源已可用于低功率场合。通常情况下，增大管功率，软件会自动调节电子束使其轻微脱焦。在工业用功率范围内，$1 \mu m/1\,W$ 的关联性（表 3.1）可作为靶参数设置的参考经验法则，以避免发生点蚀。

表 3.1　焦斑尺寸和管功率的关联关系（Nikon Metrology X TEK 射线源）

微 焦 点 源	最大电压/kV	最大功率/W	焦斑尺寸	
160kV Xi，反射靶	160	60	$3 \mu m$ 至高 $7\,W$	$60\,W$ 时 $60 \mu m$
160kV，反射靶	160	225	$3 \mu m$ 至高 $7\,W$	$225\,W$ 时 $225 \mu m$
180kV，透射靶	180	20	$1 \mu m$ 至高 $3\,W$	$10\,W$ 时 $10 \mu m$
225kV，反射靶	225	225	$3 \mu m$ 至高 $7\,W$	$225\,W$ 时 $225 \mu m$
225kV，旋转靶	225	450	$10 \mu m$ 至高 $30\,W$	$450\,W$ 时 $160 \mu m$
320kV，反射靶	320	320	$30 \mu m$ 至高 $30\,W$	$320\,W$ 时 $320 \mu m$
450kV，反射靶	450	450	$80 \mu m$ 至高 $50\,W$	$450\,W$ 时 $320 \mu m$
450kV，高亮度光源	450	450	$80 \mu m$ 至高 $100\,W$	$450\,W$ 时 $113 \mu m$
750kV，使用集成发电机	750	750	$30 \mu m$ 至高 $70\,W$	$750\,W$ 时 $190 \mu m$

市面上小焦斑高功率的解决方案还有旋转靶（图 3.10）或金属喷射液态靶（图 3.11）。两种都是将热量扩散到更大的、可移动的区域，同时不断更新暴露在高能电子束中的靶材料。旋转靶通常用于医疗和工业 CT 领域的高功率系统中，液态金属靶则适用于更低功率的系统。现有液态金属喷射靶采用熔点接近室温的

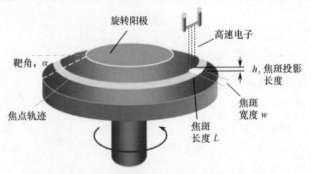

图 3.10　旋转靶阳极射线管（Hsieh，2003）

镓或铟基金属合金，并具有类似某些常规固体阳极的发射特性，其功率焦斑比可提升约 3 个数量级（Otendal 等，2008）。

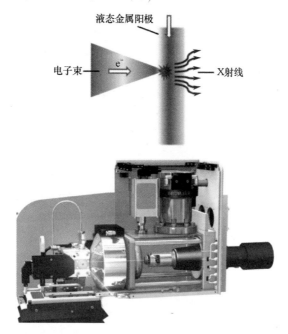

图 3.11　液态金属喷射阳极靶 X 光管原理（上）（Excillum）和横截面（下）（Bruker）

对于较小功率 CT 系统，X 光管可配备在真空室中与电子束共线产生 X 射线的透射靶（图 3.12）。这种情况下，靶是一种电子可完全透过的薄材料。薄的靶材料不耐高温，因而限制了 X 光管的功率范围。

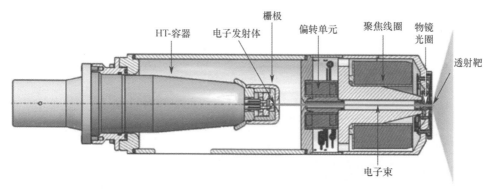

图 3.12　透射靶 X 射线源。相对于倾斜反射靶面的有效焦斑，
此时焦斑为实际焦斑（X-ray WorX 有限公司）

图 3.13 分别从管功率和焦斑尺寸展示了不同的 X 光管技术，可看出不同技术之间的互补性。然而在对这些数据的理解上，CT 从业者应始终抱着谨慎的态度，因为焦斑尺寸的测量并不容易，非商业的实际性能对比数据极少，并且焦斑

尺寸还会随时间变化。

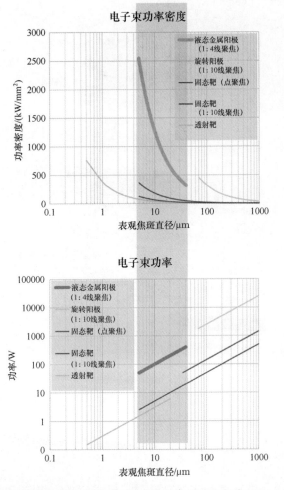

图 3.13 不同 X 射线管技术的管功率与表观焦斑尺寸（Excillum）

3.3 探测器

3.3.1 平板探测器与线性二极管阵列探测器

如第 2 章所述，大多数工业 CT 系统使用基于矩阵阵列（如 2000×2000 像素）的平板探测器（FPD）和锥形束 X 射线源。相对于平板探测器，另外一种是靠单行像素接收 X 射线、与 X 射线扇形束配合使用的线性二极管阵列探测器（LDA）。弯曲线性二极管阵列（CLDA）探测器是 LDA 的另一种形式，沿圆形曲线排列，这样每个探测器像素到射线源的距离是相同的。其扫描过程与传统 LDA 类似，只能记录工件的单层信息。图 3.14 中展示了 FPD 和 LDA 探测器的基本原理。

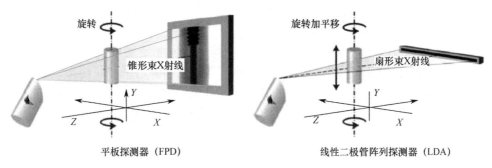

图 3.14 锥形束（平板探测器）与扇形束几何（线性二极管阵列探测器）（GE 公司）

与 FPD 相比，CLDA 探测器有以下优势：LDA 具有像素间屏蔽功能，邻近像素间相互干扰更小；LDA 抑制了散射，产生的噪声更少，因而重建质量更高；另外，LDA 闪烁体更厚，因此信噪比更高。CLDA 探测器的弧心中心曲率与 X 射线焦斑一致，减少了远离中心像素时的图像畸变。其缺点是使用 LDA 进行数据采集更耗时，需逐层扫描物体，即每层旋转一次，同时沿垂直方向移动，这种额外的垂直运动增加了重建的不准确度（Welkenhuyzen，2015）。

3.3.2 能量积分探测器与光子计数探测器

基于闪烁体的探测器（见第 2 章）不能区分光子能量，韧致辐射光谱的多色性将导致射束硬化伪影，尤其影响对多材质工件的检测。近年来光子计数探测器（PCD）已在 CT 领域倍受关注（Taguchi 和 Iwanczyk，2013）。PCD 是将 X 射线光子直接转换为与光子能量成比例的电荷的技术（图 3.15），碲化镉（CdTe）或镉

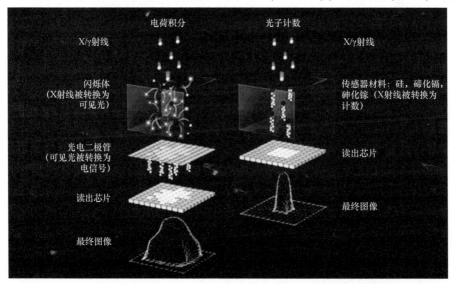

图 3.15 能量积分探测器与光子计数探测器（Direct Conversion）

锌碲化物（CZT）等都是常见的直接转换材料。直接转换产生的电荷数约是闪烁体探测器的 10 倍，因而可对光子进行计数，光子能量也能被分辨（Suetens，2009）。

PCD 技术可在一次投影中区分到达探测器的不同光子能量，一般将 X 射线谱分为 2~8 个能量段。在扫描多材质部件时不仅可消除射束硬化伪影，还可通过增加低能量段权重来提升低衰减物体图像对比度。此外，PCD 还可通过忽略低能量段的信息来消除噪声（Panetta，2016）。然而受 PCD 计数率限制，它还不能用于当前工业 CT 的高管电流（光通量）应用场合。

3.4 机械、运动系统和屏蔽柜

如前所述，工业 CT 中射线源和探测器一般是静止不动的（图 3.16）。三个轴形成一个笛卡儿坐标系。放大轴（Z 轴）是指射线源到探测器的连线，Y 轴平行于旋转轴，X 轴正交于 Y 轴与 Z 轴，X 射线束的横向开角称为扇角，纵向开角称为锥角。由于工业 CT 系统检测性能的高要求，运动系统的几何校准和稳定性对系统整体性能至关重要。

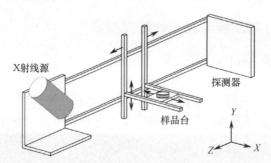

图 3.16 从 X 射线源到探测器的线性路径定义了放大轴，Y 轴平行于旋转轴，X 轴与 Y 轴和 Z 轴正交，形成笛卡儿坐标系。平板探测器，对应锥束 CT 系统。该图显示的只是 CT 系统的一种结构，还有许多其他结构（Ferrucci 等，2015）

一个典型的锥束 CT 系统在满足以下条件时可认为是对准的（图 3.17）（Ferrucci 等，2015）：

（1）放大轴与探测器的交点与探测器中心重合。

（2）放大轴垂直于探测器。

（3）放大轴与旋转轴以 90°角相交。

（4）旋转轴的投影平行于探测器的列。

对于方形探测器，前两个条件相当于锥角和扇角相等。

在扫描期间 CT 部件的相对移动也必须满足以下要求：

（1）所有组件之间的相对距离是不变的，旋转轴的位置是固定的。

（2）旋转平面垂直于旋转轴。

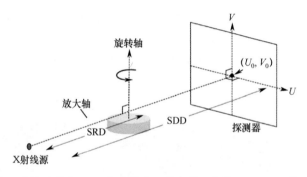

图 3.17　对准的锥束 XCT 系统应满足图中所示条件（Ferrucci 等，2015）

　　运动系统的不对准导致图像伪影，如图 3.18 所示。因此，支撑所有运动部件的支架需要很高的尺寸稳定性、阻尼以及刚度。参照坐标测量机（CMM）的

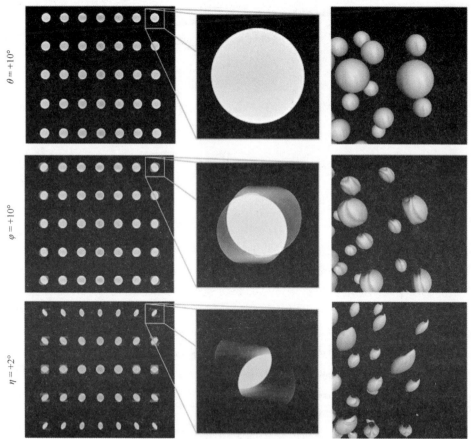

图 3.18　探测器倾斜 +10°（围绕 X 轴旋转）、倾斜 +10°（围绕 Y 轴旋转）、倾斜 +2°（绕 Z 轴旋转）的重建结果：左列是灰度阈值法前沿 XY 平面的灰度值切片；中间列是放大部分灰度值图像；右列是应用灰度值阈值后的三维重建结果（Ferrucci 等，2016 ⓒ版权所有，经许可转载于 NPL）

经验，很多制造商采用花岗岩作为底座材料（图 3.19）（Hocken 和 Pereira，2011）。此外，屏蔽机柜的温度控制和光源的主动冷却也很重要。尺寸测量应在 20°C 下进行（国际认可的标准温度）。温度变化将造成物体的膨胀或收缩以及 CT 结构的热变形。温度以及时间和空间上的温度梯度都会影响热变形，从而影响测量。

图 3.19　花岗岩做底座的多传感器 CT 系统（Werth 公司）

　　运动系统的准确性和稳定性依赖于硬件组件，如驱动系统、轴承系统和位移传感器，下面分别介绍。

3.4.1　传动系统

　　在工业 X 射线 CT 系统中，传动系统的目的是以要求的放大比将物体置于探测器视野内。传动系统不提供物体的位置信息，由位移传感器或标尺来定义夹具在系统测量空间内的准确位置。常见的驱动系统有丝杠、齿轮齿条和皮带。

　　丝杠驱动系统将所连接电机的旋转运动转换为螺母系统上托架的线性平移运动。丝杠驱动器具有高动态刚度。旋转运动转换为线性运动发生在螺母（通常由聚合物复合材料或青铜制成）上，可在丝杠的螺旋螺纹上滑动。这个过程需要高能量，因为丝杠与螺母交界处摩擦力很大，为此通常使用滚珠轴承。滚珠丝杠上的螺钉和螺母具有匹配的螺旋槽，可使滚珠轴承循环转动，与丝杠相比减少了旋转运动转换成线性平移运动所需的总能量。

　　齿条齿轮传动装置由一对齿轮组成，用于将旋转运动转换为直线运动。驱动系统的小齿轮接合到线性齿条上，然后驱动运动。这类驱动器的缺点是有形状误差和齿隙，从而限制了定位精度，但通过软件可大大减小定位精度问题。

　　皮带传动装置由电机、皮带和多级减速器构成。皮带传动在不要求轴向对准时使用，因为它们具有高的错位容限。皮带传动为移动轴提供动力传递，防止机器过载和堵塞。此外，它们还能起到低通滤波器的作用，抑制并隔离来自传动系统的噪音和振动，防止高频电机振荡进入测量系统。

3.4.2　轴承系统

轴承是为机械系统内各部件之间提供相对运动的元件。对于多数 X 射线 CT 系统，轴承用于移动夹具相对于射线源和探测器的位置，因为源和探测器在工业 CT 中通常是固定的。不同的制造商选择不同类型的轴承系统，取决于其 CT 系统的设计。花岗岩台面的 CT 系统一般采用非接触式轴承系统，如空气轴承，而传统金属框架 CT 系统多采用接触式轴承系统。

接触式轴承系统有包括滑动、滚动和弯曲轴承在内的接触式元件。它们由以球连接的内外金属表面制成，由滚珠（滚子）承受负载使运行更加高效。与非接触式轴承系统相比，这些轴承在法向运动方向上通常具有很高的机械刚度。设计时应优先考虑磨损、动态特性和总误差等标准，因为夹具的定位精度直接决定了 CT 系统的测量精度。

非接触式轴承（如空气轴承）利用一层薄的（由于空气的低黏度，厚度通常为 $1 \sim 10 \mu m$）压力空气，为运动系统提供支撑。与机械轴承相比，空气轴承的最大优势在于运动部件之间没有物理接触，因而在运行期间不存在磨损现象。这就使得空气轴承如果尺寸合适、准直性佳，其耐用性实际上是无限的。

3.4.3　位移传感器

在 X 射线 CT 中，待检测对象在系统中的放置位置至关重要，因其决定了体素尺寸，进而决定了检测分辨率。夹具系统的错位，即使是几个微米的误差，也会因体素大小的错误估计引起测量误差，因此定位准确性至关重要。市面上有很多种位置传感器可用来确保组件之间相对位置的准确性。线性光栅尺通常用于 X 射线 CT 系统中的定位，其中刻度尺固定在 CT 支架上，电光传感器安装于夹具上。

透射尺是基于光可以穿过光栅尺的原理（也称光学编码器）（Hocken 和 Pereira，2011）。尺（光接收器）和光发射器之间的移动产生交替的光信号，在被转换成电信号后，可以给出移动组件的相对位置。因为可产生正交信号，现代透射尺编码器能够识别运动方向。商用透射尺有低至 $5 \mu m$ 甚至更高的分辨率。

反射尺与透射尺类似，都是利用衍射图样识别两个运动组件之间的位置，衍射图样由交替的反射线和漫反射间隙形成。

干涉尺同样使用光栅尺，线间距为每毫米 100 线或更多，其传感器输出电信号进而转化为位置读出数字信号。

激光干涉仪基于光的干涉原理，其中分束镜将一束激光分成两束，一束用于参考，一束用于与参考光束产生干涉。移动分束镜，两个光束之间会产生相位变化。两光束叠加可产生干涉（或条纹）图样，用于计算运动部件间的位移。

与传统坐标测量系统一样，软件补偿通常用于校正柜体与运动系统间的系统偏移。

3.5　集成型/专用 CT

3.5.1　多传感器系统

如第 7 章中所述，X 射线 CT 系统的可追溯性依然存在挑战，而接触式坐标测量系统（CMS）准确性更高，尤其是在检查复杂的多材料部件时。因此，多传感器 CMS 发展起来，用于弥补 X 射线 CT 测量设备以及接触式和光学探针的缺陷（图 3.19）。

3.5.2　四维 X 射线 CT 系统

四维（4D）X 射线 CT 系统，也称原位 CT 系统，用于研究工件或样品随时间的变化情况，比如蠕变、疲劳和相变效应等。专用的 4D CT 系统被开发用于如 CT 内的拉伸测试（图 3.20）。由于完整 CT 扫描所需时间很长，有时需要暂时中断负载才能获得稳定的图像，由此产生的后果（诸如应力松弛）需要在后续分析 CT 扫描结果时加以考虑。

图 3.20　具有原位装载功能的显微 CT 系统

3.5.3　双能 CT 系统

双能 CT（DECT）在数据采集中使用两个能量，严格地说是 DECT 在两个不同的能量下两次使用同一个扫描几何。这种 DECT 的概念与 CT 的早期发展是一致的，然而直到最近 DECT 才被广泛应用，这得益于扫描几何的发展。在第三代或第四代 CT 系统中，可在不同的管电压（kV/s）下扫描两次来实现 DECT。也可以通过专门设计的硬件系统来实现，包括快速 kVp 切换系统、层探测器和双源双探系统，如图 3.21 所示。医学 CT 中 DECT 通常用于材料分解。对于工业 CT，DECT 在射束硬化伪影抑制和低对比度检测能力方面具有独特优势。

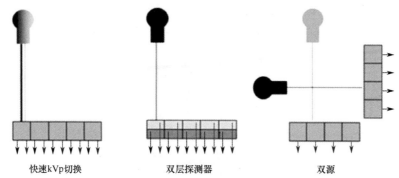

快速kVp切换　　　　　双层探测器　　　　　双源

图 3.21　双能 CT 的 3 种实现方式。快速 kVp 开关系统通过快速调制的 X 射线管电压来产生低能量谱和高能量谱 X 射线，双层探测器系统利用能量敏感探测器来利用光谱中高低能量间的差异（Fornaro，2011）

3.5.4　在线 CT 系统

在工业 4.0 中将采用在线 X 射线 CT 系统实现快速稳定的工件质量控制（Hermann 等，2016），最早出现的解决方案是由工业机器人自动装卸载的 CT 系统（见图 3.22）。

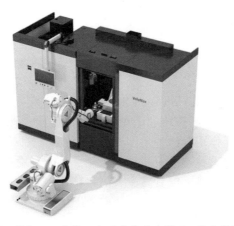

图 3.22　Zeiss Volumax 系统，专用于基于在线 CT 的质量控制（Zeiss）

另一种在线系统是利用传送带实现螺旋 CT 扫描（图 3.23）。螺旋扫描轨迹可通过将样品进行旋转和沿旋转轴平移来实现。平移可通过转台平移或光源和探测器的组合平移来实现（Aloisi 等，2016 年）。X 射线源和探测器以恒定的角速度旋转，同时工作台沿着垂直于穿过源－探测器圆的轴以恒定的速度平移，这样即可实现围绕样品螺旋的运动轨迹（图 3.23）。因此螺旋扫描具备锥束 CT 系统的快速优势，且能不受锥束效应的影响，在工业应用中具有巨大潜力（Aloisi 等，2016），可实现每个零件 1 ~ 5min 的检测速度。

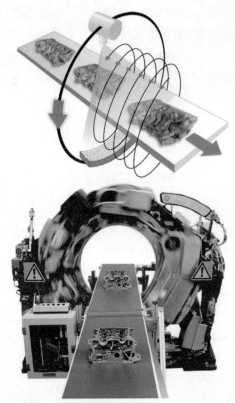

图 3.23　基于 CT 的质量控制原理图（顶部）和系统（盖子已移除）（GE）

3.5.5　用于小样品的 SEM CT

　　扫描电子显微镜（SEM）可以纳米至微米的分辨率来观察样品内部结构（Goldstein 等，2012）。传统 SEM 利用聚焦的高能电子束照射待分析样品。样品和电子探针之间的相互作用会产生多种类型的信号，包括二次电子、背散射电子和特征 X 射线。这些信号来自样品的特定发射，因而可用于样品特征检测，如表面形貌、结晶学和内部组成。以其高放大倍率（ > 100000 倍），SEM 可以对厘米级尺寸的样品进行纳米分辨率成像，一些商业产品甚至可实现亚纳米分辨率成像（Sunaoshi 等，2007 年）。

如今，SEM 系统可集成于 CT 系统中进行微米尺度样品的成像（图 3.24 和图 3.25），由 SEM 的聚焦电子束结合 X 射线 CCD 相机以及一个样品夹具组件构成，夹具包括靶及样品控制系统（放大轴和转台）。

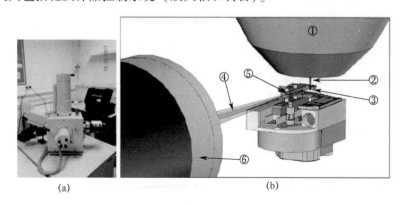

(a)　　　　　　　　　　　　　(b)

图 3.24 （a）SEM CT 系统示意图（Pyka 等，2011）和（b）SEM 增加显微成像能力的装置
1—SEM 的物镜；2—电子束；3—用于 X 射线生成的金属靶；4—X 射线锥束；
5—用于显微 CT 的样品旋转台；6—相机组件（Bruker Micro-CT）。

(a)　　　　　(b)　　　　　(c)　　　　　(d)

图 3.25　一个真空净化器的充满灰尘颗粒的过滤片
（a）过滤器表面 SEM 图像；（b）SEM-CT 重建的前视图，其中过滤材料显示银色，颗粒显示红色；
（c）同一 SEM-CT 重建的后视图；（d）半透明过滤材料侧视图。可以看出，大多数
颗粒在过滤器的前表面被吸收，没能通过过滤材料（Bruker Micro-CT）。

3.5.6　面向大型高衰减物体的 X 射线 CT

CT 系统的穿透能力与 X 射线源功率直接相关，即使 450kV（或 800kV）的工业 CT 系统可测的样品尺寸依然受限（与材料有关）。其次，扫描体积受探测器和机柜尺寸的限制。但是汽车整体、发动机组和飞机构件等样品的检测需求很强。近年来一些利用线性加速器（LINAC）（图 3.26）的高能 CT 系统发展起来。

在 LINAC 中，通常电子在中空管道真空室中被一系列高频调制的圆柱电极加速朝向金属靶运动（图 3.27）。漂移管从电子源到靶越来越长，设计驱动频率和电极间距，使电子穿过电极间隙时的电压差达到最大，从而加速电子。由于电

子质量低，它们可以快速被加速，因此用于高功率 CT 的 LINAC 的长度与用于质子加速的类似装置相比，可以小很多。

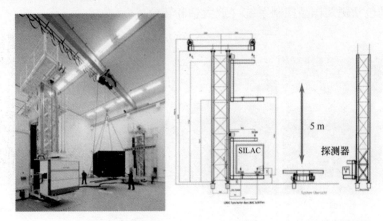

图 3.26　Fraunhofer EZRT 中 CT 设备照片（左）。使用 9 MeV 西门子直线加速器（SILAC），一个 3m 直径转盘（承载能力为 10t）和一个 4m 宽线阵探测器（像素间距为 400μm）（Salamon 等，2013）。该系统能够扫描汽车（如碰撞测试前后）、大型容器等

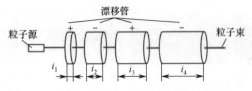

图 3.27　LINAC 结构示意图

扫描大型部件还需要大型探测器或可拼接多个投影或重建体积的方法（Maass 等，2011 年）。根据 LINAC 系统的基本原理，生成的 X 射线是脉冲式的，这点在选择探测器读出时间时要仔细考虑（Salamon 等，2013）。

能量高于 1 MeV 时的 X 射线衰减更多地基于电子对效应，即电子－正电子对的形成（见 2.1.3 节）。在实现更高穿透厚度的同时（图 3.28），其劣势在于散射光子数量的增加以及更高的噪声水平（图 3.29）。

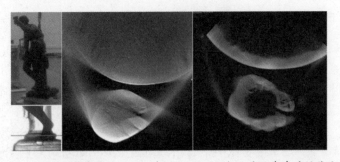

图 3.28　9 MV LINAC X 射线系统（右）相比 450kV（左）系统在穿透性能方面的优势。左边图像显示了一个转台上的青铜雕像和标记了横截面（黑色线）的感兴趣区域投影。雕像的内部结构仅在 9 MV 扫描结果中可见（Salamon 等，2012）

图 3.29 9 MV LINAC X 射线系统（右）与具有足够穿透力的 450kV 系统（左）相比的劣势。
由于额外的散射光子而增加的噪声水平散射是显而易见的（Salamon 等，2012）

另一个新进展为机器人 CT 系统，其中 X 射线源和探测器都安装在协同的机器人上（图 3.30），因而允许更灵活的轨迹和大部件扫描。机器人的定位准确性是这一新兴方向的主要挑战。

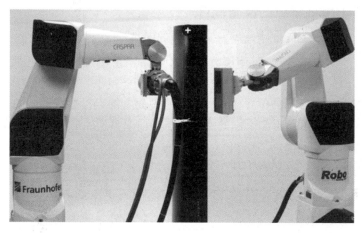

图 3.30　Fraunhofer IIS 开发的 RoboCT 系统（Fraunhofer IIS）

3.5.7　同步加速器工业 CT

自 20 世纪 80 年代以来，大型同步辐射装置也被用于为 CT 应用产生 X 射线（见图 3.31）。同步辐射可提供独特的 X 光束特性，如单色、高光通量、相干、准直和高空间分辨率。光源本身可提供宽带 X 射线能量，且具有很高的光通量和亮度。这样的准平行束可避免由锥束或扇束带来的一些常见问题以及图像的放大。运动的电子改变方向时产生同步辐射，发射出光子。当电子移动得足够快时，发射的光子在 X 射线波段。X 射线束通过一系列透镜和仪器（光束线站）被传输至待研究物体并与其相互作用。同步辐射 X 射线光束线站通常设有单色器，用以产生非常窄的光束带宽和可调节的光束能量。单色 X 射线束是解决宽谱 X 射线典型射束硬化问题的一种途径。即使单色后，同步加速器 X 射线束也可提供比传统 X 射线管更高的强度。

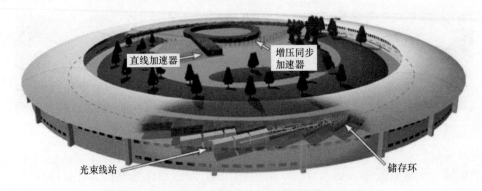

图 3.31　法国格勒诺布尔 ESRF 同步加速器图 （ESRF）

3.5.8　用于扁平物体的层析成像

对于很多应用来说，实现完整的 360°投影是不现实的（比如有一个方向需要穿透很长的距离），这时可使用数字层析成像。在层析成像系统中，光源和探测器同步移动（通常绕公共旋转轴轨道运行），这样同一平面上的点（所谓焦平面）总是被投影到相同的位置，而所有平行平面上的点投影在不同的位置。因此将所有图像取平均可获得焦平面的清晰图像，而来自所有其他平面的图像都是模糊的（图 3.32）。

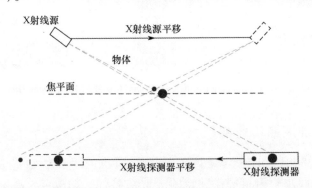

图 3.32　层析成像的基本原理。X 射线源和探测器同时移动，焦平面的特征
始终投射在探测器的相同位置上，焦平面外的特征投影在探测器的
不同位置处，因此产生模糊的重建图像

3.6　X 射线 CT 系统安全事项

为保证工业 X 射线 CT 系统的使用安全，无论是制造商还是用户都应注重辐射防护。工业 CT 系统的安全模块通常包含带警示功能（灯和/或声音）的屏蔽柜、安全联锁装置、辐射警告标志等相关设施。

1）带警示系统的屏蔽舱

大部分 X 射线束应被衰减在屏蔽间内。警示系统的目的是在 X 射线泄漏之前疏散人员。它包括声光报警和播报设施。所有 CT 系统应配备外部警示系统，更大的设备还应有内部警示系统。

2）安全联锁装置

安全联锁装置包括急停开关、联锁开关。外部急停开关应配备在便利的位置。对于较大的设备也需配备内部开关。当急停开关被按下时，辐射和机械装置都将停止，设备只能手动重置。安全联锁安装在屏蔽舱门上，只有关闭舱门时 X 射线才能出束。如遇紧急情况，工作人员应至少按下一个急停按钮，可以的话拔掉设备插头，然后打开联锁开关。

3）辐射警告标志

设备上需粘贴带有国际辐射标志以及如"当心 X 射线辐射"（图 3.33）之类标语的辐射警告标志。

所有可能会暴露于工业 CT 系统的人员都应牢记以下注意事项：

（1）所有的人员计划开始使用 CT 设备前必须经过辐射安全培训。

图 3.33　辐射警告标志

所有可能在日常工作中接触工业 CT 系统的人员都应接受基本的辐射安全培训。培训应充分涵盖辐射的基本概念、测量和防护原则。除了向每个人提供最低限度的辐射安全培训外，CT 系统工作人员还应接受进一步培训以便履行其特定职责。如有必要，培训内容应及时更新以确保是最新的。

（2）设备在使用前应进行测试和许可，并定期更新许可证书。

（3）绝不允许未经授权的人员操作系统，除非他们在训练有素的人员密切监督下操作。

（4）安全系统出现任何故障都应尽快告知制造商。

（5）打开设备间门之前务必关闭 X 射线，不要依靠联锁舱门关闭 X 射线。

（6）工作人员在进入屏蔽间之前应确保联锁开关打开并随身携带。

（7）始终注意标志和警告。

参考文献

Aloisi V, Carmignato S, Schlecht J, Ferley E (2016) Investigation on metrological performances in CT helical scanning for dimensional quality control. In: 6th conference on industrial computed tomography (iCT), 9–12 Feb, Wels, Austria

Bushberg JT, Boone JM (2011) The essential physics of medical imaging. Lippincott Williams & Wilkins

Chen L, Shaw CC, Altunbas MC, Lai C-J, Liu X (2008) Spatial resolution properties in cone beam CT: a simulation study. Med Phys 35:724–734

De Chiffre L, Carmignato S, Kruth JP, Schmitt R, Weckenmann A (2014) Industrial applications of computed tomography. Ann CIRP 63:655–677. doi:10.1016/j.cirp.2014.05.011

Ferrucci M, Leach RK, Giusca C, Dewulf W (2015) Towards geometrical calibration of X-ray computed tomography systems—a review. Meas Sci Technol 26:092003

Ferrucci M, Ametova E, Carmignato S, Dewulf W (2016) Evaluating the effects of detector angular misalignments on simulated computed tomography data. Precis Eng 45:230–241. doi:10.1016/j.precisioneng.2016.03.001

Fornaro J, Leschka S, Hibbeln D, Butler A, Anderson N, Pache G, Scheffel H, Wildermuth S, Alkadhi H Stolzmann P (2011) Dual- and multi-energy CT: approach to functional imaging. Insights Imaging 2:149–159

Goldstein J, Newbury DE, Echlin P, Joy DC, Romig AD Jr, Lyman CE, Fiori C, Lifshin E (2012) Scanning electron microscopy and X-ray microanalysis: a text for biologists, materials scientists, and geologists. Springer Science & Business Media

Hermann M, Pentek T, Otto B (2016). Design principles for industrie 4.0 scenarios. In: System Sciences (HICSS), 2016 49th Hawaii international conference, pp 3928–3937

Hocken RJ, Pereira PH (2011) Coordinate measuring machines and systems. CRC Press

Hsieh J (2003) Computed tomography: principles, design, artifacts, and recent advances, vol. 114. SPIE Press

Maass C, Knaup M, Kachelriess M (2011) New approaches to region of interest computed tomography. Med Phys 38(6):2868–2878

Otendal M, Tuohimaa T, Vogt U, Hertz HM (2008) A 9 keV electron-impact liquid-gallium-jet X-ray source. Rev Sci Instrum 79(1):016102

Panetta D (2016) Advances in X-ray detectors for clinical and preclinical computed tomography. Nucl Instrum Methods Phys Res Sect A 809:2–12

Probst G, Kruth J-P, Dewulf W (2016) Compensation of drift in an industrial computed tomography system. In: 6th conference on industrial computed tomography, Wels, Austria (iCT 2016)

Pyka G, Kerckhofs G, Pauwels B, Schrooten J, Wevers M (2011) X-rays nanotomography in a scanning electron microscope–capabilities and limitations for materials research. SkyScan User Meeting, Leuven, pp 52–62

Suetens P (2009) Fundamentals of medical imaging. Cambridge University Press

Salamon M, Errmann G, Reims N, Uhlmann N (2012) High energy X-ray Imaging for application in aerospace industry. In: 4th international symposium on NDT in Aerospace, pp 1–8

Salamon M, Boehnel M, Reims N, Ermann G, Voland V, Schmitt M, Hanke R (2013) Applications and methods with high energy CT systems. In: 5th international symposium on NDT in Aerospace, vol 300

Sunaoshi T, Orai Y, Ito H, Ogashiwa T (2007) 30 kV STEM imaging with lattice resolution using a high resolution cold FE-SEM. In: Proceedings of the 15th european microscopy congress, Manchester, United Kingdom

Taguchi K, Iwanczyk JS (2013) Vision 20/20: single photon counting X-ray detectors in medical imaging. Med Phys 40(10)

Welkenhuyzen F (2015) Investigation of the accuracy of an X-ray CT scanner for dimensional metrology with the aid of simulations and calibrated artifacts. Ph.D. thesis. KU Leuven

第4章 CT数据处理，分析与可视化

Christoph Heinzl, Alexander Amirkhanov, Johann Kastner

摘要：在众多成像手段中，CT能够对复杂系统和材料进行无损检测。相比于其他检测手段，CT提供了更快速的检测结果，同时也具有无损、无接触以及内部隐藏结构可视化的优势。然而，在工程实践中，有效的数据处理是实现CT这些优势的重要前提。只有经过CT数据的处理、分析以及可视化，人们才能获得过去无法有效分析的物体内部细节。通过清晰易懂的效果图，帮助理解CT数据的数据分析和可视化方法。本章探讨了通用数据分析流程，包括处理、分析和可视化方法、无损检测以及专业分析方法。

4.1 通用数据分析流程

本节介绍通用数据分析流程，可概括为：①数据预处理与增强；②分割、特征提取与量化；③结果渲染（图4.1）。本章所处理的数据均为三维体数据，即三维重建结果（见2.3节）。本章重点包括数据预处理与增强、特征提取与量化、可视化分析。需要注意的是，本章仅仅对包括工业CT在内的众多领域进行概述，没有对技术细节进行详细讨论。

图4.1 通用数据分析流程

4.2 数据预处理与增强

本节包括对生成的CT数据进行预处理和增强，是后续进行定量分析的前提。依次介绍了平滑滤波、分割及特征提取、特征量化及表面测定方法。

4.2.1 平滑

根据作用于图像的平滑技术可以分为全局平滑和局部平滑。这两类方法存在各自优缺点，后续章节我们进行进一步讨论。

4.2.1.1 全局平滑

全局平滑的目标是减少输入图像的（加性）噪声以及不规则内容（图4.2）。全局平滑通常利用固定的滤波核对图像进行卷积，而滤波核是根据滤波算法预先设定的。通过滤波核在输入数据的每一体素上移动并计算，可得到滤波结果。具体而言，输出结果是滤波核覆盖的体素与相应滤波核位置的值相乘，并加权求和得到。全局平滑的最大缺点是此类方法会使图像边缘模糊，生成非锐化图像。

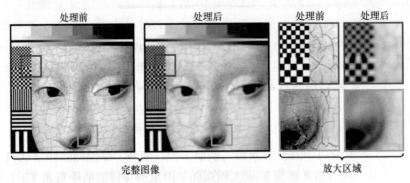

图4.2 高斯滤波示例，其中参数分别为：方差 =（15；15），
最大误差 =（0.01；0.01），最大核宽 =32

均值滤波是最简单的全局滤波方法之一。该方法设定滤波核覆盖的体素具有相同权重，输出结果即为体素的加权求和。记滤波核覆盖体素的数量为 N，则每一体素权重为 $1/N$。该权重值能避免结果超出灰度值范围。在全局优化方法中，我们也可以设定其他滤波核。高斯滤波是另一种非常重要的滤波算法，其在三维空间中的滤波核定义为

$$G_\sigma(x,y,z) = \frac{1}{(\sqrt{2\pi}\sigma)^3} e^{\frac{x^2+y^2+z^2}{2\sigma^2}} \tag{4.1}$$

式中：σ 为高斯分布标准差；x、y、z 为空间坐标值。对于高斯滤波来说，距离滤波核中心越远的体素，模糊程度越小。此外，基于滤波器的卷积也可以在频域通过简单的乘法进行计算。尤其在滤波核较大时，频域计算更加高效，但需要将数据在时域和频域之间进行转换。

中值滤波（图4.3）是另外一种全局滤波算法。该方法与均值滤波和高斯滤波不同，没有设定权值，而是把滤波核覆盖的体素的中间值作为输出结果。因此，该滤波方法在当前体素的邻域上，这些体素按照降序进行排列，并返回中间值作为最终结果。对于体数据，中值滤波通过在所有体素上移动滤波核得到最终的滤波结果。中值滤波没有计算新的数据，而是使用现有的灰度值，该方法对于消除单一噪点的影响非常有效，如由坏点产生的椒盐噪声。

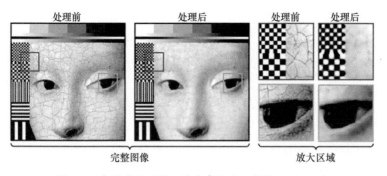

完整图像 　　　　　　　　　　放大区域

图 4.3　中值滤波示例，其中参数为：半径 =（4；4）

4.2.1.2　局部平滑

局部平滑方法会根据输入数据区域特征调整平滑方法，这一点与全局平滑有明显不同。局部平滑可以通过使用不同的滤波器进行实现。除了能够根据输入数据调整平滑方法的优势，这些滤波器的计算更加复杂，需要更多时间和内存进行计算。接下来的内容主要关注两个滤波方法：双边滤波以及各向异性扩散滤波。

双边滤波由 Tomasi 和 Manduchi（1998）所提出，该算法是一种被广泛应用的局部滤波方法（图 4.4）。双边滤波同样对体素及其邻域进行加权平均。然而，该方法考虑了输入体素及其邻域的差异性，保留边缘的同时对同性区域进行平滑。关键思路在于一个体素不仅在空间上影响其他临近体素，而且被其影响的体素具有相似灰度值。根据该思路，双边滤波定义为

$$\mathrm{BF}[I_p] = \frac{1}{W_p} \sum_{q \in S} G_{\sigma_s}(\|p - q\|) G_{\sigma_r}(|I_p - I_q|) I_q \qquad (4.2)$$

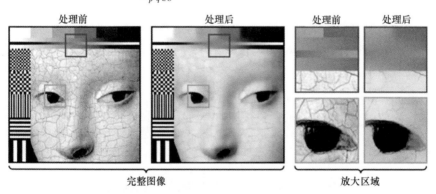

完整图像 　　　　　　　　　　放大区域

图 4.4　双边滤波示例，其中选取的参数分别为：σ 域 =（10；10），
μ 域 =2.5，σ 范围 =50，半径 =（1；1），高斯样本范围数 =100

双边滤波的效果主要取决于 G_{σ_s} 和 G_{σ_r}。G_{σ_s} 是一个高斯权重，减少空间上滤波的影响。G_{σ_r} 同样是高斯权重，控制滤波对体素灰度值范围的影响。p 和 q 是所使用体素的位置，I_p 和 I_q 是对应体素的灰度值。加权变量 W_p 确保体素求和不大于

1，其定义为

$$W_p = \sum_{q \in S} G_{\sigma_s}(\parallel p - q \parallel) G_{\sigma_r}(\mid I_p - I_q \mid) \tag{4.3}$$

各向异性扩散滤波由 Perona 和 Malik（1990）所提出，可平滑具有同性性质的内部和外部区域，同时避免消除边缘（图 4.5），该方法基于多尺度描述算子进行实现。各向异性扩散滤波把图像 $U(x)$ 嵌入高维度生成函数 $U(x,t)$ 中，通过热力学扩散方程实现其算法。可变导热项 C 控制滤波器中的扩散系数。给定初始条件 $U(x,0) = U(x)$（即原始图像），热力方程的解为

$$\frac{\mathrm{d}U(x,t)}{\mathrm{d}t} = C(x)\Delta U(x,t) + \nabla C(x) \nabla U(x,t) \tag{4.4}$$

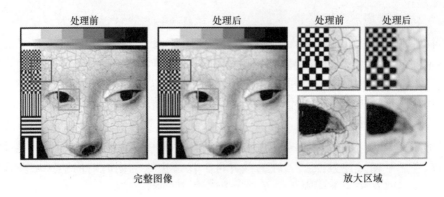

图 4.5　各向异性扩散滤波示例，其中选取的参数分别为：时间步长 = 0.01，
导热系数 = 1，导热比更新间隔 = 1，导热比 = 1，固定平均梯度量级 = 1000，
迭代数 = 250，最大均方差误差 = 10，均方差更替 = 50

可变导热项 C 是最重要的部分：该变量通过各向异性的改变扩散强度来选择性地保留或去除特征。为了确保扩散主要发生在同性区域而不影响边缘，C 通常为非负递减函数，其定义为

$$C(x) = e^{-(\frac{\parallel \nabla U(x) \parallel}{K})^2}, K = 常数 \tag{4.5}$$

各向异性滤波也有其他变化的形式，例如考虑局部曲率控制扩散过程，可在特定问题上产生较好的结果，但计算量也随之增加。

4.3　分割、特征提取及量化

数据分析的主要步骤之一是提取和量化数据中的特征。为此，我们假设数据已经经过预处理和增强，能够在特征提取中得到最优结果。本节首先介绍分割和特征提取方法，最后介绍感兴趣特征的量化。考虑到不同材料之间的影响，本节也介绍了关于表面提取的一些方法。

4.3.1 分割

分割是将图像或体数据分成两个或多个区域，是 CT 图像处理的重要步骤，能够将扫描物体分为内部或外部区域以及标识感兴趣的部分。在对一些主要特征如空隙、小孔、突变或纤维进行量化时，分割结果是计算长度、直径、形状等特征的重要基础。学术界已提出许多分割方法，并得到了广泛应用。由于算法参数选择的影响，大部分方法都存在过分割或欠分割的问题，即特征区域被分割得过大或过小。除传统上对体素或某一区域给定单一标签的分割方法之外，模糊分割方法最近受到了更多关注。

4.3.1.1 基于阈值的分割方法

基于阈值的分割方法适用于能够根据灰度值区分目标的图像。这些算法通过选择某一阈值来区分两个目标。根据算法的不同，该阈值可以是全局的或局部的，其区别在于全局阈值适用于整幅图像，而局部阈值是根据体素及其邻域进行调整。基于阈值的分割方法也可以根据选择阈值方法的不同进行区分。例如，Otsu 算法（1979）和 ISO50 算法是根据数据直方图中两个峰值中间的灰度值选择阈值（图 4.6（c）），Otsu 算法最大化两类目标的灰度差异，而 ISO50 选择两类目标灰度峰值的中间点作为阈值。此外，此类方法还包括基于聚类图像分割算法，如 K-means（即基于聚类的阈值划分）。

读者可参考 Sezgin 与 Sankur 于 2004 年的综述，了解更多基于阈值的分割算法，该综述提供了详尽的总结。

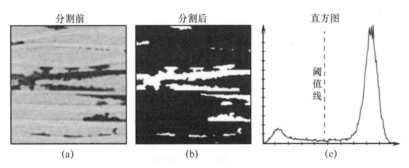

图 4.6　Ostu 算法将灰度图像
（a）转换成二元掩模；（b）算法计算出的直方图；（c）自动生成合适的阈值。

4.3.1.2 基于边缘的分割方法

基于边缘的分割方法以及基于阈值的分割方法均适用于根据灰度值区分不同目标的图像，主要区别在于前者利用当前体素的灰度与其邻域的差异检测不同目标的边缘。基于边缘的分割方法的主要优势在于能找到不同区域之间的局部边界，这在一些应用中非常重要。如当区域的灰度值变化依赖于该区域的位置时，这种优势就很明显。边缘检测与分割的不同在于，边缘检测滤波器获取的是包含边缘（即材料表面）的区域。Canny 边缘检测算子（1986）是性能较好的边缘检测滤波算法，其结果示例如图 4.7 所示。

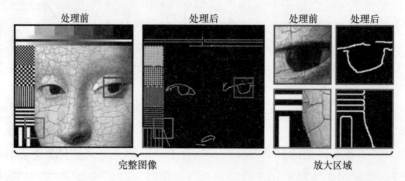

图 4.7 Canny 滤波检测到灰度图像（左）有锐利边缘，结果为二值图像（中）。
其中高强度像素（白色）表示锐利边缘。参数为：方差 =（10；10），
最大误差 =（0.2；0.2），阈值上界 =14，阈值下界 =0

4.3.1.3 区域增长

区域增长算法从一个或多个区域开始，这些区域会根据一致性准则（Adam，1994，Zhigeng 和 Jianfeng，2007）进行增长。初始区域（即种子区域）可以通过人工选择或者算法设定。分水岭算法是一种基于区域的分割方法，该算法将图像看作高度场，由 Beucher 等首次提出（Beucher 和 Lantuejoul，1979，Beucher，1991）。同性区域，即集水盆地，通过漫水过程构造。该过程通常会导致过分割，Felkel 等（2001）提出通过手工标记区域的方法克服该问题。AI-Rauush 和 Papadopoulos（2010）利用分水岭算法分割相邻或重叠粒子，计算三维图像中局部空隙率的分布。图 4.8 展示了基于红色标记种子点的区域增长结果。

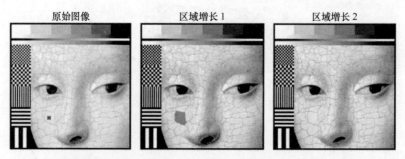

图 4.8 基于阈值间隔的二维区域增长算法从输入图像（左）的种子中放大一个区域。
该区域由与输入图像（中、右）重叠的相同颜色的掩模表示

4.3.2 特征提取

除了某些典型的区域以及对应的样本结构，感兴趣特征通常与应用场景和用

户强相关，因此缺乏通用的描述方法。例如，医学图像的感兴趣特征通常包括肿瘤、血管以及骨骼，这些区域在生物学领域通常是细胞或者组织；而在材料科学中，感兴趣特征通常指小孔、空隙以及杂质。因此，不同的领域需要不同的特征提取方法，本节将介绍一些较为常用的特征提取算法。

4.3.2.1 连通分量分析

连通分量分析（Ballard 和 Brown，1982）最初是在图论中发展起来的，利用给定准则对连通分量的子集进行特定标记。在图像处理中，该方法将一幅图像分成几个由体素连接的区域。尽管与图像分割的区分不够明显，但二者完全不同。图像分割算法能够得到某些特征，但连通分量分析不仅能够得到二值分割图像连通的区域，也能够计算这些区域对应的感兴趣特征。因此，连通分量分析常用于二值图像，即图像中背景部分灰度值为 0，而前景区域灰度值为 1。我们根据二值图像体素连通类型对体素标记连通分量。常用的邻域类型如图 4.9 所示：6 - 邻域连接（体素与邻域共面），18 - 邻域连接（体素与邻域共面或共线），26 - 邻域连接（体素与邻域共面或共线或共点）。

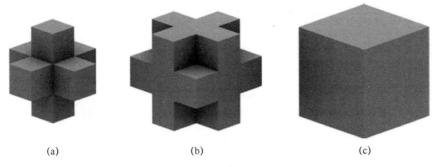

(a)   (b)   (c)

图 4.9　3 种体素连通类型
(a) 6 - 邻域连接；(b) 18 - 邻域连接；(c) 26 - 邻域连接。

对于二值图像中的每一个体素，其对应的邻域是可以确定的。当某一体素满足邻域连接准则时，我们可以将其分类为连通分量的一部分。如果没有满足连通准则，该体素将会赋予新的标记值，增加区域标记数量。图 4.10 给出连通分量分析的示例。连通分量分析可以用于灰度图像或彩色图像，但体素连接的指标需要考虑灰度或颜色信息。

4.3.2.2 主成分分析

主成分分析（PCA）是一种数学方法，过去常常用于降低数据维度，发现并分析数据中存在的某种模式（Wold 等，1987；Jolliffe，2002）。PCA 最常用于人脸识别、卫星图像分析以及其他高维数据领域。PCA 需要计算正交变换，构造新的坐标系（即主成分），每一方向都是这些变量的线性组合。主成分通过如下方式进行计算：第一主成分是最大方差方向，而后其他主成分仍然保持方差最大，但需要与前面所有主成分方向正交。

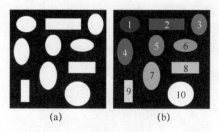

图 4.10　连接分量分析为二元掩模

（a）每个分量分配一个唯一的标签；（b）标记图像将像素/体素映射到未连接的对象中。

由于第一主成分具有最大方差，因此被当作目标主轴，其方差能够表示数据长度。第二以及第三主成分是对应的宽度和深度（图 4.11）。

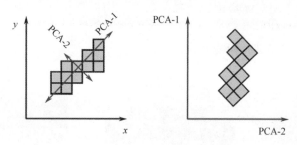

图 4.11　PCA 可用于计算体积图像中物体的尺寸。协方差矩阵的第一个特征向量（PCA-1）表示主目标方向（长度），第二个特征向量表示宽度方向

4.3.2.3　Hessian 分析

另外一种提取特征方向或感兴趣区域的方法是 Hessian 分析，该方法通过计算 Hessian 矩阵（Frangi 等，1998），提取特征主要方向。在数学上，Hessian 矩阵描述多变量函数的局部曲率，在 CT 数据中是标量场（Gradshteyn 和 Ryzhik，2000）。Hessian 矩阵是标量场的二阶偏导数矩阵。对于 n 维图像，Hessian 矩阵的计算方法为

$$\boldsymbol{H} = \begin{bmatrix} \dfrac{\partial^2 f}{\partial x_1^2} & \dfrac{\partial^2 f}{\partial x_1 \partial x_2} & \cdots & \dfrac{\partial^2 f}{\partial x_1 \partial x_n} \\[2mm] \dfrac{\partial^2 f}{\partial x_2 \partial x_1} & \dfrac{\partial^2 f}{\partial x_2^2} & \cdots & \dfrac{\partial^2 f}{\partial x_2 \partial x_n} \\[2mm] \vdots & \vdots & & \vdots \\[2mm] \dfrac{\partial^2 f}{\partial x_n \partial x_1} & \dfrac{\partial^2 f}{\partial x_n \partial x_2} & \cdots & \dfrac{\partial^2 f}{\partial x_n^2} \end{bmatrix} \tag{4.6}$$

Hessian 矩阵可以用于检测边缘、局部峰值、关键点以及描述结构方向等。对于强化纤维复合材料，该矩阵也可用于提取纤维方向。此外，Hessian 矩阵特征值也包含图像方向结构的重要信息。表 4.1 列出了特征值与材料结构之间的对应关系。

表 4.1　材料结构与特征值之间的相关性（L 低，H + 高正，H - 高负）

λ_1	λ_2	λ_3	结构取向
L	L	L	噪声（无主方向的结构）
L	L	H -	较亮的片状结构
L	L	H +	较暗的片状结构
L	H -	H -	较亮的管状结构
L	H +	H +	较暗的管状结构
H -	H -	H -	较亮的斑点结构
H +	H +	H +	较暗的斑点结构

4.3.2.4　模板匹配

模板匹配是一种用于寻找图像中与给定模板类似区域的方法（图 4.12）。模板匹配的思路与图像卷积类似：某一图像块遍历原始图像中所有体素点，基于预先定义的准则（Cole 等，2004），计算该区域与给定图像块的相似性。考虑到不同方向的相似结构，我们可以通过改变模板的方向来改进该算法。在模板匹配时，相似性高的区域是搜索的特征所在的区域。模板匹配有很多改进算法用于医学领域中的血管提取（Frangi 等，1998）。在工业领域，提取纤维也是该方法的一种应用（Bhattachary 等，2015）。

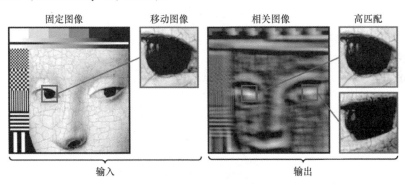

图 4.12　归一化相关图像滤波器是一种模板匹配技术，利用输入图像（左）和图像块计算归一化互相关图像（右）。归一化互相关图像中高强度的像素表示输入图像中相应区域与图像块具有很高的相似性

4.3.2.5　聚类

聚类是把相似样本分为一类并标记相同类别号的过程，是特征量化的重要方法之一。例如，为获得统计信息，可根据尺寸、形状或者位置对特征进行聚类。给定待分类的类别数量（如不同特征的数量）后，我们可以在分类算法中进行设定。聚类算法会迭代地将对象集合划分为多个类别，以最大化预定义的相似性准则。K-means 是应用最广泛的聚类算法（Selim 和 Ismail，1984），该算法将输

入样本集分为 K 类，当样本与某一类别的距离小于该样本与其他类别的距离时，该样本就属于这一类别。

另外一种聚类算法是层次聚类（Kohonen，1990），该算法适用于类别数量未知的情况。层次聚类主要有自下而上和自上而下两种方法。自下而上法开始将每一个样本设定为一类，然后在算法每一轮中，相似类别进行融合，直到仅有一个类别包含了所有相似样本。自上而下法开始将所有样本设定为一个类别，然后每次迭代时分裂类别，直到每一个类别仅包含相似样本。其他一些聚类算法会预先设定样本属于某一类别，如基于连接的聚类、基于邻近度的聚类或基于分布的聚类。

4.3.2.6　特征和聚类量化

当分离所有特征后，我们需要对感兴趣特征进行量化。除了一些简单特征（如长度、直径、表面、体积）和具体应用特征（如主方向、形状、起止点、纵横比）外，派生特征（如所有特征的总体积或表面积）可以通过连通分量分析的结果计算得到。

特征通常会根据相似性进行分类。例如，强化玻璃纤维聚合物复合材料中的孔隙可以通过体积、尺寸、形状或方向进行分类。统计分析在许多应用中也是有意义的。一些有效特征类别的统计信息，如特征均值与中值（Weissenböck 等，2014）以及形状（Reh 等，2013），与后续如有限元素仿真分析有很强的相关性。另外，特征区域所涵盖的灰度值也可以用来计算更多信息。

4.3.3　表面测定

表面提取以及表面测定是尺寸测量中的重要步骤。与分割不同，表面提取是找到图像不同成分之间（如材料与空气）准确边界的方法，通常首先需要图像分割得到不同部分的大致区域，然后通过后续处理得到不同部分之间的边缘，进而进行表面测定。本节概述了一些表面提取的方法以及各种亚像素边缘检测方法的考虑因素。

4.3.3.1　表面提取

在工业计量应用中，表面通常通过设定阈值（即等值点）进行估计，将待分析的样本或材料数据分为内外两个区域。除根据经验值设定外，ISO50 是一种常用的方法（VolumeGraphics，2016）。ISO50 根据数据的灰度直方图计算阈值，选取材料区域和空气区域灰度峰值处的灰度值，并计算其均值作为阈值。根据任务的不同，我们可以提取表面模型进行后续处理（如表面模型与 CAD 模型的比较），或者直接从体数据中提取有效的尺寸测量特征。

对基于数据估计的表面模型，我们可以使用经验阈值或根据表面重建算法利用 ISO50 计算的阈值提取多边形网格。当前最常用的算法是由 Lorensen 和 Cline（1987）所提出的 Marching Cubes 算法。该算法对标量场的灰度值表面构建三角模型，遍历数据中每一点，每一点的 8 邻域将构成一个小立方体，通过灰度阈值（如 ISO50）判定 8 个邻域位置的点是否在目标表面内。如果邻域位置点的灰度小于阈值，该点在表面之外，相反该点在表面以内。基于对立方体内的邻域点的判定，这 8 个点会以 8bit 存储（多边形或三角形通过该立方体时，共有 2^8 种情况），因此该立方体会被分配到 256 种可能性中的一种。为了能够适配后续数据，表面通过立方体以及它们的顶点时，必须要根据立方体的灰度值进行线性插值。最后一步是将所有多边形融合进最终的表面模型。

Marching Cube 有许多改进形式。例如，Schroeder 等（2015）提出的 Flying Edges，该算法在提取表面时是原始 Marching Cube 算法速度的 10 倍。Flying Edges 是一种高性能等轮廓算法，共有 4 步。仅在第 1 步遍历所有数据，后续步骤在局部数据上进行计算，生成交点或梯度。最后，该算法在预分配的阵列中生成三角模型。

4.3.3.2 亚像素边缘检测

在理想条件下，全局表面提取会得到最优的结果，相同材料的部分会在一个表面内。然而由于 CT 数据伪影、扫描的不规则性、样本的异质性以及其他因素的影响，往往会生成错误的表面模型。例如，在一些复杂几何以及高穿透长度的区域，伪影会改变这些区域 CT 数据中的灰度值。在使用全局表面提取方法时，空气区域可能会加在表面模型中，而材料区域可能会比较薄，甚至一些结构性的变化如孔洞的出现（Heinzl 等，2006）。因此，表面提取需要更加有效的方法，如亚像素边缘检测。亚像素边缘检测方法分为以下几种：基于矩的方法、重建方法和曲线拟合方法。

基于矩的方法利用基于灰度值的图像灰度矩或包含体素邻域信息的空间矩获得边缘的位置。Tabatabai 和 Mitchell（1984）提出了一种亚像素边缘检测算法，该方法用 3 个图像矩拟合理论边缘，这些图像矩没有考虑空间信息，仅定义为像素灰度之和的幂。

重建方法是为了得到离散 CT 数据的连续边缘。通过插值和估计，我们可以基于离散采样值构建连续图像函数。重建方法进行边缘检测主要利用图像灰度（Xu，2009）、一阶导数图像（Fabijańska，2015）或者二阶导数图像（Jin，1990）。根据该思路，Steinbeiss（2005）在点集和表面模型中，对 CT 数据集中提取的初始表面模型进行局部调整。通过样本的初始表面模型计算轮廓，由于性能原因并未计算完整的梯度场，而是在表面模型每一点的法向量的方向上计算灰度的分布，并将每一个点的位置调整到灰度分布梯度最大的位置。Heinzl 等（2007）提出了一种改进方法，用于多材料成分的表面提取。

基于曲线拟合的边缘检测方法通过拟合一条曲线得到边缘，该曲线经过传统边缘检测方法得到的像素点。Yao 和 Ju（2009）利用 Canny 检测算子检测边缘点，通过三次样条拟合得到空间边缘。Fabijańska（2015）提出利用高斯曲线拟合得到准确的边缘位置，高斯曲线拟合沿梯度方向进行梯度采样得到点的轮廓。拟合后的高斯函数的峰值位置就是边缘点的位置。除了三次样条和高斯曲线，二阶、三阶甚至更高阶的多项式曲线也常常用于拟合算法（如 Lifton（2015））。

4.4 可视化分析

通用数据分析流程的最后也是最重要的步骤是最终结果的可视化映射和渲染，这一步骤用于后续数据的可视化分析（图 4.1）。领域专家会在这一步对可视化数据进行解释，因此，可视化的主要任务是通过视觉手段表示和传送重要信息。数据可视化方法依赖于数据特征及其应用领域。本节首先介绍一些可视化分析手段的基本内容，然后介绍一些常用的视觉表达方法（如散点图、字形或热图）。

4.4.1 常用概念

本节介绍有关色彩理论的可视化概念以及场景目标定位。这些概念是许多可视化手段的基础。

4.4.1.1 色彩和色彩图

色彩模型是一种描述颜色表示的数学模型。颜色通常具有强调有效特征的特性。不同应用有不同的色彩模型，最常用的包括 RGB、CMYK、HSL 和 HSV。RGB 模型通过红绿蓝三原色的混合表示不同颜色，任何一种颜色都可以通过混合这三种颜色得到，例如，红和绿混合能得到黄色。而 CMYK 模型使用四种基本颜色：青、洋红、黄和黑。HSL 和 HSV 模型基于色调、饱和度、亮度和灰度值。色调是一种重要的色彩性质，用于定义颜色纯度，如红、黄、绿、蓝等，其通常用色彩环进行表示（图 4.13）。

色彩环的构造方式通常为颜色相近排在一起，而颜色不同的向相反方向排列。例如，在图 4.13 中，相反颜色包括红和青、黄和蓝、柠檬绿和紫红色等。色调常常用于突出图像中特征的不相似性。例如，黄和蓝的组合用于强调两个特征，红、柠檬绿和蓝可以用于强调三个特征。

色彩图定义了数据和颜色之间的相关性（Munzner，2014）。例如，色彩图可以用于区分大小、数据特征方向或者强调某一特征的方差。调色板通常用于定义色彩图。调色板是局部相关颜色的集合，可以是有序的，也可以是无序的。有序的调色板通常用于强调两个或多个物体的变化（图 4.13（b））。无序调色板用于区分物体自身，而不关注它们之间的差异（图 4.13（c））。

4.4.1.2 并置

并置可视化同时显示两幅或多幅图像（图 4.14）。这些图像以行、列或任意顺序进行显示。并置常常也被称作双视，即一行显示两幅图像，通常是用于显示对象或同一类对象的不同方面。

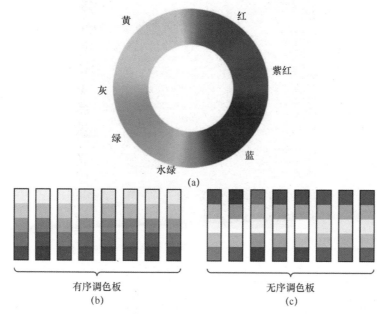

图 4.13　（a）色彩环显示相似和相反的颜色；（b）有序的调色板；
（c）无序的调色板（见彩插）

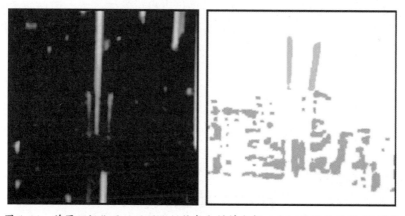

图 4.14　并置可视化显示了强化纤维复合材料内部（左）缺陷的原始 CT 图像
和显示缺陷区域及其类型（右）的相应缺陷图

4.4.1.3　叠加

叠加可视化将两幅或多幅图像以同一视角重叠显示（图 4.15）。人们可以通过这种方式了解图像之间的联系，但也会隐藏部分内容。重叠方式可以有所调整，例如，改变一个或另一个图像的透明度，或者重叠顺序。叠加经常用于强调特定区域或特征。

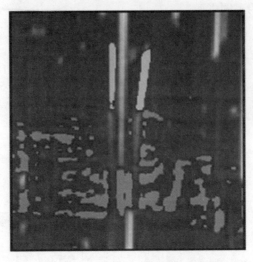

图 4.15　强化纤维复合材料原始 CT 图像与缺陷图的叠加可视化实例

4.4.1.4　Ben Shneiderman 视觉信息 – 查找细节

Shneiderman（1996）提出视觉信息 – 查找细节（Visual information-seeking mantra）的概念，设计更高级的图形交互手段。该方法包括 3 个步骤：概貌、缩放和过滤、按需提供细节。用户第 1 步研究整体数据，了解数据的维度和类型。例如，对于三维体数据来说，缩小体积渲染可以提供整体概览。用户通常能够找到感兴趣的区域或特征。第 2 步，用户会重点关注这些区域，通过缩放或过滤去除无效区域。最后，用户会在剩余区域中寻找有用信息，这些信息可以通过弹窗或者用户接口进行显示。

4.4.2　视觉隐喻

本节我们介绍一些可视化隐喻方法，包括体绘制、特征可视化以及比较可视化。需注意本文提供的一系列视觉隐喻并不全面。

4.4.2.1　体绘制

体绘制是一种显示三维体数据的可视化方法。通常，体绘制技术使用颜色和不透明度传递函数将图像映射到由具有不透明度和颜色的元素组成的数据结构上，该结构通过体绘制算法进行可视化。除了传递函数，体绘制的主要问题在于绘制三维图像需要较大的计算量。CT 数据可达到几百 GB，因此实时绘制需要强大的硬件。有很多体绘制方法平衡计算速度和最终图像质量。例如，体光线投射方法能够得到高质量的绘制结果，而足迹表法能够减少绘制时间。

感兴趣特征与颜色和不透明的映射是体绘制中的重要因素。颜色传递函数构建图像灰度值和颜色的对应关系，不透明传递函数构建图像灰度和不透明度之间的对应关系。图 4.16 是不同的颜色传递函数的示例。

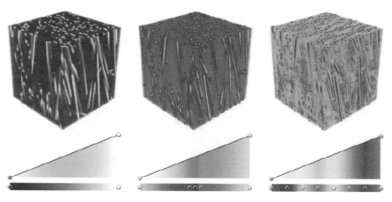

图 4.16　不同颜色传递函数的体绘制示例（见彩插）

4.4.2.2　切片

视觉显示最简单也最有效的方法是对体数据进行切片。切片是虚拟地对体数据进行切割的可视化技术，即从体数据中提取并绘制任意的二维切片。切片方法在 CT 数据可视化分析中是非常重要且广泛应用的一种手段，该方法最大的优势在于用户可以比较样本不同模态的图像，如数据中相同位置的显微图像。图 4.17是切片方法的一个示例。

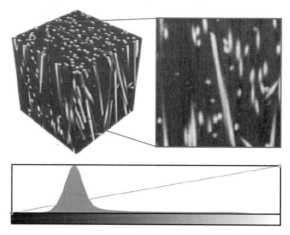

图 4.17　切片示例：切片器（右）显示 CT 图像的切片（左）

4.4.2.3　热图

热图通过图形的形式表示数据中感兴趣特征出现的密度，并将其映射到彩色空间。因此，不同密度的区域表现为不同的颜色（图 4.18）。当一个特征由一个点云表示时，我们需要提前计算密度函数。计算密度函数的方法有多种，最常用的方法有：①将图像分成多个区域，计算每个区域的平均值；②用基于核函数的方法计算。热图是一种重要的数据抽象的方法，如图 4.18 所示，三维数据的特征映射到二维平面。

图 4.18　CT 数据集中空隙的热图可视化示例。颜色传递函数（右）
设置特征密度和颜色之间的对应关系（见彩插）（例如，
高孔隙密度区域为红色，低孔隙密度区域为蓝色）

4.4.2.4　散点图与散点图矩阵

散点图是一种通常用于表示数据点集中两个变量的对应关系（Weissenböck
等，2014；Reh 等，2015）的可视化隐喻。横纵坐标分别表示两个有意义的变
量。所有的数据点可以在散点图中根据数值和对应的变量画出。由于散点图中的
每一个点表示两个变量的关系（图 4.19），因此我们可以定义聚类算法。如果一

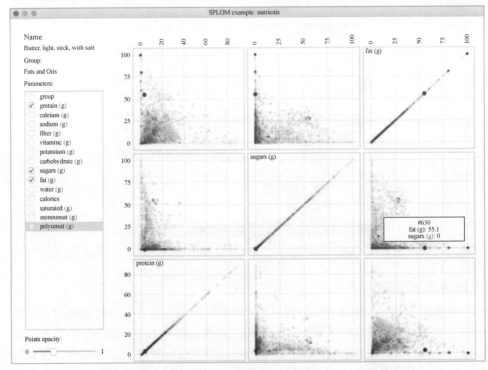

图 4.19　散点矩阵示例显示 7637 种不同食品中蛋白质、糖和脂肪之间相关性。
选定的点（蓝点）是黄油

个数据集中有两个以上的变量需要分析，每个变量可以对另外变量画出散点图。在对两个或多个散点图进行分析时，这些散点图可以通过散点图矩阵进行组织。由于屏幕空间有限，通常散点图矩阵不超过 10 个图像。对于更高维的数据，我们需要对变量进行预先筛选，并在散点图矩阵中进行表示。

4.4.2.5　图

图是由顶点和连接顶点的边所构成的一种结构，能够非常方便地对特征的连接性进行表示。例如，图被广泛地应用于对实时数据进行可视化，图能够表示哪些特征有连接性以及这些特征连接性随时间变化的情况（Reh 等，2015）。图 4.20 是图的一个例子。图可视化的主要挑战在于如何计算得到最好的图分布。

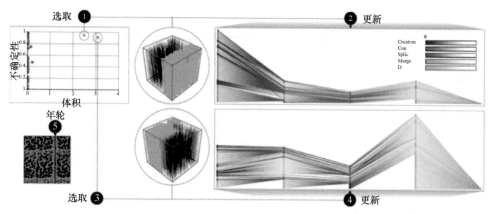

图 4.20　木材干燥过程中气孔的跟踪图示例。因此，在散点图中选择了两个
显示孔隙大团聚的点，这些团聚彼此表现出相似的行为

4.4.2.6　平行坐标

平行坐标是一种 n 维数据可视化的方式，变量利用 n 条平行栅格进行可视化，每一个变量由一条连接着这些栅格的折线表示，折线所经过栅格的位置就是该变量的值（图 4.21）。平行坐标的主要优势在于它们能够在一个二维图表上显示所有的数据和它们隐藏的关系。平行坐标通常通过交互式的小插件实现，用户可以在每个栅格上为每个特征选择感兴趣的范围来过滤数据点，因此，平行坐标提供了变量关系的总体概述。与二维切片和三维视图连接后，平行坐标也可以用于研究从 CT 数据中提取的感兴趣特征。

4.4.2.7　符号

在可视化中符号是一类像椭球或者箭头（图 4.22）这样的标记。符号用于编码基于向量或张量的信息去标记一个物体在空间中特定的高阶行为。例如，符号常常用于显示气象学中的风速和风向，分析强化纤维复合材料中的纤维走向（图 4.22），或者高度不确定性的区域。根据应用场合的不同，符号可以是简单的形状编码（如用于编码距离方向的箭头或圆柱体（Heinzl等，2006）），也可以是复杂的形状编码（如用于编码张量符号的超二次曲面（Kindlmann，2004））。尽管简单且易于理解，符号也可以使用更复杂的形状（如超二次曲面）来编码更高维度的数据（Barr，1981）。

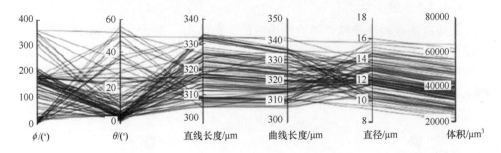

图 4.21　平行坐标示例：显示了从强化纤维复合材料的 CT 扫描中提取的纤维特征
（表示纤维方向的 φ 和 θ 角、直线纤维长度、曲线纤维长度、直径和体积）

图 4.22　符号显示 CT 扫描中主要的纤维方向。符号表示为超二次曲面，
其中最长的边指向局部纤维方向

4.4.3　比较可视化

比较可视化是通过比较两幅或多幅图像找出相似性以及差异性的方法，该方式是理解动态过程或者不同模式下 CT 图像的差异性的重要手段。最简单的比较可视化方法是并置可视化（并排显示两幅图像）。另外一种方法是棋盘可视化，将视角分为两种（即黑色单元和白色单元），每一个单元呈现两种模态中的一种。单元格之间由边连接，绘制了同一样本的不同模态，使人们能够直接进行比较（图 4.23）。

原始图　　　　　　　　　　对比　　　　　　　　　　再生成

图 4.23　棋盘比较可视化方法的示例，显示蒙娜丽莎的
原始肖像和未知艺术家的复制品之间的差异

4.4.4　不确定性可视化概念

大多数可视化方法假设待可视化的数据是准确的，没有任何不确定性。这样的假设在数据分析时可能会导致错误。不确定性可视化可以通过考虑可视化过程中潜在的不确定性信息来克服这样的问题。在 CT 领域，对数据进行处理，如分割或表面提取，会造成数据的不确定性，而不确定性可视化最常用于可视化这些数据。最常用的方法是映射不确定性数值到表面（Rhodes 等，2003），或者使用基于点的概率表面（Grigoryan 和 Rheingans，2004）。对于第一种情况，不确定性可以通过颜色传递函数表示，例如，绿色表示不确定性较低，而红色表示不确定性较高。如果某些点的不确定性比较高，这些点的颜色会转为红色，反之类似（图 4.24）。对于第二种情况，表面可以用分布在该表面的点云进行表示。点可以通过如下方式转换到表面的法向量中

高不确定性

低不确定性

图 4.24　不确定度可视化示例：不确定度值映射在表面上（见彩插）

$$P' = P + \text{Uncertainty} \times v_n X \sim U([-1,1]) \qquad (4.7)$$

式中：$X \sim U([-1,1])$ 为一个在区间 $[-1,1]$ 的随机均匀分布；Uncertainty 为不确定性值；v_n 为表面的法向量；P 为当前点的位置。

4.5　计量学的处理、分析和可视化

在工业部件质量控制中，尺寸测量和几何公差是计量学的重要工具。接触式或光学坐标测量机（CMM）广泛应用于工业领域中的尺寸和几何测量，但是这些传统手段有一个共同缺陷：没有办法测量隐藏的或者内部的特征，仅仅能够对表面的或者可见的特征进行检测。

CT 的内在机理使其能够通过一次扫描同时获取内部和外部的结构特征。随着系统精度的不断提高，CT 在过去几十年中已经被广泛应用在计量领域。然而，CT 也面临很多影响测量精确性的问题。对于 CT 来说，就像之前讨论的那样，由于表面仅隐含在 CT 数据的离散网格中，因此必须要从样本的体数据中提取出物体表面的位置。但是由于扫描过程中的伪影、加性噪声以及其他未知因素的影响，同时考虑到预处理过程（如重建、预滤波）以及表面提取算法的内在缺陷，一些不可忽略的不确定性因素必须要考虑在内。然而，当前大多数商业 CT 测量软件并没有充分考虑 CT 数据的不确定性。图 4.25 列举了简化的数据处理流程，包括传统测量方法和利用表面或体数据的基于 CT 的尺寸测量方法。

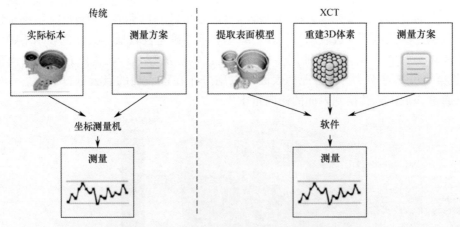

图 4.25　尺寸测量的一般数据处理工作流程，传统工作流程对比 3DXCT 工作流程

下面我们列举了一些改进方法，这些方法旨在通过考虑融合概念和 CT 数据的不确定性来改善数据以解决以下任务：

（1）通过估计材料（Heinzl 等，2008）或者材料界面概率（Amirkhanov 等，2013），考虑 CT 测量数据流程出现的不确定性，对表面或直接体渲染中普遍存在的不确定性信息进行编码（Heinzl 等，2008）。

（2）增强传统的可视化工具，如测量图和带有不确定性信息的公差标签（Amirkhanov 等，2013）。

（3）融合数据，提高尺寸测量精度（Heinzl 等，2007；Schmitt 等，2008；Heinzl 等，2010；Amirkhanov 等，2011）。

（4）通过数据融合减少伪影（Schmitt 等，2008；Heinzl 等，2010；Oehler 和 Buzug，2007；Wang 等，2013；Amirkhanov 等，2011）。

4.5.1　用于测量的 CT 数据融合

CT 在计量学中的主要问题是伪影，这会对数据以及衍生测量造成影响。伪影在 CT 中是指 CT 数据中人为产生的结构，在实际样本中并不存在。基于锥形束几何的工业 CT 系统会产生噪声性条纹、混叠、射束硬化、部分容积和散射辐射效应等伪影（Hsieh，2003）（见 5.2 节）。多材料混合的物体很容易产生伪影，如高密度材料铜或铁与低密度材料聚合物或增强聚合物中，伪影会影响尺寸测量，甚至影响计量的可靠性。在一些文献中（Schmitt 等，2008），此类伪影被称为"金属伪影"，而且在大量工业部件中都存在此类混合材料，如用铜做布线，用高分子复合材料做外壳。

数据融合作为一种融合图像信息的手段，要考虑互补的优缺点。克服金属伪影最简单直接的数据融合方法是双视角的概念（减少伪影的方法与预处理和数据增强比较接近，见 5.3 节）。为了实现该方法，样本会从不同位置、方向以及在 CT 系统转盘上的不同放置位置等被扫描多次（至少 2 次）（Schmitt 等，2008；Heinzl 等，2010）。由于伪影会随着样本的位置、方向以及放置方法的不同而变化，因此不同角度的伪影可能通过适当的数据融合和处理方法进行克服。这种处理过程首先需要进行配准，确保所有的数据结构是对应的。然后我们主要关注同一物体的不同扫描结果的区别（如边缘和界面），这些发生变化的部分可以通过梯度信息得到。通过对具有强偏离梯度的区域进行体像素检测，伪影可以被检测出来，这些伪影的区域分布是后续计算融合的权重的基础。对于局部融合来说，某一扫描结果中的体素在数据融合时的权重可以通过对该扫描对应的梯度图像线性加权差异计算得到，该方法可以很大程度上减少伪影。然而，我们无法消除方向不变伪影以及所有数据中都存在的伪影。

另外一种克服上述伪影的方法是双能 CT（DECT）或多能 CT。在 DECT 中，我们不需要进行双视角扫描，仅仅把它看作是进一步提高计量结果的方法。DECT 设置不同的 X 射线能量对样本进行两次扫描（或者多能 CT 多次扫描）。最好能够根据材料不同选择最优的能量设置，生成具有互补优势的数据结果。通过多重曝光的方式，相关衰减图像中的不同特征被凸显出来，然而针对特定材料的 X 射线能量最优化也会引入伪影。很多方法都用到了数据融合，或者是在投影图像上使用，或者在重建结果上使用，这些方法融合了 DECT 结果的互补性，既增强了数据自身的特点，也减少了数据缺陷的影响。为了使用空间特征，大多数算法都在重建结果上进行处理。然而，Oehler 和 Buzug（2007）提出了一种在投影图像域中的抑制方法，被用于相关数据融合的基础。该方法的主要思路是在 CT 数据的正弦图像中确定伪影影响的区域，分割出吸收射线较多的部分（如金属）。然后，这些分割出的金属部分正投影于正弦图中，再通过插值消除金属部分。Wang 等（2013）提出一种基于融合先验信息的消除金属伪影的方法，该方法融合了移除金属的非校正图像和预校正图像。Amirkhanov 等（2011）也同样提出分割金属区域并将该区域投影到正弦图中，然后通过插值，金属区域可以通过临近区域计算来代替，最终得到消除伪影的重建结果。在最后一步中，我们可以通过数据融合将金属部分与消除伪影的数据重新结合。

Heinzl 等（2007）提出一种直接在重建图像域中去除伪影的方法，该方法使用了双源 CT 系统的不同设置方法：使用小焦点 X 射线源的高能设置产生几乎没有伪影但模糊的数据，而使用微焦点 X 射线源的低能量设置产生伪影但高度精确的数据。该方法的目标是从低精度、模糊、高能量数据集中使用样本的结构，而从高精度、清晰、低能量数据集中采用尖锐的边缘并融合到结果图像中。

在这种框架下，作者主要关注边缘或界面附近的融合区域。在这些区域中，根据输入数据集的绝对值差，对每个数据集进行线性加权。该方法的不足之处在于仅仅对具有相似灰度值的相似材料有效，因此需要预处理步骤。后续该作者提出融合全部数据的方法，而不仅仅是融合边缘区域（Heinzl 等，2008），从而避免了直方图中的不规则性。他们的这两种方法使用局部自适应表面提取方法从融合数据中提取有效的表面模型，进而进行尺寸测量。

4.5.2　尺寸测量特征的可视化分析

相比传统的使用接触式或者光学测量机器进行尺寸测量，物体表面和界面没有在 CT 数据中显示出来，需要我们进行表面提取。由于提取的表面将会作为后续几何检测的真值，因此表面提取方法对于测量结果有很大影响，也是测量领域的一个挑战。上面的几节内容已经讨论了一些表面提取和亚像素边缘检测方法，但是我们还是想要读者思考以下一些问题：提取的边缘或者尺寸测量特征的精度有多高？CT 数据广泛存在的不确定性是什么？我们如何对这些信息进行可视化？

针对 CT 数据的传统尺寸测量软件没有考虑到数据中普遍存在的不确定性。这些工具很难提取足够精确的尺寸测量特征，并对它们进行绘制，如以 2D 或 3D 视角对测量特征进行注释。然而，当前并没有对噪声、伪影等因素引起的不确定性信息进行更进一步的研究，测量结果质量的可视化也没有给出。此外，传统尺寸测量软件是黑盒子，用户不得不在测量任务中限定每个新版本。因此，未来测量方法面临的主要挑战是如何考虑 CT 测量的不确定性以及如何增强传统可视化工具，如测量图、公差标签或者带有不确定性信息的测量策略。接下来我们详细介绍两种考虑 CT 数据不确定性的方法（Amirkhanov 等，

2013；Heinzl 等，2008）。相比传统方法，这些方法结合 CT 数据的统计分析计算不确定性信息。图 4.26 显示了基于 CT 数据的使用统计分析的尺寸测量的数据处理流程。

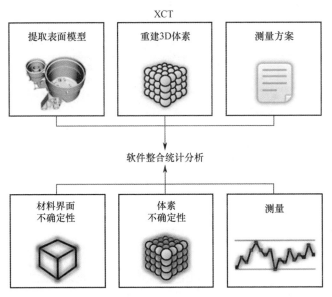

图 4.26　基于统计分析的 CT 数据尺寸测量的数据处理工作流程

Heinzl 等（2008）提出的方法是基于统计分析的，该方法将多种材料 CT 数据的灰度值转换到每个单一材料的概率。基于贝叶斯决策理论引入不确定性，进而让我们能够得到每个材料的详细特性以及材料界面。在统计分析时通过局部直方图分析得到每种材料体数据的概率，这个概率可以通过合适的颜色和不透明传递函数进行渲染，也可以通过颜色编码评价提取的表面模型，将插值后的不确定性值映射到表面。

模糊 CT 测量从不同角度给用户提供了多种表示不确定性的方法，使通用的 CT 测量流程有所扩展。它们基于贝叶斯决策理论定义材料界面的概率，而对于尺寸测量和测量策略，与传统工具类似，可以根据物体结构进行设定。我们可以通过 3D 和测量图以及三维标签对数据进行分析，图 4.27 显示了这个工具的界面示意。模糊 CT 测量系统能够从各种不同的细节程度可视化测量的不确定性。智能公差标签在 3D 视角下与对应的测量特征相关联，提供了几何公差标签，并通过盒型图表示整个测量特征的材料界面的概率。用户可以通过这种方式直观地判断测量特征是否受到噪声或者伪影等不规律的影响。在 3D 视角下，测量策略可以使用参考形状进行绘制，如圆形用于估计直径，曲折的形状用于检测平面的平整性。不确定性信息可以映射到这些参考图形中，并根据情况调整形状的厚度和颜色。在最详细的设置下，能够将数据中普遍存在的不确定性与测量图叠加。这些方法无需改变传统测量流程，能够更好地进行尺寸测量。

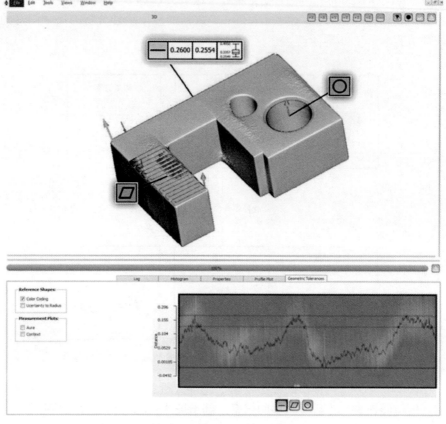

图 4.27　模糊 CT 测量用户界面

4.6　无损检测处理、分析和可视化

　　CT 在作为工业领域尺寸测量全面标准化手段的发展前沿的同时，另一个核心应用领域就是无损检测（NDT）。以下列举的是 CT 无损检测技术首先被使用并且仍是目前应用最广的领域（Huang 等，2003）：

　　（1）配件分析：当物体由多种组件构成，并且有很多隐藏元件时，CT 能够分析这些配件质量。CT 最大的优势在于无需拆解，人们能够对物体内部一探究竟。

　　（2）材料分析：在大量生产制造时，所生产的产品会发生各种各样的缺陷，如缝隙或者杂质。CT 使人们能够检测并评估这些缺陷以及内在的特征（Redenbach 等，2012；Ohser 等，2009；Straumit 等，2015）。

　　（3）逆向工程：对于不可拆解的物体，CT 已经广泛应用在逆向工程中，探究物体内部如何运作。例如，人们已经用 CT 对几世纪以前的乐器进行逆向分析。

由于不同领域的要求不同，人们提出了很多不同的 NDT 方法。通过 CT 进行 NDT 的一般流程如图 4.28 所示。

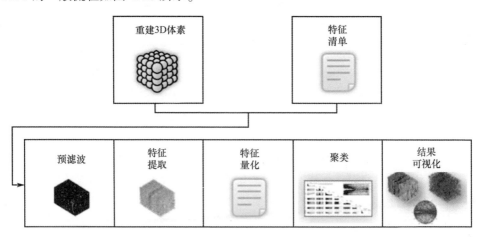

图 4.28　无损检测通用数据处理流程

当前最重要的研究领域在于对新材料的特征分析。因此，我们后续主要关注这个具有挑战性的问题，并主要探讨纤维增强复合材料的分析。纤维增强复合材料是一种新材料，在航空航天（Weissenböck 等，2014）、自动化（Bhattachary 等，2015）以及建筑领域（Fritz 等，2009）有很大的需求。所有应用都需要对单个组件进行特征描述，特别是增强组件（即纤维、纤维束）以及潜在缺陷（如孔洞、分层、杂物以及裂缝等）。我们介绍几个完成以下任务方法的系统：

（1）定义纤维类别，可视化纤维区域及二者的关系（Weissenböck 等，2014）。提取、分析、可视化纤维长度、方向以及分布（Weissenböck 等，2014，Fritz 等，2009）。

（2）提取、分析、可视化纤维束以及编织模式（Bhattacharya 等，2015）。

（3）可视化孔洞的属性，并可视化其空间分布及均匀性（Reh 等，2013）。

（4）可视化分析动态过程（Amirkhanov 等，2014）。

4.6.1　孔洞可视化分析

孔隙图（Reh 等，2012）是一种用于描述碳纤维增强材料（CFRP）孔隙特征的视觉隐喻。除了能够简单快速地对孔隙进行定性分析，计算小孔特征（如体积、表面积、尺寸、形状等）和样本内小孔的一致性分布，孔隙图也可以用于比较超声检测结果和热成像结果。用户可以选择感兴趣的区域，通过交互式分割方法提取每个小孔，对每一个小孔进行识别并标记，量化它们的特征，然后对这些小孔数据进行三维渲染，并在一个平行坐标系部件中进行交互。这个平行坐标通过连接坐标系的每个轴的折线表示每个小孔，用户可以关注感兴趣特征的分布范围。孔隙图可以通过三轴对齐方向进行计算，也可以从任意方向进行计算。分割出来的小孔需要按照目标方向汇总，即沿着切片中的射线方向求和所有小孔的体素，最后将孔隙图映射为彩色（图4.18）。

4.6.2　纤维可视化分析

FiberScout（Weissenböck 等，2014）是一个交互式工具，能够研究分析纤维增强聚合物（图4.29），输入数据是标记的纤维数据，能够计算感兴趣特征。纤维本身可以由 Salaberger 等（2011）所提出的算法提取。通过平行坐标和散点图矩阵进行三维绘制，相似的有效特征可以定义很多类别，如小孔、缝隙、纤维、杂质等。出于解释的目的，我们在这里主要关注纤维分析，但该工具同样适用于孔隙、空隙、夹杂物或其他感兴趣的特征。每一条纤维在散点图矩阵中以点的形式进行表示，并将它们一个接一个绘制出来，而平行坐标以折线的形式表示单个纤维，折线以各自的大小连接不同纤维特性的平行坐标轴。这两个表示窗口可以更新有效的纤维结果，也能够找出各个纤维之间的隐藏关系。此外，我们也可以用极坐标对纤维方向进行渲染。当设定好不同的纤维类别后，我们可以计算每一类纤维或者普通物体周围的外壳（Reh 等，2013），并将其作为我们想要的类别的表示。该系统还可以计算热图或密度图，从二维和三维视角提供某一特定材料的区域信息。FiberScout 的结果可以用于改进成分以及提升材料性能，为进一步处理和优化材料提供更详细的数据。

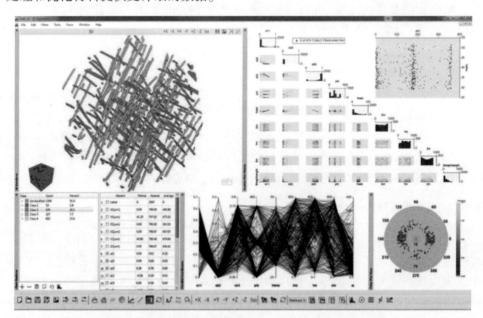

图4.29　Fiberscout 界面（Weissenböck 等，2014）。3D 渲染视图显示一个链接到一组可视化方法的 GFRP 样本来探究隐藏数据：散点图矩阵（左上）、极坐标图（右下）、平行坐标（中）以及用于保存和检索分类的类资源管理器（左下）

4.6.3　纤维束可视化分析

　　MetaTracts（Bhattacharya 等，2015）用于提取和可视化纤维增强混合物 CT 数据中的纤维束，通常用于对碳纤维增强聚合物（CFRP）的分析。CFRP 由单根碳纤维制成，编织成碳纤维材料，然后将其置于相应的模具中。基质组分（如环氧树脂）将复合材料以类似胶水的方式结合并最终固化。编织模式和纤维束方向决定着最终材料的强度和刚性。MetaTracts 用于处理大视角 CT 数据，分析显示重复编织模式（单元网格）的数据集。由于 CT 设备几何放大的限制，更大区域的数据会使分辨率降低，因此单个纤维在输入的 CT 数据中几乎不可见。针对这个问题，该方法提出利用弥散张量成像（DTI）进行单个纤维束的提取：一种粗积分曲线提取各个纤维束的子部分。纤维束可以通过一系列相连接的固定直径的圆柱体（元束）进行估计。然后这些元束通过两步进行聚类，得到最终的纤维束。由于元束子集应该具有相似的方向，因此聚类的第 1 步是根据元束子集的方向完成，第 2 步是根据相邻性进行聚类。如果需要更进一步的处理，我们需要计算表面模型或者体素模型。图 4.30 是通过元束进行分析的一个示例。

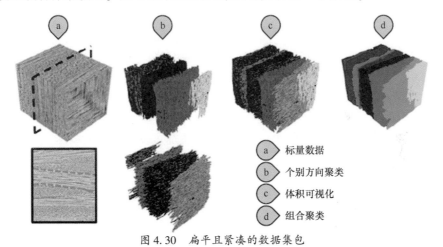

　　　a　标量数据
　　　b　个别方向聚类
　　　c　体积可视化
　　　d　组合聚类

图 4.30　扁平且紧凑的数据集包
（a）显示体积渲染和一个二维切片，其中一个边界标记为绿色；（b）显示根据单个方向的聚类；
（c）显示完整的结果；（d）显示（c）的体素化。

4.6.4　动态过程的可视化分析

　　动态过程分析，即 3D 数据随时间的变化分析，是最近可视化的发展方向。这种随时间变化的 3D 数据也被称作4DCT。本节我们介绍两种分析工具：模糊特征跟踪（Reh 等，2015）和玻璃纤维增强聚合物缺陷可视化（Amirkhanov 等，2016）。模糊特征跟踪是为了分析和可视化动态 CT 数据，更准确地说是样本原位检测。在进行测试时，我们会在不同条件下对物体进行一系列 CT 扫描，如温度的变化、增加或减少负载等。对这些测试来说，最重要的问题是找到每一个扫

描数据中的对应特征，并理解这些特征是如何随时间变化的。由于样本可能会出现剧烈变化，我们需要引入跟踪的不确定性，即

$$U(a_i, b_j) = 1 - (O(a_i, b_j) \times w_0 + R(a_i, b_j) \times w_r) \qquad (4.8)$$

式中：$O(a_i, b_j)$ 为重叠的体数据；$R(a_i, b_j)$ 为体数据中特征 a_i 和 b_j 的比例；w_0、w_r 为人工设定的权重，且满足 $w_0 + w_r = 1$。该工具提供了一个由 4 种方法组成的可视化工具包对 4DCT 进行分析：体数据混合、三维数据视图、事件浏览器以及跟踪图。体数据混合提供了所选的扫描数据的三维视角，将两个相邻体数据连接起来，让我们能够大致了解感兴趣特征随时间变化的情况。三维体数据视图对所有数据以同一视角进行绘制。事件浏览器描述了新建、延续、合并、拆分以及散点图的变化（一个扫描一个图）等事件，展示了两个感兴趣特征之间的对应关系，其中一个特征是 X 轴，另一个特征是 Y 轴。用户可以根据任务的不同自由选择参数，不同的事件类型由不同的颜色进行表示。此外，可以在事件浏览器中选择特征，并在所有数据中保持高亮。当事件浏览器中的任何一个散点图被选择后，跟踪图窗口将会显示所选特征的图以及它们随时间的变化。为了避免看起来过于密集，跟踪图采用了减少交叉边数量的算法。

Amirkhanov 等（2016）提出了一种相关的工具，用于 4DCT 数据缺陷的可视化分析，所研究的数据是原位拉伸检测时采集的。这个工具能让用户从每一个数据中提取其缺陷，并将它们分成 4 类：拉出纤维、断裂纤维、纤维/基质脱落和集体断裂。为了对缺陷以及断裂过程进行可视化，该工具包括几种可视化的方法：缺陷视图以切片形式显示数据，让用户根据颜色不同标记不同的缺陷。每一类缺陷会分配一种颜色以便进行区分和观察。缺陷密度图累计缺陷的数量信息，显示缺陷较为严重的区域。另外，当前断裂的表面可以通过每个数据中识别出的缺陷进行估计。最后，通过一个三维透镜，我们可以一个视角结合不同的可视化方法显示内部特征。尽管三维渲染已经显示出了损坏的表面，该透镜依然能够显示底层的 CT 数据。如图 4.31 所示，我们给出了玻璃增强纤维混合物在不同负载下的缺陷密度图。

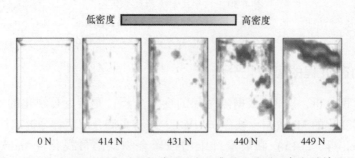

图 4.31　使用 4DCT 间断原位拉伸试验数据集的纤维增强复合材料缺陷。
黄色表示缺陷密度高，蓝色表示缺陷密度低（见彩插）

4.7 特殊分析

很多性能先进的数据分析和可视化工具都专注于使用单一标量数据的单一成像方式，如 CT。还有一些方法如双能 CT 使我们能够从数据中提取材料信息。然而，在材料分析领域，通过 X 射线断层成像进行要素分解也有其自身的限制，最终会导致一些无法辨识的结果。针对这些问题，人们提出利用 CT 数据结合额外的无损检测模态的数据进行改进（Amirkhanov 等，2014）。另一个引起人们关注的问题是研究数据分析流程的参数空间。通常文献中会针对使用的数据集提供合适的参数范围，但是设置这些参数需要根据经验值。对于标量体积数据集，这个问题很难解决，而在多模态数据中，这个问题更加困难（Froehler 等，2016）。本节介绍两种解决上述问题的方法。

4.7.1 InSpectr

InSpectr 工具应对了将标量数据与光谱数据结合用于多模态、多标量数据分析的日益增长的需求。输入的体数据是多模态的，因为这些数据使用不同的成像方法生成，如 CT 和 X 射线荧光（XRF），CT 用于产生标量数据，X 射线荧光用于产生谱数据。这种数据在某种意义上是多尺度的，它们具有不同的分辨率以及不同的扫描尺度。InSpectr 也能让用户结合其他的模态（如 K-edge、双能 CT）以及校正参考谱。InSpectr 的界面有多种数据域的窗口，可以更好地了解样本时域特性以及要素分解，传递空间和非空间信息。三维视图用于可视化数据整体结构和整体材料组成。对于后一种情况，体数据渲染用于研究组成成分和每一个三维要素图。组成结构三维视图从一个角度融合了所有感兴趣材料，而每一个三维要素图需要单独进行渲染。为了能够结合二者进行研究，我们需要把所有三维视图相关联。这意味着某一视图的操作，如缩放、平移或者旋转，会触发在其他所有视图的更新。另外，二维切片可以通过重叠进行扩展。通常情况下，二维切片显示了高分辨率的 CT 图像。而对于 XRF 数据来说，这种重叠的需求并不强烈。此外，饼状图可以显示局部材料分解的结果。为了分析谱数据，InSpectr 集成了一个光谱视图，用于聚合和探索 XRF 数据中的光谱线。聚合谱线可以累计表示数据中的所有材料，基于聚合的光谱线，光谱视图还用于指定传递函数，用于在三维视图中渲染光谱数据。对于局部材料分解的分析，InSpectr 提供了谱透镜来显示特定区域的材料，将鼠标悬停在 2D 切片上进行局部光谱探测，该切片与相应的光谱线相连，以及使用饼图和元素周期表视图对感兴趣的点进行元素组成探测，这表明局部材料分解为条形映射到周期表。图 4.32 显示了 InSpectr 的界面。

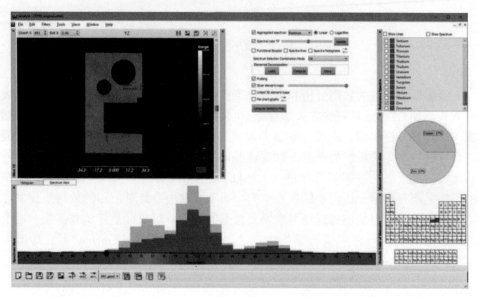

图 4.32   InSpectr 主界面：切片视图（左上）、光谱视图（左下）、周期表
视图（右下）、饼状图视图（右中）、可视化设置（右上）

4.7.2   GEMSe

GEMSe（Froehler 等，2016）主要研究分割框架可能的参数组合空间以及分割结果（图 4.33）。因此，这个工具会在分割框架所定义的参数空间中进行采

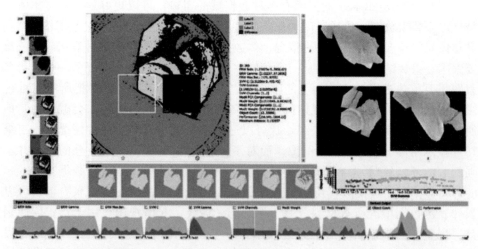

图 4.33   GEMSe 主界面：（左）分层聚类图像树；（中）魔术镜头部件展示的细节视图
和使用的分割参数，以及下面的示例样本；（右）用于选择切片视图和切片编号的
相机视图，其中散点图显示衍生结果与下面的分割框架参数之间的相关性。
（底部）柱状图视图，显示使用的参数以及相应的衍生结果

样，计算对应的分割结果，生成的结果随后在图像树中分层聚类，这提供了分割结果的整体情况。对于选定的树簇，系统将选择样本并进行渲染。此外，对于所选的簇，所使用的参数，包括感兴趣的参数和派生的感兴趣的输出，可以以直方图的形式显示出来。派生结果和参数的对应关系可以通过散点图进行表示，其他一些结果也可以进一步去改进。

4.8　总结展望

我们在本章对工业 CT 数据的数据分析流程进行了概述。主要关注预处理、数据增强、特征提取与量化、计量学中可视化分析的方法以及无损检测。我们介绍了很多基于专用可视化分析概念的数据处理方法。尽管 CT 的硬件已经有了很大提高和进步，但是只有充分结合数据预处理、增强、特征提取与量化、可视化映射以及结果渲染等方法，最终才能取得更好的结果。

作为一种展望，数据分析和可视化目前正处于一个飞速发展的过程中，新出现的方法将面临日益复杂、多模态和多通道数据的挑战。新方法面对的更复杂、多模态以及多通道的数据，需要以方便直观的方式提供给用户。未来研究焦点在于动态过程可视化分析，如拉伸和加载测试。未来的数据评价的基础将是三维加时间或者其他任何维度的多维分析。此外，由于未来环境的变化，参数空间分析将会是研究重点，通过调整优化分析流程的输入参数，产生最优的结果。最后，对于复杂数据的分析，我们需要对比较性和不确定性可视化进行更多研究。

参考文献

Adams R, Bischof L (1994) Seeded region growing. IEEE Trans Pattern Anal Mach Intell 16:641–647. doi:10.1109/34.295913.3

Al-Rauush R, Papadopoulos A (2010) Representative elementary volume analysis of porous media using X-ray computed tomography. Powder Technol 200(1–2):69–77. doi:10.1016/j.powtec.2010.02.011.3

Amirkhanov A, Heinzl C, Reiter M, Kastner J, Gröller E (2011) Projection-based metal-artifact reduction for industrial 3D X-ray computed tomography. IEEE Trans Vis Comput Graph 17(12):2193–2202

Amirkhanov A, Heinzl C, Kastner J, Gröller E Fuzzy CT (2013) Metrology: dimensional measurements on uncertain data. In: SCCG proceedings (digital library) Smolenice castle, Slovakia, 2013, pp 8

Amirkhanov A, Fröhler B, Kastner J, Gröller E, Heinzl C (2014) InSpectr: Multi-modal exploration, visualization, and analysis of spectral data. Comput Graph Forum 33(3):91–100

Amirkhanov A, Amirkhanov A, Salaberger D, Kastner J, Gröller E, Heinzl C (2016) Visual analysis of defects in glass fiber reinforced polymers for 4DCT interrupted in situ tests. Comput Graph Forum 35(3):201–210

Ballard D, Brown C (1982) Computer vision, Chap. 2. Prentice-Hall

Barr AH (1981) Superquadrics and angle-preserving transformations. IEEE Comput Graph Appl 1(1):11–23. doi:10.1109/MCG.1981.1673799. URL http://ieeexplore.ieee.org/stamp/stamp.jsp?tp=&arnumber=1673799&isnumber=35130

Beucher S (1991) The watershed transformation applied to image segmentation. Scanning Microsc Int 3:299–314

Beucher S, Lantuejoul C (1979) Use of watersheds in contour detection. In: International workshop on image processing: real-time edge and motion detection/estimation, Rennes, France, Sept 1979

Bhattacharya A, Heinzl C, Amirkhanov A, Kastner J, Wenger R (2015) MetaTracts—a method for robust extraction and visualization of carbon fiber bundles in fiber reinforced composites. In: Proceedings of IEEE pacific visualization symposium (PacificVis) 2015, Hangzhou, China, 2015, pp 191–198

Canny J (1986) A computational approach to edge detection. IEEE Trans Pattern Anal Mach Intell 8:679–698. doi:10.1109/TPAMI.1986.4767851.3

Cole L, Austin D, Cole L (2004) Visual object recognition using template matching. In: Australian conference on robotics and automation, 2004

Fabijańska A (2015) Subpixel edge detection in blurry and noisy images. Int J Comput Sci Appl 12(2):1–19

Felkel P, Bruckschwaiger M, Wegenkittl R (2001) Implementation and complexity of the watershed-from-markers algorithm computed as a minimal cost forest. Comput Graph Forum 20(3):26–35

Frangi AF, Niessen WJ, Vincken KL, Viergever MA (1998) Multiscale vessel enhancement filtering. In: Proceedings of the 1st international conference of medical image computing and computer-assisted intervention (MICCAI 1998), pp 130–137

Fritz L, Hadwiger M, Geier G, Pittino G, Gröller E (2009) A visual approach to efficient analysis and quantification of ductile iron and reinforced sprayed concrete. IEEE Trans Vis Comput Graph 15(6):1343–1350

Froehler B, Möller T, Heinzl C (2016) GEMSe: visualization-guided exploration of multi-channel segmentation algorithms. Comput Graph Forum 35(3):8

Gradshteyn IS, Ryzhik IM (2000) Hessian determinants. §14.314 in tables of integrals, series, and products, 6th edn. Academic Press, San Diego, p 1069

Grigoryan G, Rheingans P (2004) Point-based probabilistic surfaces to show surface uncertainty. IEEE Trans Vis Comput Graph 10(5):564–573

Heinzl C, Klingesberger R, Kastner J, Gröller E (2006) Robust surface detection for variance comparison. In: Proceedings of eurographics/IEEE VGTC symposium on visualisation, 2006, pp 75–82

Heinzl C, Kastner J, Gröller E (2007) Surface extraction from multi-material components for metrology using dual energy CT. IEEE TVCG 13:1520–1527

Heinzl C, Kastner J, Möller T, Gröller E (2008) Statistical analysis of multi-material components using dual energy CT. In: Proceedings of vision, modeling, and visualization, Konstanz, Germany, 2008, pp 179–188

Heinzl C, Reiter M, Allerstorfer M, Kastner J, Gröller E (2010) Artefaktreduktion mittels Dual Viewing für Röntgen computer tomographie von Multimaterial bauteilen, DGZFP-Jahrestagung, p 8

Hsieh J (2003) Computed tomography: principles, design, artifacts and recent advances. SPIE-The International Society for Optical Engineering, 2003

Huang R, Ma K-L, Mccormick P, Ward W (2003) Visualizing industrial CT volume data for nondestructive testing applications. In: VIS '03: Proceedings of the 14th IEEE visualization 2003 (VIS'03), pp 547–554

Jin JS (1990) An adaptive algorithm for edge detection with subpixel accuracy in noisy images. In: Proceedings of IAPR workshop on machine vision applications, 1990, pp 249–252

Jolliffe I (2002) Principal component analysis. Wiley, New York

Kindlmann GL (2004) Superquadric tensor glyphs. In: Deussen O, Hansen CD, Keim DA, Saupe D (eds) VisSym. Eurographics Association, pp 147–154

Kohonen T (1990) The self-organizing map. In: Proceedings of the IEEE, 78(9):1464–1480. URL http://ieeexplore.ieee.org/stamp/stamp.jsp?tp=&arnumber=58325&isnumber=2115. doi:10.1109/5.58325

Lifton JJ (2015) The influence of scatter and beam hardening in X-ray computed tomography for dimensional metrology. Ph.D. thesis, University of Southampton, Faculty of Engineering and the Environment Electro-Mechanical Engineering Research Group, Apr 2015

Lorensen W, Cline H (1987) Marching cubes: A high resolution 3D surface construction algorithm. ACM SIGGRAPH Comput Graph 21:163–169

Munzner T (2014) Visualization analysis and design. CRC Press

Oehler M, Buzug TM (2007) A sinogram based metal artifact suppression strategy for transmission computed tomography. In: Geometriebestimmung mit industrieller Computer tomographie, PTB-Bericht PTB-F-54, Braunschweig, 2007, pp 255–262

Ohser J, Schladitz K (2009) 3D images of materials structures: processing and analysis. Wiley, New York

Otsu N (1979) A threshold selection method from gray-level histograms. IEEE Trans Syst Man Cybern 9(1):62–66. URL http://ieeexplore.ieee.org/stamp/stamp.jsp?tp=&arnumber=4310076&isnumber=4310064. doi:10.1109/TSMC.1979.4310076

Perona P, Malik J (1990) Scale-space and edge detection using anisotropic diffusion. IEEE Trans Pattern Anal Mach Intell 12:629–639

Redenbach C, Rack A, Schladitz K, Wirjadi O, Godehardt M (2012) Beyond imaging: on the quantitative analysis of tomographic volume data. Int J Mater Res 103(2):217–227

Reh A, Plank B, Kastner J, Gröller E, Heinzl C (2012) Porosity maps: interactive exploration and visual analysis of porosity in carbon fiber reinforced polymers using X-ray computed tomography. Comput Graph Forum 31(3):1185–1194

Reh A, Gusenbauer C, Kastner J, Gröller E, Heinzl C (2013) MObjects—a novel method for the visualization and interactive exploration of defects in industrial XCT data. IEEE Trans Vis Comput Graph (TVCG) 19(12):2906–2915

Reh A, Amirkhanov A, Kastner J, Gröller E, Heinzl C (2015) Fuzzy feature tracking: visual analysis of industrial 4D-XCT data. Comput Graph 53:177–184

Rhodes PJ et al (2003) Uncertainty visualization methods in isosurface rendering. Eurographics, vol 2003

Salaberger D, Kannappan KA, Kastner J, Reussner J, Auinger T (2011) Evaluation of computed tomography data from fibre reinforced polymers to determine fibre length distribution. Int Polym Proc 26:283–291

Schmitt R, Hafner P, Pollmanns S (2008) Kompensation von Metallartefakten in tomographischen Aufnahmen mittels Bilddatenfusion. In: Proceedings of Industrielle Computertomographie, Fachtagung, 2008, pp 117–122

Schroeder W, Maynard R, Geveci B (2015) Flying edges: a high-performance scalable isocontouring algorithm. In: IEEE 5th symposium on large data analysis and visualization (LDAV), 2015, Chicago, IL, pp. 33–40

Selim SZ, Ismail MA (1984) K-means-type algorithms: a generalized convergence theorem and characterization of local optimality. IEEE Trans Pattern Anal Mach Intell PAMI-6(1):81–87. URL http://ieeexplore.ieee.org/stamp/stamp.jsp?tp=&arnumber=4767478&isnumber=4767466 . doi:10.1109/TPAMI.1984.4767478

Sezgin M, Sankur B (2004) Survey over image thresholding techniques and quantitative performance evaluation. J. Electron Imaging 13(1):146–168

Shneiderman B (1996) The eyes have it: a task by data type taxonomy for information visualizations. In: Proceedings of the IEEE symposium on visual languages, Washington. IEEE Computer Society Press, http://citeseer.ist.psu.edu/409647.html, pp 336–343

Steinbeiss H (2005) Dimensionelles Messen mit Mikro-Computertomographie. Ph.D. thesis, Technische Universität München

Straumit Ilya, Lomov Stepan V, Wevers Martine (2015) Quantification of the internal structure and automatic generation of voxel models of textile composites from X-ray computed tomography data. Compos A Appl Sci Manuf 69:150–158

Tabatabai AJ, Mitchell OR (1984) Edge location to sub-pixel values in digital imagery. IEEE Trans Pattern Anal Mach Intell 6(2):188–201

Tomasi C, Manduchi R (1998) Bilateral filtering for gray and colour images. In: Proceedings of the IEEE international conference on computer vision, pp 839–846

Volumegraphics: VG Studio Max 2.2—User's Manual. http://www.volumegraphics.com/fileadmin/user_upload/flyer/VGStudioMAX_22_en.pdf. Last accessed Mar 2016

Wang J, Wang S, Chen Y, Wu J, Coatrieux J-L, Luo L (2013) Metal artifact reduction in CT using fusion based prior image. Med Phys 40:081903

Weissenböck J, Amirkhanov A, Li W, Reh A, Amirkhanov A, Gröller E, Kastner J, Heinzl C (2014) FiberScout: an interactive tool for exploring and analyzing fiber reinforced polymers. In: Proceedings of IEEE pacific visualization symposium (PacificVis), 2014, Yokohama, Japan, pp 153–160

Wold Svante, Esbensen Kim, Geladi Paul (1987) Principal component analysis. Chemometr Intell Lab Syst 2(1-3):37–52

Xu GS (2009) Sub-pixel edge detection based on curve fitting. In: Proceedings of 2nd International conference on information and computing science, pp 373–375

Yao Y, Ju H (2009) A sub-pixel edge detection method based on canny operator. In: Proceedings of 6th international conference on fuzzy systems and knowledge discovery, pp 97–100

Zhigeng P, Jianfeng L (2007) A bayes-based region-growing algorithm for medical image segmentation. Comput Sci Eng 9:32–38. doi:10.1109/MCSE.2007.67.3

第 5 章　误差来源

Alessandro Stolfi，Leonardo De Chiffre and Stefan Kasperl

摘要：本章对影响 X 射线计算机断层成像测量的因素进行了分析。介绍了工业 CT 常见的图像伪影，并对伪影做了定量分析；总结了现有的硬件和软件类图像伪影校正方法。

5.1　X 射线 CT 测量影响因素综述

CT 的性能表现受很多因素的影响。德国指南 VDI／VDE 2630 – 1.2（2008）全面地列举了影响测量工作流程的因素。该影响因素可分为 5 组参数：系统、工件、数据处理、环境和操作人员，如表 5.1 所列。取决于测量任务的不同，这些因素造成的影响或大或小。

表 5.1　CT 系统性能影响因素

类　别	影 响 因 素
系统	X 射线源 探测器 机械系统
数据处理	三维重建算法 阈值分割和表面生成
工件	成分 形状和尺寸 表面纹理
环境	温度 振动 湿度
操作人员	工件夹具和定位 放大倍数 射线源参数设置 投影数量和多帧累加 测量策略

5.1.1 CT 系统

工业 CT 系统主要由 3 个部分组成：①X 射线源；②X 射线探测器；③机械系统。各个部分的性能都会影响 CT 系统测量的准确性。

5.1.1.1 X 射线源

加速电压、灯丝电流、焦斑尺寸、靶材料和过滤窗口材料对射线源的最终输出都有显著的影响。X 射线管电压决定了电子的能量。提高 X 射线电压，会改变 X 射线能谱，使 X 光子的平均能量增加。X 射线管电压会影响低密度材料之间的对比度和背景的噪声水平。灯丝电流控制轰击靶的电子数量。流经灯丝的电流越大，发射的电子数量越多，并且存在一个使发射电子数量达到最大的饱和电流。当灯丝达到饱和电流后，若继续增大电流，会损坏灯丝或缩短灯丝的使用寿命。电压和电流共同影响了 X 射线管的焦斑尺寸。焦斑尺寸通常在微米范围。为了防止靶熔化、蒸发或变形，随着功率的增加焦斑也会变大。对于工业用 X 射线源，焦斑尺寸通常在 6 ~ 9W 的功率范围内是恒定的，之后随着功率的增加以 $1\mu m/W$ 的速率变大（Hiller 等，2012）。图 5.1 显示了用于无损检测的微焦斑 X 射线管的功率和焦斑尺寸的典型关系。功率低于 9 W 时，焦斑尺寸为 $8\mu m$；功率在 8 ~ 16W 时，焦斑尺寸为 $20\mu m$；功率大于 16W 时，焦斑尺寸为 $40\mu m$。

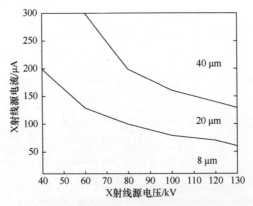

图 5.1　用于无损检测的微焦斑 X 射线管的功率和焦斑尺寸的典型关系
（X 射线电压在 40 ~ 130kV 之间，X 射线电流在 10 ~ 300μA 之间）

X 射线能谱的形状也取决于靶材料及其厚度。钨靶在工业应用中使用最为广泛，因为钨靶有很高的原子序数，能够增加 X 射线的强度，同时钨靶还具有非常高的熔点（3687 K）和较低的蒸发率，以及几乎与工作温度无关的机械特性。由低原子序数材料制成的靶，如铜靶和钼靶，适用于对低 X 射线吸收率的工件进行高对比度成像。Tan（2015）研究了两种不同材料的靶对尺寸测量的影响。图 5.2 显示了对一组直径为 2mm 的球体的尺寸测量结果，结果表明靶材料的选择对尺寸测量有明显的影响，并且在特定的功率下钨靶具有更好的成像结果。

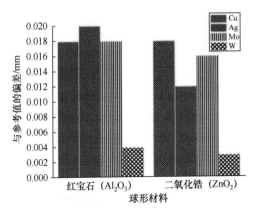

图 5.2　不同靶材料的测量值与接触式坐标测量机测量值之间的比较（使用 2 种不同
材料的球：红宝石球（Al$_2$O$_3$）、二氧化锆（ZnO$_2$）和 4 种不同材料的靶：铜（Cu），
钼（Mo），银（Ag）和钨（W）。4 个 bar 分别表示 4 种靶材料的
测量值的平均值（功率：18 W 和体素尺寸：30μm）（Tan，2015）

对于透射靶 X 射线源，靶的厚度也会影响产生的 X 射线的强度。如果靶的厚度小于电子的平均穿透深度（Lazurik 等，1998），电子可以穿过靶，而几乎不与靶发生任何相互作用。因此，产生的 X 射线强度也很小。增加靶的厚度，X 射线的发射强度会随之提高。Ihsan 等（2007 年）的研究发现，靶的厚度小于某个临界厚度时，X 射线的发射强度随着靶的厚度增加而变大，而一旦超过这个临界厚度时，由于 X 射线在靶中的衰减，X 射线的发射强度会急剧降低。靶的表面纹理也会影响所产生的 X 射线能谱，这是因为它局部地改变电子的穿透厚度（Mehranian 等，2010）。

X 射线过滤窗是影响 X 射线管性能的另一个因素。目前，X 射线过滤窗主要是由铍制成，这是因为铍对较高能量的 X 射线具有很好的透明性，并且具有较高的导热性和机械强度。低原子序数材料，如铝、锂和硼，也可以用作 X 射线管过滤窗的材料。X 射线过滤窗的厚度范围为 100 ~ 1000μm，具体取决于 X 射线源的功率。仿真研究表明，与无过滤窗相比，过滤窗会使 X 射线强度降低 10% 以上（Ihsan 等，2007）。

5.1.1.2　CT 探测器

CT 探测器的许多参数影响着 CT 的成像质量。其中，最重要的参数包括像素间距、像素数量、积分时间、线性动态范围、能量特性和探测器量子效率（DQE）。像素间距对空间分辨率和信噪比（SNR）有影响。小像素间距有助于提高空间分辨率，使探测器的不清晰度接近像素大小的 2 倍。大像素间距带来更好的 SNR，因为这会增加像素中对光敏感区域的比例，即获得更高的填充因子。当传感器尺寸一定时，减小像素尺寸相当于增加了像素数量。像素数量增加能够提高系统的空间采样率，进而提高系统的调制传递函数（MTF），使系统的空间分辨率不再受限于其他因素，如 X 射线焦斑尺寸和形状。减小探测器像素尺寸会减少每个重建体素中的光子数量，这就需要更长的探测时间，因此，扫描时间也会增加。大量的有效像素会造成过量的数据，使常规工作站无法处理。解决数据量过大的问题的方法是采用像素合并，即将相邻的探测器像素合并成单个有效像素。常用的合并方法是在硬件上对探测器内的像素进行合并（硬件合并）或在数字图像中合并相邻像素（软件合并）。像素合并时需要慎重考虑光子饱和的问题。此时，像素无法探测更多的光子，超出饱和度值的电荷将被截断，造成最终的像素强度只反映最大像素值而不是实际值。积分时间就是探测 X 射线的持续时间。

积分时间通常在几毫秒到几秒之间。线性动态范围表示探测器的灵敏度几乎不变的范围。恒定的灵敏度可确保辐射强度和探测器输出的灰度值是线性相关的。根据噪声水平的不同，当辐射强度超出总动态范围 75% ~ 90% 时，平板探测器的输出不再是线性的，这反映了探测器可以量化的最大信号变化范围。在线性动态范围的极端情况下，探测器的输出可能会受到饱和的影响而失真。探测器的灵敏度取决于光电二极管阵列在峰值发射波长附近的灵敏度。对于使用掺铊的碘化铯 CsI（TI）为闪烁体的探测器，光电二极管应该在 350 ~ 700nm 之间具有良好的灵敏度。DQE 描述探测器将入射的 X 射线的能量传递出去的效率（Konstantinidis，2011）。DQE 可表示为

$$DQE = \frac{SNR_{out}^2}{SNR_{in}^2} \qquad (5.1)$$

式中：SNR_{in} 和 SNR_{out} 分别为探测器输入和输出的信噪比。值得注意的是，DQE 总是小于 1。与其他性能评价参数不同，DQE 在不同空间频率下同时测量成像系统的信号和噪声性能。图 5.3 展示了单个像素在不同空间频率下的 DQE。从图 5.3 可以看出，此探测器的 DQE 在 2% ~ 50% 的范围内，具体取决于空间频率。由于在高能段闪烁体对 X 射线吸收的减少，DQE 随射线能量的增加而减少。探测器的几何形状和原子组成对 DQE 产生线性影响（Tan，2015）。2003 年，国际电工委员会（IEC）提出了作为空间频率函数的 DQE 的标准测量方法（IEC，2003）。由于图像信号间的统计相关性，这种 DQE 测量方法通常不适用于真实的 X 射线 CT 探测器。为了反映这种统计相关性，更复杂的 DQE 定量测量方法被提出。这些方法都是基于傅里叶变换，并且使用了噪声功率谱（NPS）和 MTF（IEC，2003）。

5.1.1.3 机械系统

工业 CT 系统的成像几何由 3 个部件的相对位置和方向来定义：X 射线源、转台和 X 射线探测器（Ferrucci 等，2015）。图 5.4 展示了一个圆轨迹锥束 CT 的成像几何。理想情况下，X 射线焦斑、转台旋转轴和探测器的中心应该在一条直

线上（Xi 等，2010）。此外，转台旋转轴应平行于探测器，并投射到探测器的中心列像素上或像素边缘（Xi 等，2010）。只要这些条件没有同时满足，成像几何便会失配，产生测量误差。通常需要 9 个参数来量化成像几何的失配程度，分别是沿 X 和 Y 轴（s_x 和 s_y）的焦斑偏移、探测器沿 X 和 Y 轴（d_x 和 d_y）的偏移、焦斑垂直于旋转轴的距离 L_{SW}、焦斑垂直于探测器的距离 L_{SD}，最后是探测器的 3 个方向偏转角（Ψ、φ 和 σ）。偏转角 ψ，也称为歪斜，是面内角。偏转角 φ 和 σ 是两个面外角，分别称为倾斜和翻转。其中，转台的不对中转换为探测器的偏移（Bequé 等，2003）。此外，该描述假设 CT 系统的所有组件是忽略变形的刚体。

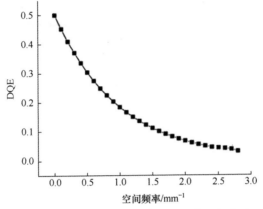

图 5.3　单个像素的 DQE。在较低的空间频率时，
SNR 减少约 50%，更高频率时减少得更多

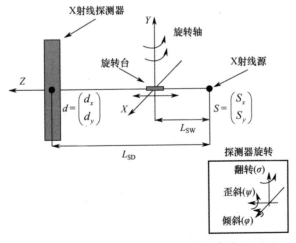

图 5.4　9 个参数的 CT 几何示意图

　　X 射线源的偏移通常是因为从标记物（通常为小金属）投影中计算焦斑中心坐标非常困难。标记物位置的不确定性程度取决于 CT 系统的扫描参数、环境条

件等，从而造成焦斑中心坐标的不确定性，至少与标记物一样大（不确定性源的传递）。Kumar 等（2011）用 2 个不同尺寸的球杆研究了源位置对测量精度影响的模拟效果。结果表明，源位置改变导致对距离的高估或低估，取决于用于成像的体素尺寸。增加体素尺寸，源位置的影响降低，反之亦然。X 射线灯丝没弯曲成对称的 V 形也能引起射线源位置的偏移。

　　X 射线源的热膨胀导致焦斑漂移，改变焦斑在扫描时间内的（x, y）坐标。希勒等（2012）指出垂直于探测器平面的漂移导致了重建体积尺寸误差，而平行于探测器平面的漂移导致计算模型中的几何形状误差。旋转台沿 z 轴产生的定位误差影响对尺寸的测量，长度测量误差最大可达 0.15% ~ 0.20%（例如，标称长度 10mm 的测量长度在 9.98 ~ 10.02mm 之间）。图 5.5 中展示了使用一个基于校准球距的参考物进行尺寸校正前后的一系列测量偏差。

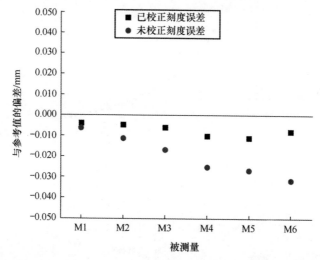

图 5.5　校正数据集（方块）和未校正数据集（圆点）之间的比较。采用聚合物步
距规的 6 个校准长度：M1 = 2mm、M2 = 6mm、M3 = 10mm、M4 = 2mm、
M5 = 14mm、M6 = 18mm 和 M6 = 21mm，长度是指平面到平面的距离

　　Welkenhuyzen（2016）通过从系统参考点到沿 Z 轴最远的位置前后移动转台的方式，绘制了 CT 系统的几何误差。Welkenhuyzen 注意到前后的误差有类似的趋势，但幅度略有不同。旋转台靠近射线源时误差比靠近探测器时更大，对此现象的一种解释可能是转台导轨不对称的静态响应。转台的倾斜误差称为摆动和偏心。偏心是指转台几何中心与轴承定义平面内的旋转轴之间的偏差。摆动是旋转过程中旋转轴的倾斜，可相对于参考表面被量化。摆动引起的测量结果取决于旋转台的高度，如图 5.6 所示，误差对于 3 个不同位置有相同的趋势。当在位置 1 时测量结果被显著低估，在其他位置有的被低估，有的被高估。从图 5.6 中还可以看出，垂直于探测器的 X 射线束位置的测量准确性最高。摆动和偏心同样会影响结构分辨率（见第 6 章），相当于探测器上的焦斑漂移。

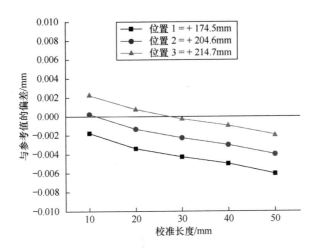

图 5.6 在 3 个 Y 位置，位置 1 = +174.5mm、位置 2 = +204.6mm 和位置 3 = +214.7mm
处评估的 5 个球体到球体距离参考值的偏差。位置是根据 X 射线束的
中心来确定的，为了进行公平比较，球杆长度偏差被归一化

Wenig 和 Kasperl（2006）研究了旋转台移位和倾斜对 7 个工件测量精度的影响。旋转轴沿 X 轴的横向移动 $700\mu m$，相当于探测器上两个像素的移位，平均相对测量误差约 2.5%。旋转轴相对于 Y 轴 1° 的倾斜产生约 0.5% 的相对测量误差。影响转台性能的另一个误差来源是安装旋转台平面的平整度，应低于几个微米。

Aloisi 等（2017）通过在平板探测器上引入 1.5° 的物理偏移实验研究了探测器倾斜角 φ 的影响。实验结果表明，1.5° 的探测器倾斜 φ 对于垂直方向放置的参考球的球心和直径测量误差都有显著影响。此外还讨论了球体中心和直径的测量受探测器错位的影响。Kumar 等（2011）通过模拟研究了探测器偏移的影响。结果表明，平面外倾斜比面内倾斜 ψ 更明显。面外倾斜 φ 的影响是放大垂直方向上的投影，而 σ 放大水平方向的投影。即使是物理调整位置，面外倾斜也难以消除。无论工件尺寸如何，探测器位置的误差都不是主要问题。探测器可能会同时在不止一个旋转角度错位。探测器的几何误差也可能由制造误差引起。Weiß 等（2012）发现如果沉积 CsI 闪烁体不是完全垂直于光电二极管板，则可能会产生微米级的局部偏移。偏移类似于沿 Z 轴的位置误差引起的偏移。Weiß 等发现他们的探测器中的局部偏移约 $6\mu m$。该探测器偏移可以通过沿探测器不同位置测量参考伪影来验证，通常在 3 个不同的高度下（见第 6 章）。

5.1.2 工件

任何适合探测器尺寸，且 X 射线能够以足够的对比度穿透的工件都可以被测量。表 5.2 列出了在不同电压下 CT 系统典型的最大可穿透厚度。

表 5.2 　常见工业材料可穿透的典型最大厚度值

X 射线电压	130kV/mm	150kV/mm	225kV/mm
钢	<5	<8	<25
铝	<30	<50	<90
塑料	<90	<130	<200
注：所有值确保最小透过率约14%（De Chiffre 等，2014 年）			

较低的透过率可实现更高的穿透长度。使用 CT 时工件的整体尺寸和质量同样会带来限制。工业 CT 可承受高达 100kg 的样品重量。工件重量对转台性能也有影响，因为它会改变转台的出厂响应。由于取决于多个因素，这种影响很难预测。为维持移动过程中的机械性能，CT 用于测量时工件重量不应超过 5kg（≈50 N）。

另一个影响 CT 性能（尤其是用于计量时）的工件特征是表面纹理。图 5.7 展示了与接触式坐标测量仪（CMM）相比，表面纹理对 CT 测量的影响。由于探测球自身的特性，CMM 受工件表面的影响较小，且球越大，影响越小。Carmignato 等（2017）发现，对于 CT 最小二乘直径测量，表面粗糙度会造成周期性粗糙度曲线的系统偏差约 2Rp（Rp 参数是采样长度内的粗糙度曲线的最大峰值高度）。同时也指出，若将 CT 最小二乘曲面与参考表面的峰值 Rp 偏差考虑在内，结果也可以适用于其他类型的测量（如平面的位置）。Tan（2015）发现表面纹理造成铝制零件表面偏移为 Rp。有文献还研究了材料分布以及体素尺寸的影响。Carmignato 等（2017）综合考虑表面形态和表面过滤特性因素进行了实验和模拟分析，在圆柱形零件上研究了表面粗糙度对 CT 的影响。在多个不同体素大小下的分析结果报告表明，对于具有周期性粗糙度轮廓的表面，最小二乘直径和参考直径间的偏差与粗糙度特性（承载曲线）无关。承载曲线，也称为 Abbott-Firestone 曲线，是表面曲线的累积分布函数，可通过整合轮廓测量来量化（Stachowiak 和 Batchelor，1993）。在许多参考文献中，表面纹理的影响被认为是系统误差和/或不确定性因素。在表面纹理作为不确定性贡献时，应使用矩形分布建模（JCGM，2008）。

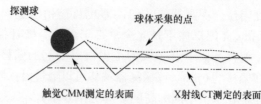

图 5.7 　表面纹理对 CT 和接触式 CMM 测量差异的影响

5.1.3 　环境

精确的尺寸测量通常需要在 20°C（波动为 1°C 或更低时）进行。在 CT 中满足这个要求通常具有挑战，是因为 CT 系统本身就是一个热源。例如，一个 50W 的 X 射线管将产生大约 49.8 W 能量。因此，即使在 X 射线管和机柜都有大型冷却系统的前提下，保持温度稳定和恒定也不容易。图 5.8 展示了两种不同 X 射线功率水平下的温度变化。可以看出，CT 测量是在一个动态环境中进行的。温度波动会使工件和 CT 系统的尺寸都发生变化，这取决于材料热特性。例如，1m 长的钢柱大约膨胀 0.012mm·K^{-1}，而塑料柱膨胀超过 0.05mm·K^{-1}。CT 中的温度波动会改变所涉及组件的运动特性，进而放大几何误差。温度也会使平衡状态下的电导体内产生热扰动，进而影响电子元件。热扰动的主要影响是改变了探测器响应，破坏了探测器校准数据，从而影响几何测量的准确性。探测器温度变化 1°C 可以产生高达 10% 的暗电流偏差（Kuusk，2011）。温度升高导致 CsI 闪烁体晶体的膨胀（热量膨胀系数为 $54 \times 10^{-6} K^{-1}$）。如果从工件一放在转台上就开始 CT 测量，测量中的温度改变可能会产生严重的测量误差。一种好的方法是将工件及夹具在 CT 机柜内放置一段时间（如 1~2h）。环境温度对于获得更好的 CT 性能也非常重要。制造商声明允许的环境温度范围为 15~35°C，贮存温度不应低于 5°C。

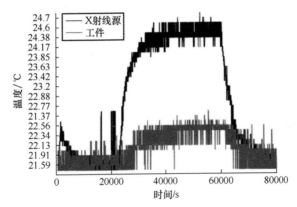

图 5.8　封闭微焦点 X 射线源 CT 中的温度波动。使用了两个传感器，一个位于工件上，
一个位于 X 射线源上，温度采样 22h（80000s）（由 UNC 提供）

　　计量实验室通常要求 40%~60% 且无凝水的相对湿度。稳定的湿度对于防止重要测量设备氧化或生锈以及工件膨胀非常重要。当聚合物工件暴露于潮湿环境中时，水分子会通过聚合物的开放结构扩散到基质中。湿度可降低表面自由能，同时增加自由聚合物体积。与其他环境因素相比，湿度对 CT 来说影响较小。

　　当超过一个 CT 系统可承受的最大振动水平时，冲击和振动会对精度产生影响。振动通常由相邻机房的重型设备产生。在冲击或振动的影响下灯丝可能发生突然的断裂。振动也会改变 X 射线焦斑、转台轴心和探测器的准直性能，直接影响测量的准确性。

5.1.4 数据处理

数据处理是 CT 测量的重要组成部分（见第 2 章所使用的各种算法），需考虑的主要步骤是重建、表面确定和数据处理。CT 重建的数学表述为 Radon 变换，实际重建使用滤波反投影（FBP）算法。FBP 可校正简单反投影引起的重建图像模糊。在 FBP 算法中实现的最简单的滤波器是斜坡滤波器，也被称为 Lak 滤波器（Toft，1996）。在图像质量很高的情况下此滤波器可补偿模糊，其缺点是会增强高频信号，从而将不需要的信息引入最终重建结果中。因此，一些具有高频截止频率的低通滤波器发展起来（Toft，1996）。重建软件中最受欢迎的滤波器如图 5.9 所示。Shepp-Logan 和 Butterworth 滤波器在任何频率下最不平滑（Umbaugh，2011），而 Hamming 滤波器可产生最强的平滑效果。虽有平滑效果，但高频截止值对结构分辨率有影响（见第 6 章）。与 Ram-Lak 滤波器相比，Hamming 滤波器和余弦滤波器通常可将结构分辨率降低 20%（Arenhart 等，2016a、2016b）。

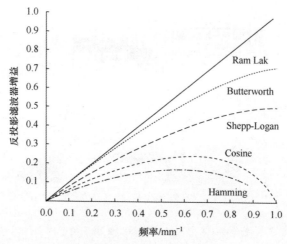

图 5.9　FBP 中常用的 5 种重建滤波器。除了斜坡滤波器外，
所有滤波器都降低了高频信号的振幅

许多重建软件包会用预重建滤波（通常是基于 Shepp-Logan 滤波器）代替重建时滤波。低噪声水平下，所有滤波器产生类似的重建结果及测量结果。表面分割（见第 4 章），是将图像划分为各区域，是图像分析和尺寸估计的必要步骤。尺寸测量中的表面确定通常基于阈值法。基于 ISO 50% 的全局阈值方法是一种分割 CT 数据集的直接方法，精度与体素相当。局部阈值方法即使是基于低质量的数据集也能够达到亚体素精度（Borges de Oliveira 等，2016 年）。许多全局和局部阈值方法对比结果都表明局部阈值方法比全局方法有更具重复性的测量（Kruth 等，2011）。图 5.10 展示了利用一个铝制步距规对全局和局部方法的对

比。结果表明，与局部方法相比，全局阈值法有一个 6μm 的分割偏差。Tan（2015）指出，局部阈值分割可将全局阈值处理所获得的标准偏差降低至50%。Stolfi 等（2016）指出局部阈值处理方法可重复性强。博尔赫斯等（2016）也证实了局部阈值法用于多材料分割的亚体素精度。

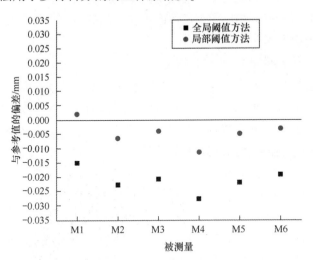

图 5.10 显示全局（方块）和局部（圆点）阈值方法之间差异的比较。使用了聚合物
步距规的 6 个校准长度：M1 = 2mm、M2 = 6mm、M3 = 10mm、M4 = 2mm、
M5 = 14mm、M6 = 18mm 和 M6 = 21mm，长度是指平面到平面的距离

所有阈值处理方法都受到起始点的影响，即分割过程开始时的灰度值强度。改变起始点，即使是几个灰度值，也会因工件与背景之间灰度值的急剧变化而导致表面偏差，如图 5.11 所示。根据灰度值分布的同质性，过渡区间可以从体素的 1/10 到几个体素不等。

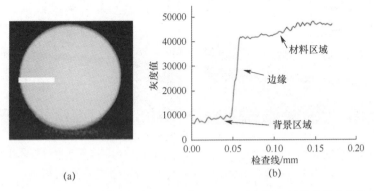

图 5.11 （a）体素体积的二维切片；（b）在 0.20mm（白线）的检查线上提取的（a）
的灰度值轮廓。剖面分为背景、边缘和物质 3 个区域。可以看出，在这种
情况下，边缘过渡覆盖超过 0.02mm，小于体素大小（0.035mm）

然而，全局阈值方法相比局部方法对起点更敏感，局部方法的起点是局部定义的。除表面分割外，还有其他的表面确定方法，如基于区域分割（Borges de Oliveira 等，2016）和基于边缘的分割（Yagüe-Fabra 等，2013）。然而基于区域和边缘分割的方法仍处于发展中，应用范围受到一定限制。表面确定对测量的影响取决于所研究的特征。相比两个球体的中心之间的距离，直径和长度等特征对确定的表面更敏感。

体素模型（体积模型）和 STL 模型（表面模型）是处理 CT 信息的代表方法。体素模型通常被认为更加稳定，而 STL 模型更易产生难以识别和校正的网格误差。网格误差的大小取决于一系列因素，如使用的三角形数、线性和角分辨率，以及用于生成 STL 模型数据集的质量。图 5.12 显示了使用不同数量的三角形创建的两个 STL 表面模型对比。可以看出，改变三角形的数量，导致表面质量下降。较少的三角形数会导致较大的形状偏差。线性分辨率是一个线性尺寸，为 STL 模型表面允许远离原始体素模型的最大距离。角分辨率是相邻三角形之间允许的角度偏差。线性和角度分辨率应始终低于目标测量的不确定度。数据集的图像质量会影响 STL 模型的信息准确性。来自高质量数据集的体素和 STL 模型通常有相同的测量结果，来自低质量数据集的体素和 STL 模型会出现不同的测量结果，尤其是对于几何测量场合。

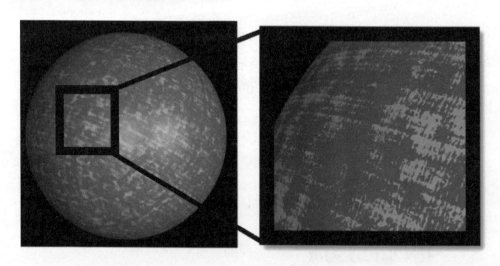

图 5.12　两个三角形数不同的 STL 模型。可以看出，改变三角形的数目会降低表面质量。一个外径为 5mm 的红宝石球体作为参照物

STL 模型相对于体素模型的最大优势是数据量小。表 5.3 显示基于 1000 个投影的一个体积模型和两个不同三角形数表面模型的对比。可以看出，即使是在精细模式下，与体积模型相比，表面模型也是更小的。

表5.3　体积模型和两种网格质量下的表面模型在数据大小和生成时间方面的比较

	体积模型	表面模型 粗糙模式	表面模型 精细模式
数据大小/MB	1600	2.5	116
生成时间/s	\	3	120

5.1.5　操作人员

工件的固定方位、放大比、X射线源、投影数量、图像平均以及测量策略都是操作人员会影响CT性能的关键因素。

5.1.5.1　工件夹持与方位

图5.13展示了两种夹具效果，一个松动的夹具和一个紧固件夹具对于6种长度的测量。结果表明使用松的夹具，测量误差从0.3μm增加到5μm，取决于测量体积内被测量的位置。因此，良好的夹具应能够固定紧工件，避免成像过程中的位移和旋转，也应对X射线吸收极低，以免改变光谱。对于极低吸收材料，这两个条件很难实现。聚氨酯和聚苯乙烯主要用作低吸收工件材料的夹具。聚合物夹具的缺点是材料松弛和热不稳定性，这将导致滑动。环氧树脂用于高吸收材料以及重型部件的夹持。

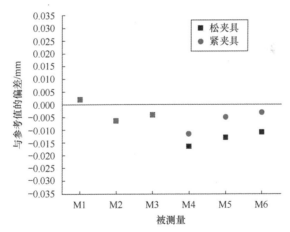

图5.13　松夹具（方块）和紧夹具（圆点）中步距规差异的比较。使用了聚合物步距规的6个校准长度：M1 = 2mm、M2 = 6mm、M3 = 10mm、M4 = 2mm、M5 = 14mm、M6 = 18mm和M6 = 21mm，长度是指平面到平面的距离

工件的方位对扫描期间X射线穿过物体的长度变化有很大影响，这种变化对图像重建也产生影响。Villarraga-Gómez和Smith（2015）通过使用多个工件和不同材料研究了方位和测量精度之间的关系。Villarraga-Gómez和Smith指出，角度范围为10°~40°时测量误差较小，包括形状测量，高于60°的角度位置产生偏差

较大。方位的影响随着材料吸收越高（如钢）越明显。Angel 等（2015）指出，对于钢制步距规测量，90°时的误差是 45°时的 5 倍。

5.1.5.2　放大比

X 射线 CT 系统的放大比可表示为

$$M = \frac{L_{SD}}{L_{SW}} \tag{5.2}$$

式中：L_{SD} 为射线源和探测器之间的距离；L_{SW} 为射线源和工件之间的距离，如图 5.14 所示。

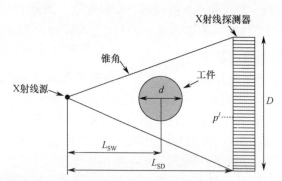

图 5.14　几何放大比由射线源 – 工件距离 L_{SW}、射线源 – 探测器距离 L_{SD}、
探测器有效宽度 D、测量直径 d 和探测器像素尺寸 p 决定

用户可通过选择非常低的 L_{SW} 或非常高的 L_{SD} 值来获得小的体素进而得到高的几何放大比。为实现准确重建，旋转过程中样品必须始终在视野内。最大可获得的放大比 M_{max} 受限于有效探测器宽度 D 和样品直径 d 的比值，可表示为

$$M_{max} = \frac{D}{d} \tag{5.3}$$

从放大比可以导出体素尺寸 V，也和探测器像素尺寸 p 有关。表征 3 个参数的公式可表示为

$$V = \frac{M_{max}}{d} \tag{5.4}$$

体素尺寸应始终大于焦斑尺寸以避免图像模糊，因而高吸收工件不能在高放大比下成像。如果探测器工作在 binning 模式（见 5.1.1.2 节），特性曲线发生改变，可在大焦斑尺寸下扫描而不引起模糊。图 5.15 展示了从 40～100μm 5 种体素尺寸对两种不同尺寸（外径 D1 和内径 D2）测量精度影响的测试。可以看出，CT 和 CMM 测量之间的偏差不会随着体素尺寸线性增加，相反，体素尺寸对锐边的检测有影响。

5.1.5.3　X 射线源设置

对于一个特定的工件测量，合适的射线源电压和电流选择需满足两个条件：①X 射线足够强，能够在各个旋转角度下穿透工件；②X 射线在任何角度下工件

的任何位置都不能饱和。操作人员对于简单的工件很容易达到上述条件，但会发现对于横截面有较大变化的工件想达到同样的效果有点困难。针对部分区域所选的电压和电流可能不能穿透工件的其他难穿透部分，或可能会在易穿透部分饱和。也就是说一部分投影可能过曝光，而一部分曝光不够。为了获得一个均匀的投影曝光量，操作人员通常基于经验在 X 射线穿透性和探测器饱和之间寻找一个折中。图 5.16 中展示了 20 个操作人员对包含金属和聚合物两种材料的工件的 X 射线源设置对比（Angel 和 De Chiffre，2014）。可以看出，尽管 X 射线吸收和尺寸有很多不同，最终采用的功率水平非常相似。

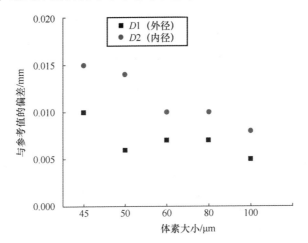

图 5.15　5 种体素大小对两种不同尺寸测量值（D1 外径（方块）和 D2
内径（圆点）精度的影响。使用了聚合物工业部件的两个校准直径：
D1 = 15mm 和 D2 = 4mm。直径都是用 1000 点最小二乘拟合的

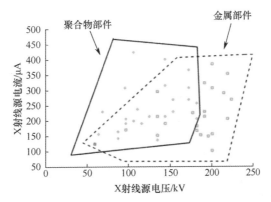

图 5.16　聚合物部件（钻石形）和金属部件的电压与电流
选择（方块形）（Angel 和 De Chiffre，2014）

对于多材质同时包含低吸收和高吸收材料的工件成像情况更复杂。低能 X 射线对于低吸收材料是足够的，想要完全穿透高密度部分则需要高能 X 射线。具有

类似吸收系数的多材质物体更容易成像。

5.1.5.4　投影数量和图像平均

投影数量本质上与扫描时间和生成数据量相关。用多张投影扫描不仅增加了采集时间，也增加了重建时间，同时也需要更多的存储空间。因此常见做法是在能接受的精度下采集最少的投影。很多研究提出了获得成功重建的最小数据条件，前提是主要噪声源是光子波动以及工件几何简单。最小条件 P_{min} 可以表示为

$$P_{min} = \frac{\pi}{4}M^2 \tag{5.5}$$

式中：M 为工件必要的像素数，式（5.5）假设工件形状简单并相对旋转轴对称。测量精度和增加投影数量之间的弱相关性被多个文献报道，甚至对于几何测量来说。通过增加投影数量到 800，偏差减少 5% ~ 10%（Wechenmann 和 Krämer，2013）。Villarraga-Gómez 等（2016）证明了对比 400 张和 2000 张 CT 投影，CT 长度测量的精度没有变化，与参照测量设备的偏差均低于 20μm。Villarraga-Gómez 等同时发现投影数量影响不随着工件材料改变而改变。图像平均是操作人员可能影响 CT 成像性能的另一个参数，该参数通过平均更多在相同角度位置拍摄的投影来减少投影中的随机波动。图像平均增加了扫描时间。为了充分利用图像平均，必须在相同温度下采集投影。

5.1.5.5　测量策略

尺寸测量可用实际与标称对比或用替代特征。实际到标称对比使用一个颜色映射来突出显示 CT 数据集和参考信息之间的差异。每种颜色代表扫描偏差的不同程度，参考信息可以从更准确的测量仪器或标称 CAD 模型中获得。两个数据集对齐过程直接影响实际与标称对比的结果。在检测软件包中有 3 类对齐方法：最佳拟合对齐、迭代最近点对齐和非迭代对齐。

最佳拟合对齐是一种全局最小化每个测量点到参考点距离的方法，使用的是迭代最小二乘拟合算法。在对齐计算中，所有点被认为是同等重要的。这种简单等同条件对于低质量数据集可能导致误差。迭代最近点对齐方法基于所选特征来定义对齐而不是点。封闭形式对齐方法通过用户设置的特定坐标实现对齐。即使重复性相似，改变对齐方法会影响均值。在许多情况下，对准差异还取决于 CT 数据集相对于参考数据集的坐标。

替代特征是方位和尺寸由工件表面上测量点定义的没有缺陷的数学几何（图 5.17）。替代特征受 3 个参数的影响：采样点的数量、点的分布和拟合策略。点的数量应足够反映几何特征。

对于给定的测量来说，增加采样点的数量可以增加测量的准确性，尤其是对于复杂形状物体。在有些情况下，随着异常值增加的可能性，大量的点会适得其反。测量点的分布应对被测量特征均匀覆盖，其中点之间的距离小于预期的缺陷，以确保小缺陷可被测量。可使用标准或随机分布，具体取决于对象表面纹理

的性质。拟合策略同样影响测量精度，因为许多检测软件包允许用户选择测量点的百分比。不同的百分比将显著改变测量结果。例如，增加点的百分比从 95% ~ 98%，红宝石球上的形状测量结果可变化几个微米。Müller 等（2016）指出如果数据集质量良好，具体的测量策略不会产生显著差异，而在低质量数据集下，测量策略会产生影响。Stolfi 等（2016）也给出了与基准系统定义有关的类似的结论。

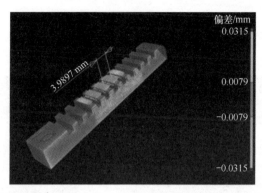

图 5.17　两个替代特征（平面）被应用于一个微型步距规上测量侧翼之间的距离。替代特征基于 10000 个均匀分布的点，步距规由铝制成

5.2　重建体数据中的 CT 伪影

CT 中"伪影"是指重建中出现的物体中不存在的任何形成条状、阴影、环状和带状的系统偏差。没有不存在偏差的重建。然而，不同条件会产生不同程度的重建图像伪影。这部分介绍 CT 中最重要的图像伪影。

5.2.1　Feldkamp 伪影

Tuy-Smith 完备性条件（Tuy，1983）指出精确重建是可能的，前提是所有与物体相交的表面与 X 射线源轨迹至少相交一次。圆轨迹 CT 只能在一个环面内的三维 Radon 空间满足这个条件（Toft，1996）。超出这个环面，存在沿旋转 z 轴的阴影区域，使得无论探测器分辨率如何，三维重建都不准确。阴影区域可被视为所有图像 3D Radon 空间中的空白区域。阴影区域在重建中产生菱形伪影，俗称 Feldkamp 伪影。Feldkamp 伪影出现在重建的顶部和底部。在有局部误差的 CT 中也可能出现不对称分布的 Feldkamp 伪影。Feldkamp 伪影随锥角变化，如图 5.18 所示。可以看出，锥角越大，被破坏的体积越多。但是当锥角很小，即 X 射线源与工件距离相对于工件尺寸较大时，这些误差并不那么重要。Müller 等（2012）指出，大的锥角可能导致达 30μm 的 CMM 测量偏差。Feldkamp 伪影的存在会导致球形度高达 5 倍，如图 5.19 所示。

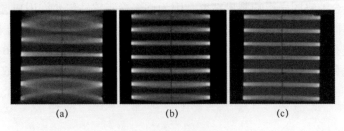

图 5.18　CT 重建切片

（a）锥角 30°；（b）锥角 11°；（c）锥角 5°。伪影随着锥角增大而增加。
（由 QRM 放射和医学质量保证有限公司提供）

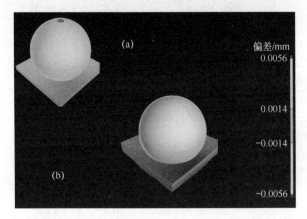

图 5.19　一个 8mm 红宝石球拟合点处的偏差

（a）由 Feldkamp 伪影造成极点处大的偏差；（b）无 Feldkamp 伪影。尽管覆盖面积很小，
但 Feldkamp 伪影引入的误差导致球度比参考值（由 PTB 提供）偏差 5 倍以上。

Feldkamp 伪影也是由锥束不能均匀照射整个测量体积的限制造成的纵向截断引起的。这种非均匀覆盖是指靠近探测器的测量体积可被完全采样，而靠近 X 射线源的部分几乎没有被照射。由于辐照差异，重建无法在截断区域中得到正确的结果。纵向截断只是长工件会出现的问题。如果工件是球形的，锥束投影可穿透工件而不产生重要数据截断。

5.2.2　射束硬化伪影

X 射线源产生具有相同能量的 X 光子的假设在实际中很难实现。实际射线源产生的 X 射线通常具有很宽范围的能谱。能谱范围从 0 开始，到打靶电子的最高能量即峰值能量结束。例如，峰值能量为 120keV 时，产生 10 ~ 120kV 的 X 射线，平均能量仅占峰值能量的 1/3 ~ 1/2。鉴于平均能量绝对低于峰值能量，X 射线束中许多光子的能量远低于平均能量。极低能量的 X 光子通常立即被靶和过滤窗吸收掉了。穿过样件几个毫米厚后，由于光电效应（见第 2 章），低能 X 光子也逐渐被吸收。因此，随着穿透样件越来越深，X 射束能谱也在向着更高的能量方向移动，同时 X 光子也更难被吸收（Lifton 等，2016）。这种非线性的效应被称为射束硬化（图 5.20）。

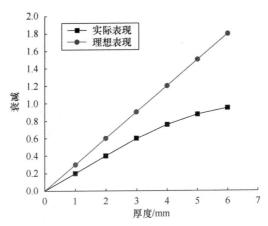

图 5.20　有（带圆点的线）和无（带方块的线）射束硬化影响的
X 射线衰减与穿透材料厚度的关系

射束硬化会造成对样件衰减能力的低估，并且沿射线路径对 X 射线"透明性"越低越容易受到这种误差的影响。图 5.21 展示了由射束硬化引起的 CT 图像典型伪影。

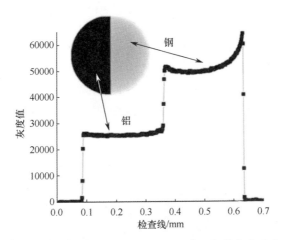

图 5.21　直径为 10mm 的多材料球体的灰度值分布。钢制半球面具有杯状效应，
而铝制半球面的灰度分布没有杯状效应。灰度值映射范围为 0 ~ 65000，
背景为 0，数据集是基于本章作者的模拟

杯状伪影会造成材料衰减随着穿透深度的增加而明显降低。因此，投影中心的射线强度会低于真实值。对多个工件进行扫描时，会产生明显的条纹伪影。当 X 射线束穿过两个工件时，会比仅穿过一个工件时变得更"硬"。由于射束硬化，在 CT 图像灰度直方图中也会看到明显的峰值失真。任何物体都会产生射束硬化，

而随着吸收和厚度的增加，物体所造成的射束硬化影会更加严重。即使壁厚值很大，聚合物工件所产生的硬化伪影也很小。Arenhart 等（2016a，2016b）的研究表明射束硬化伪影会使 MTF 的低频成分下降。

射束硬化会降低尺寸测量的准确性，造成内部尺寸测量值偏低，而外部尺寸测量值偏高。这种截然相反的影响主要是因为射束硬化改变了内部和外部的背景值，降低了图像对比度，并最终影响了表面测定的准确性。然而，射束硬化会导致外部的测量误差相比内部的更大，这主要是由于物体表面受到射束硬化的非线性影响更强（Lifton 等，2016）。由于改变了拟合点的分布，形状和双向长度测量通常会受到射束硬化的影响。而由于对样件材料不敏感，单向长度测量一般不受射束硬化的影响（Bartscher 等，2014）。

5.2.3　散射伪影

大部分 CT 重建算法假设所有 X 射线从源到探测器是直线轨迹，实际情况是一种称为散射的次级辐射会伴随着主辐射一起到达探测器。

散射包含被吸收然后重新辐射的 X 射线，有着与入射相同或更低的能量，如图 5.22 所示。散射从工件和环境中发出（Schörner，2012）。工件散射是由于 X 射线与工件中原子发生了相互作用。基于 X 射线能量函数的相互作用机制类型，散射方向可能完全不同或略微不同。对于工业材料来说，主要相互作用类型是康普顿散射，在高于 100keV 能量时占主导地位（Lifton 等，2016）。环境散射来自机柜内所有 CT 部件。环境散射的影响取决于 X 射线束尺寸和其张角，因为没打到工件上的光子数越多，越容易被环境散射。研究表明环境散射对整体散射贡献很大（Schuetz 等，2014）。散射导致投影中高的背景信号和对比度损失。在重建图像中，散射伪影与杯状和条形等硬化伪影（Hunter 和 McDavid，2012）相似，但没有其严重。杯状散射伪影出现在扫描过程中散射有变化时，条状散射伪影出现于多材料工件造成的非常锐利的散射波动（图 5.23）。总的散射可用散射 - 主

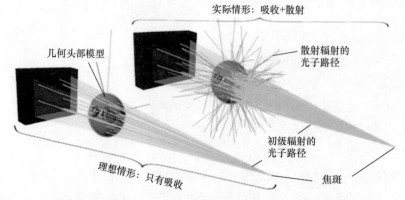

图 5.22　左侧表示理想情况下吸收或通过样品的光子路径。右侧给出了影响衰减的大量散射事件以及实际情况下对散射辐射的探测（Wiegert，2007）

射比（SPR）表示为

$$\mathrm{SPR} = \frac{S}{P} \qquad (5.6)$$

式中：S 为总的次级辐射；P 为主辐射。对于 SPR 为 2 时，背景强度包含两个单位的散射和一个单位的主辐射。量化 SPR 需要获得每个投影中的主辐射和次级信号。这个过程通常比较复杂，因为在大多数情况下投影中两种信号在频率上是重叠的。图像对比度也受到散射的影响，可表示为

$$C_s = \frac{C_P}{(1 + \mathrm{SPR})} \qquad (5.7)$$

式中：C_s 为有散射时的对比度；C_P 为由待测工件中材料的衰减差异决定的主对比度。从式（5.7）中可以看出，当 SPR 为 0.5 时，对比度将减少 35%。

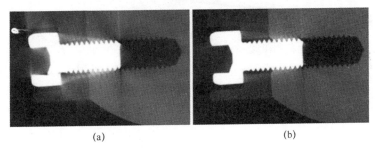

图 5.23　多材料工件中金属螺钉的重建图像
(a) 有散射伪影；(b) 无散射伪影（由 GE 提供）。

散射同样会通过改变 DQE，影响探测器性能。有散射存在时的 DQE，称为 DQE_s 可表示为

$$\mathrm{DQE}_s = \frac{\mathrm{DQE}_f}{(1 + \mathrm{SPR})} \qquad (5.8)$$

式中：DQE_f 为无散射时的 DQE。扫描参数、放大比、工件几何和 X 射线源电压都对散射的形成有影响（Glover，1982），尤其在高电压时散射效应更明显。Lifton 等（2016）提出两种测量散射伪影的方法。第一种方法是看材料灰度值分布：如果数据中有最小倾斜的高斯分布，则很有可能是包含伪影。第二种方法是分析给定 CT 图像内边缘和外边缘轮廓的对比度，如果内部边缘和外部边缘的对比度相似，数据中可能会包含轻微的伪影。

5.2.4　金属伪影

待测工件中的金属成分会产生金属伪影而严重影响图像质量。金属伪影的成因是 X 射线管产生的多色 X 射线光谱，以及金属部件对主辐射的完全吸收。另一个原因是实际的非线性采集过程与重建过程中使用的理想数学模型之间存在差异。无论金属伪影成因如何，其在重建图像中的影响是一样的。金属制品在重建图像中可见为金属部件之间的暗色条纹，以及工件上非金属部件上的高亮伪影

（图5.24）。虽然任何金属都会产生伪影，但它们的严重程度在很大程度上取决于金属物体的尺寸和材料。高原子序数金属如铁、钢和铂，相对于低原子序数金属（如铝）会产生更严重的伪影。此外，低原子序数金属伪影大小与金属含量无关。

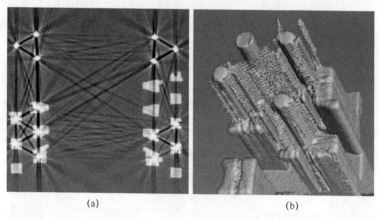

| (a) | (b) |

图 5.24　塑料连接器中的金属线

（a）二维重建切片中所有线之间的暗条状伪影；（b）三维体绘制中几乎掩盖了工件实际形状的金属伪影。

5.2.5　探测器伪影

探测器像素的故障和错误校准以及闪烁体屏幕上的杂质导致环状伪影，表现为以旋转轴为中心的圆形图案（图5.25）。环形伪影出现在所有重建切片中，强弱取决于切片相对于旋转轴的位置。离旋转轴越近，图案越明显。环形伪影根据成因有不同的强度。缺陷探测单元在重建中产生占一个像素宽度的环。未校准探测单元产生更宽、相对弱的环。由于同时影响许多探测器像素，坏点区域在重建

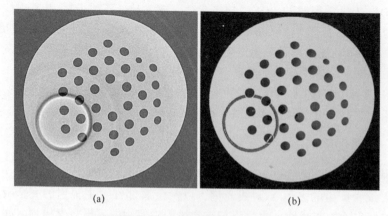

| (a) | (b) |

图 5.25　受环状伪影影响的聚合物工件

（a）二维重建切片；（b）三维重建视图中都有圆环图案。工件的外径3mm，通孔直径为0.1mm。

图像中产生最宽的环状伪影。Yousuf 等（2010）研究了环状伪影和扫描参数之间的关系。结果表明，环状伪影取决于管电压和探测器积分时间。环状伪影也可由射束硬化伪影产生（Ketcham 和 Carlson，2001）。

5.2.6 噪声伪影

图像噪声是 X 射线投影中的强度波动。5 类图像噪声：随机噪声、量子噪声、电子噪声、舍入噪声和重建噪声，都会影响 CT 测量。随机噪声是由具有近似高斯幅度分布的波动引起的。随机噪声既不能预测也不能校正。热噪声，也称为约翰逊 – 奈奎斯特噪声（Landauer，1989），是随机噪声的一种，其对电导体内的载流子充电，与管电压无关。量子噪声与用于创建体素信息的有限数量的 X 射线光子相关。在数学上，给定探测单元在时间 t 内测量的光子数 N 由泊松分布（Stigler，1982）建模为

$$P(N) = \frac{e^{-\lambda t}(\lambda t)^N}{N!} \tag{5.9}$$

式中：λt 为形状参数，表示给定时间间隔内预期入射光子的平均数。图 5.26 展示了与理想情况相比，每个体素的光子数越来越少时的现象。每个体素的光子数反映了给定区域的 X 射线集中度。减少每个体素的 X 射线数量会增加工件表面噪声，从而影响表面确定过程的准确性。对于大数，泊松分布接近其平均值的正态分布，并且不再能单独观察到基本事件（光子、电子等），通常使得量子噪声与随机噪声无法区分。电子噪声是由于电子电路不可避免地会给信号带来噪声。模拟电路比数字电路更容易受噪声影响，是因为信号的微小变化可能代表信号所传达信息的重大改变。舍入噪声是一种由于用数字方式表示信号的有限位数带来的误差。例如，两个数字的乘积必须四舍五入到计算机数字表示中可用的最低有效位。额外的噪声来自重建和几何误差（见 5.1.1.3 节）。通常，噪声从投影到重建图像是增加的。噪声功率谱（NPS）分析是一种有用的图像度量，它提供

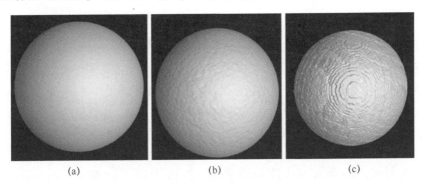

(a)   (b)   (c)

图 5.26　每个体素使用（a）3×10^9；（b）3×10^5；（c）3×10^4 光子模拟球体的 CT 体积
减少撞击在球体表面上的质子数量会导致噪声程度增加。
使用标称直径 10mm 的红宝石球进行模拟。

CT 成像过程中产生的噪声量和频率的定量描述。在计量学中，噪声同时影响尺寸和几何测量。其中几何测量受噪声影响较大，因为数据集里即使一个异常值也可能显著影响结果（Müller 等，2016）。噪声可以通过进行探测误差测试来量化，该测试评估其和形状与表面误差可忽略的标准球体之间的直径和形状偏差。探测误差测试应在正常扫描条件下进行，测试结果可用于表示噪声引起的系统误差。图 5.27 展示了在两种噪声水平下扫描的两个球体之间的三维对比结果。可以看出，增加 20% 的噪声就会导致偏差增加几个微米。

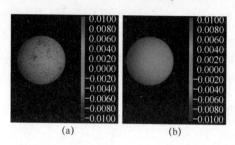

图 5.27 两个标称实际比较图，显示了在两种不同噪声水平下扫描的两个数据集之间的差异 （a）高噪声；（b）低噪声。一颗 5mm 的直径红宝石球用于对比。偏差是指 CAD 模型，以毫米表示。

5.3 CT 伪影校正

目前有许多用于抑制工业 CT 图像伪影的技术，本节介绍前面提到图像伪影的基本校正方法。

5.3.1 射束硬化校正

射束硬化问题的重要性引发了各种各样的伪影校正方法研究。这些方法可分为 3 类：硬件法、线性化法和迭代法。

5.3.1.1 硬件校正方法

硬件校正是在 X 射线源的出口处安装物理滤光片。滤光片是为了减小穿透长路径和不穿过工件的 X 射线图像强度差距。此外，滤光片去除了低能光子，使康普顿散射成为主要衰减机制。一般在 CT 中通常使用的滤光片材料是铝、铜、银和锡。铜具有高光电吸收性，在工业应用中十分有效。铜的 K - 壳结合能为 9keV，吸收 9 ~ 30keV 范围内的 X 射线。锡具有 29.2keV 的 K - 壳结合能，利用光电效应吸收能量范围为 30 ~ 70keV 的 X 射线。铝的 K - 边缘为 1.56keV，仅吸收低能 X 射线。注意 K - 边缘是原子 K - 壳电子的结合能（Hemachandran 和 Chetal，1986）。因此能量刚好高于电子结合能的光子比有刚好低于该结合能的光子更容易被吸收。X 射线滤光片的厚度根据材料从 0.1mm 到几毫米不等。由于硬件校正减少了到达探测器的 X 射线总量，因此噪声可能增加，除非通过增加曝光时间来抑制噪声。值得注意的是射束硬化校正也能提升空间分辨率（Van de Casteele 等，2004），是由于射束硬化增强了边缘，使图像中两物体更易分辨。

5.3.1.2 线性化技术

线性化技术将测量的多能衰减数据转换为单能衰减数据。最可靠的线性化方法是从与工件类似的参照物中计算线性化曲线（Van Gompel 等，2011）。基于参照物的线性化方法效率高的前提是工件和参照物材料相同，且扫描和环境条件类似。因此尤其是在工业中需要用到许多不同的工件和材料时，线性化方法受限。第二种也是更广泛使用的线性化方法基于在重建软件包中实现的多项式曲线。描述多项式曲线的一般格式为

$$Y = a(b + cX + dX^2 + eX^3 + fX^4) \tag{5.10}$$

式中：X 为 X 射线图像中像素的初始灰度值；Y 为线性化灰度值；a、b、c、d、e 和 f 为可以自动或手动选择以便线性化曲线的系数。系数选择通常很难，因为错误选择多项式曲线会在内部和外部特征中产生表面偏差。形状测量也会受射束硬化校正系数的影响。Bartscher 等（2014）指出，对于 3 种不同的射束硬化设置，孔板圆柱体的局部形状误差可从 $2.8\mu m$ 变化至 $7.0\mu m$。对于聚合物和薄铝部件等低吸收材料，通常使用二阶多项式曲线，而高吸收材料一般需要更高阶的多项式。在多材料工件中选择合适的线性化曲线难度更大，因其需要补偿高吸收材料而不改变对应低吸收材料的灰度值分布。

重投影是通过对比使用单能光源的理想投影和使用多能光源的真实投影的进一步校正方法，利用的是每个像素上两种投影强度之间的差异。重投影方法在减少伪影方面有明显的优势，尤其对于多材料工件（Krumm 等，2008），其准确性受初始重建和表面确定阈值的影响。

5.3.1.3 迭代伪影校正

迭代伪影校正（IAR）方法是一个迭代的多阶段过程（Kasperl 等，2002），一些后处理方法被应用于重建体积来进行射束硬化校正，而不依赖参照物。它是一个综合了预处理和后处理技术的多步骤过程。IAR 算法的每次迭代都生成一个更优的校正函数 H_S^{-1}，算法需要以下 4 个步骤。

初始化：第一次重建的校正函数 H_0^{-1} 在单能 X 射线的（错误）假设下初始化，即

$$H_0^{-1} = -\ln(I^P/I_0) \tag{5.11}$$

重建：第一轮迭代使用三维逆 Radon 变换 R^{-1} 从测量的原始数据集 P_0 重建出初始的三维体数据。$V_0(\underline{r})$ 是包含所有伪影的未校正体积，即

$$V_0(\underline{r}) = R^{-1}H_0^{-1}P_0 \tag{5.12}$$

随后的迭代使用来自预处理（即线性化步骤）的投影数据 P_N 重建体积 $V_N(\underline{r})$，有

$$V_N(\underline{r}) = R^{-1}P_N = R^{-1}H_N^{-1}P_0 \tag{5.13}$$

后处理：每次重建后，通过后处理（分割、射线求和与拟合）步骤创建校正函数 H_{N-1}^{-1} 用于下一轮迭代。后处理步骤取代了成本更高的参照物校准测量。为获得穿过对象的路径长度，需知道对象的几何形状。分割要尽可能将重建体积中的物体与非物体体素分开。射线求和的任务是为函数 H 提取"测量点"（$I^P \times l_0^{-1}, L$），参见式（5.13）。对于所有来自射线源的射线，通过追踪探测器平面上所有点，记录辐射衰减并计算穿过物体的射线路径长度 L。如上所述，数据点（$I^P \times l_0^{-1}, L$）用一个指数和拟合。拟合采用标准的非线性最小二乘法。反转函数被用作线性化的校正函数。如果两个顺序系统特性的差异令人满意，则 IAR 过程终止，否则下一次迭代仍从线性化开始。图 5.28 中分别给出 IAR 校正前后的重建结果。

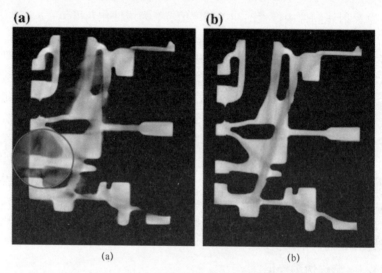

图 5.28　铝工件的重建结果
（a）无校正；（b）IAR 校正。伪影明显减少（Kasperl 等，2002）。

5.3.2　散射校正

散射校正技术可以分为两类：散射减少技术和散射校正技术。

5.3.2.1　散射减少技术

防散射栅格（ASG）包含多个由极低原子序数材料（如碳纤维和铝）隔开的铅条（图 5.29）。将 ASG 靠近探测器使它们仅通过与铅条平行的 X 射线来减少散射。可通过改变条带高度与间隙材料宽度之间的比率来更改铅条图案。Bor 等（2016）证明 ASG 提升了图像质量，25 的栅格比完全消除了散射。ASG 的两个主要缺点在于它们仅减少平行于铅条的散射辐射，且需要高 X 射线能量来穿透栅格。此外，ASG 在投影中增加了一些模糊，因为在采集过程中它们是静止的。空气隙方法通过将工件远离探测器来最小化散射信号。据报道，空气隙散射减少程度与防散射栅格相当（Wiegert，2007），而且空气隙法更经济，因为不需要额外的部件。在工业 CT 中，空气隙法可以通过增加放大率来实现，但有增加 Feldkamp 伪影的风险。

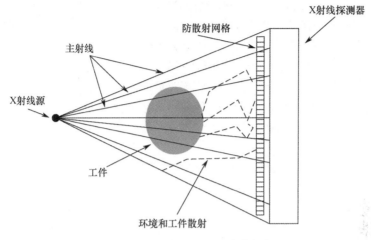

图 5.29　贴近探测器的防散射栅格

5.3.2.2　散射校正技术

散射校正技术先估计散射，然后从每个投影中减去散射。一系列直接量化分析及蒙特卡罗模拟方法（Lifton 等，2015）被提出。直接测量方法需要在 X 射线源和物体之间放置一个光阑，如铅盘。光阑吸收入射所有 X 射线，因此在光阑周围阴影中测量的任何信号都应是来自物体的散射（Lifton 等，2016）。然后从工件投影中减去所记录的散射。基于光阑的散射量化都需要在每次扫描之前进行。类似的扫描条件下研究类似的工件时，散射量化只需进行一次。尽管假设 X 射线束是不随着时间变化的，直接测量法仍是一种较简洁的方法。Brunke（2016）提出了一种商业用的散射校正方法，可将穿透深度提升 27 倍。基于康普顿散射的模拟分析可得出给定角度和 X 射线能量下光子散射的概率。模拟分析通常限于一阶散射相互作用，否则模拟时间将呈指数增长。蒙特卡罗模拟是最流行的量化散射的模拟方法（Thierry 等，2007），它利用 CAD 数据或工件材料特性来模拟 X 射线经过散射介质的过程，获得准确估计需要模拟大量的光子。

5.3.3　信噪比增强

由于在重建期间会增加噪声，因此扫描时需保持尽可能低的噪声。两类降噪方法：信号增强和图像滤波。

信号增强方法基于量子噪声与信号相关的事实（标准差随信号的平方根而变化）。X 射线电压的升高产生更强的穿过样品后到达探测器的 X 射线，从而增强信号。然而，增加 X 射线电压会降低低密度材料与背景噪声水平之间的对比度。

增加 X 射线电流，会在探测器线性范围内扩展灰度值直方图，将背景灰度值和工件灰度值分离，从而降低噪声，在任意角度得到曝光良好的投影。如果电压足够高，则增加电流是比进一步增加电压更好的选择。然而要确保所选择的电压和电流要保持任何角度的灰度值都在探测器线性范围内。如果它们接近线性极限或甚至在非线性区域，则投影的信息值将减小。一个好的经验法则是确保所有图像像素值都在探测器的线性范围内。

图像平均是假设噪声是随机分布的一种进一步降噪技术。通过平均越来越多的相似图像，随机波动将随着被平均图像数量的平方根而减少，如图 5.30 所示。图像平均要求被平均的帧是在类似的温度和 X 射线电压条件下采样的。即使投影之间的微小变化也会降低图像平均进行降噪的有效性。

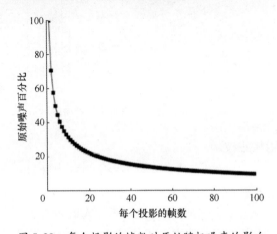

图 5.30　每个投影的帧数对原始随机噪声的影响

光强归一化可进一步补偿扫描过程中亮度的变化给重建带来的额外噪声。强度归一化在整个测量过程中没有工件被照射的探测器区域上进行。每个投影的平均辐射强度由参考区域确定。

图像滤波是通过减小噪声来增加 SNR。降噪的第一种方法是平场校正（Van Nieuwenhove 等，2015），是一种预处理方法。平场校正基本思想是在视野中没有工件、不同功率下采集一系列参考投影，包括没有 X 射线出束的暗场投影。暗场参考投影旨在最小化图像噪声分量，该分量是在特定设置（温度、积分时间）下的成像阵列平均值的偏移。不同功率水平下的参考投影旨在校正一定光强下像素之间灵敏度的变化。所获得的参考投影随后用于归一化工件投影。若环境条件稳定，校正后的投影可重复使用很长时间。应注意选择足够数量的投影，以使参考投影中的噪声尽可能小。例如，如果参考投影和工件投影的噪声水平相似，则由于卷积相关的误差级联，校正后的投影噪声将更高。图 5.31 展示了使用两个不同的平场校正获得的两个数据集的比较。第一次校正基于 8 个级别，每个级别 32 个投影，需要 10min，而第二次校正基于 8 个级别，每个级别 16 个投影，需要 5min。两种方法的形状测量值有显著不同。尽管平场校正非常适合去除噪声，但它们并不能确保抑制 X 射线发射和温度变化引起的噪声。此外，平场校正方法假定探测器的严格线性，当使用的探测器区域越来越大时，校正将不能完全正确。平场校正在扫描前进行，通常需要几分钟到几小时，具体时间取决于扫描参数。

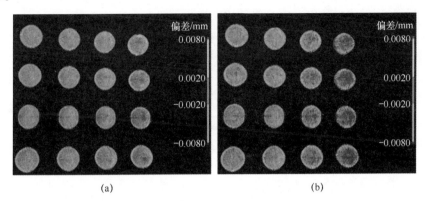

(a)   (b)

图 5.31 使用两种不同的阴影校正过程进行的两次扫描之间的比较

（a）8 个级别和每级 32 个投影；（b）8 个级别和每级 16 个投影，需要 10min。第一次校正
（平均 10μm，置信水平为 95%）比第二次校正（平均约 18μm，置信水平为 95%）噪声更低、
形状测量更准。16 个红宝石球体中的每一个都有 1000 个点，相同的扫描参数用于两次扫描。

另一种降噪方法是使用数字滤波，可在 2D 和 3D 域中进行。2D 滤波通常应用于采集图像，而 3D 滤波应用于重建体积。均值滤波器、中值滤波器和形态滤波器是主要的 3 种数字滤波技术。具有小卷积矩阵（小于或等于 5 个体素）的中值滤波器是最小化几何和尺寸测量中噪声和测量偏差的良好方法（Stolfi 等，2016）。具有较大矩阵（大于 5 个体素）的中值滤波器会造成与滤波器相同的测量误差。此外，建议不要在同一数据集上同时进行 2D 和 3D 滤波（Bartscher 等，2012）。图 5.32 展示了中值滤波对聚合物工件内表面的影响。可以看出增加卷积

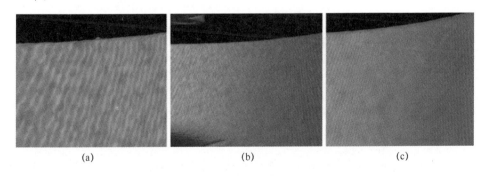

(a)   (b)   (c)

图 5.32 3 个 3D 视图显示了相同的表面

（a）未滤波；（b）使用具有三个体素的卷积核的中值滤波器进行滤波；（c）使用具有 5 个体素的
卷积核的中值滤波器进行滤波。可以看出增加滤波可以改善表面峰值和谷值分布。

核可以改善表面的峰值和谷值分布。在扫描时控制焦点的漂移也可实现图像质量的改善。建议在成像前让 X 射线管稳定一段时间，稳定所需的时间取决于 X 射线源的设计和所选功率。

5.3.4 环状伪影校正

避免环形伪影的最有效方法是使用硬件来消除投影中的伪影。第一种方法是使扫描和探测器校准条件尽可能接近。这种方法能够完全去除环形伪影，尽管需要每次都校准探测器。在采集过程中移动工件也可去除环形伪影（Davis 和 Elliott，1997），是由于探测器特性被平均，从而减少了伪影。这种方法的主要缺点是扫描时间增加了 50%。

不能使用硬件校正的情况下，包括预处理和后处理的软件法都被发展起来。典型的预处理方法是平场校正（Sijbers 和 Postnov，2004）。该方法消除了由探测器像素的灵敏度不均匀和闪烁体屏幕的不均匀响应引起的环形伪影。后处理方法旨在通过滤波器消除环形伪影。傅里叶滤波器、小波滤波器、组合小波 – 傅里叶滤波器和中值滤波器通常用于从弦图或重建中去除环形伪影（Anas 等，2011）。根据伪影程度选择滤波器类型。环状伪影可以使用笛卡儿坐标系或极坐标系来实现，对于靠近旋转中心的伪影来说极坐标系更有效。Matern 等（2016）指出基于软件的环状伪影校正方法能够提高测量精度。研究中考虑了一系列特征，包括直径和圆度。尽管改进相对有限，Matern 等仍建议使用环状伪影校正。与硬件校正相比，软件校正可能经常会导致图像信息的丢失，因为它们不仅可以消除环形伪影，也会消除工件信息。此外，软件校正可能会产生额外的二次伪影和分辨率损失。为了最小化由校正引起的二次伪影，通常使用两种不同的阈值来分割图像（Prell 等，2009）。

参考文献

Abu Anas EM, Kim J, Lee S, Hasan Mdk (2011) Comparison of ring artifact removal methods using flat panel detector based CT images. Biomed Eng onLine 10:72

Aloisi V, Carmignato S, Schlecht J, Ferley E (2017) Investigation on the effects of X-ray CT system geometrical misalignments on dimensional measurement errors. In: 7th conference on industrial computed tomography (iCT), 7–9 Feb, Leuven, Belgium

Angel J, De Chiffre L, Kruth JP, Tan Y, Dewulf W (2015) Performance evaluation of CT measurements made on step gauges using statistical methodologies, CIRP J Manuf Sci Technol 11:68–72

Angel J, De Chiffre L (2014) Comparison on computed tomography using industrial items. CIRP Ann Manuf Technol 63(1):473–476

Arenhart F, Baldo CR, Fernandes TL, Donatelli GD (2016a) Experimental investigation of the influencing factors on the structural resolution for dimensional measurements with CT systems. In: 6th conference on industrial computed tomography, Wels, p 12.

Arenhart FA, Nardelli VC, Donatelli GD (2016b) Comparison of surface-based and image-based quality metrics for the analysis of dimensional computed tomography data. Case Stud Nondestruct Test Eval

Bartscher M, Sato O, Härtig F, Neuschaefer-Rube U (2014) Current state of standardization in the field of dimensional computed tomography. Meas Sci Technol 25(6)

Bartscher M, Staude A, Ehrig K, Ramsey A (2012) The influence of data filtering on dimensional measurements with CT. 18th WCNDT—World conference on nondestructive testing, pp 16–20

Bequé D, Nuyts J, Bormans G, Suetens P, Dupont P (2003) Characterization of pinhole SPECT acquisition geometry. IEEE Trans Med Imaging 22(5):599–612

Bor D, Birgul O, Onal U, Olgar T (2016) Investigation of grid performance using simple image quality tests. J Med Phys 41(1):21–8

Borges de Oliveira F, Stolfi A, Bartscher M, De Chiffre L (2016) Experimental investigation of surface determination process on multi-material components for dimensional computed tomography. Case Stud Nondestruct Test Eval 6(Part B):93–103. doi:10.1016/j.csndt.2016.04.003

Brunke O (2016) Recent developments of hard-and software for industrial CT systems. In: 6th conference on industrial computed tomography (iCT), 9–12 Feb, Wels, Austria

Carmignato S, Aloisi V, Medeossi F, Zanini F, Savio E (2017) Influence of surface roughness on computed tomography dimensional measurements. CIRP Ann Manuf Technol 66(1):499–502. doi:10.1016/j.cirp.2017.04.067

Davis GR, Elliott JC (1997) X-ray microtomography scanner using time-delay integration for elimination of ring artefacts in the reconstructed image. Nucl Instrum Methods Phys Res Sect A 394(1-2):157–162

De Chiffre L, Carmignato S, Kruth JP, Schmitt R, Weckenmann A (2014) Industrial applications of computed tomography. CIRP Annals 63(2):655–677. doi:10.1016/j.cirp.2014.05.011

Ferrucci M, Leach R, Giusca C, Carmignato S, Dewulf W (2015) Towards geometrical calibration of X-ray computed tomography systems—a review. Meas Sci Technol 26(August):92003. doi:10.1088/0957-0233/26/9/092003

Glover GH (1982) Compton scatter effects in CT reconstructions. Med Phys 9(6):860–867. Available at: http://www.ncbi.nlm.nih.gov/pubmed/7162472. Accessed 23 May 2016

Hemachandran K, Chetal AR (1986) X-ray K-absorption study of copper in malachite mineral. Physica Status Solidi (B) 136(1):181–185. Available at: http://doi.wiley.com/10.1002/pssb.2221360120. Accessed 24 Oct 2016

Hiller J, Maisl M, Reindl LM (2012) Physical characterization and performance evaluation of an X-ray micro-computed tomography system for dimensional metrology applications. Meas Sci Technol 23(8):85404. Available at: http://stacks.iop.org/0957-0233/23/i=8/a=085404?key=crossref.f16b74da17fdf2dcb54f5caf3bc9722e. Accessed 26 Apr 2016

Hunter A, McDavid W (2012) Characterization and correction of cupping effect artefacts in cone beam CT. Dentomaxillofac Radiol 41(3):217–223. Available at: http://www.birpublications.org/doi/abs/10.1259/dmfr/19015946. Accessed 26 Apr 2016

IEC (2003) IEC 62220-1 medical electrical equipment—characteristics of digital X-ray imaging devices—Part 1: determination of the detective quantum efficiency, Geneva, Switzerland. Available at: http://www.umich.edu/~ners580/ners-bioe_481/lectures/pdfs/2003-10-IEC_62220-DQE.pdf. Accessed 24 May 2016

Ihsan A, Heo SH, Cho SO (2007) Optimization of X-ray target parameters for a high-brightness microfocus X-ray tube. Nucl Instrum Methods Phys Res Sect B 264(2):371–377

JCGM (2008) JCGM 200 : 2008 international vocabulary of metrology—basic and general concepts and associated terms (VIM) vocabulaire international de métrologie—concepts fondamentaux et généraux et termes associés (VIM). In: International organization for standardization Geneva ISBN, 3(Vim), p 104. Available at: http://www.bipm.org/utils/common/documents/jcgm/JCGM_200_2008.pdf

Kasperl S, Bauscher I, Hassler U, Markert H, Schröpfer S (2002) Reducing artifacts in industrial 3D computed tomography (CT). In: Conference: proceedings of the vision, modeling, and visualization conference 2002, Erlangen, Germany, 20–22 Nov, pp 51–57

Ketcham RA, Carlson WD (2001) Acquisition, optimiziation and interpretation of X-ray computed tomography imagery: applications to the geosciences. Comput Geosci 27:381–400

Konstantinidis A (2011) Evaluation of digital X-ray detectors for medical imaging applications. Ph.D. thesis.University College London

Krumm M, Kasperl S, Franz M (2008) Reducing non-linear artifacts of multi-material objects in industrial 3D computed tomography. NDT E Int 41(4):242–251. Available at: http://linkinghub.elsevier.com/retrieve/pii/S0963869507001478. Accessed 26 Apr 2016

Kruth JP, Bartscher M, Carmignato S, Schmitt R, De Chiffre L, Weckenmann A (2011) Computed tomography for dimensional metrology. CIRP Annals 60(2):821–842. doi:10.1016/j.cirp.2011.05.006

Kumar J, Attridge A, Wood PKC and Williams MA (2011) Analysis of the effect of cone-beam geometry and test object configuration on the measurement accuracy of a computed tomography scanner used for dimensional measurement. Meas Sci Technol 22(3)

Kuusk J (2011) Dark signal temperature dependence correction method for miniature spectrometer modules. J Sens 2011:1–9. doi:10.1155/2011/608157

Landauer R (1989) Johnson-nyquist noise derived from quantum mechanical transmission. Physica D: Nonlinear Phenom 38(1–3):226–229. Available at: http://linkinghub.elsevier.com/retrieve/pii/0167278989901978. Accessed 26 Apr 2016

Lazurik V, Moskvin V, Tabata T (1998) Average depths of electron penetration: use as characteristic depths of exposure. IEEE Trans Nucl Sci 45(3):626–631. Available at: http://ieeexplore.ieee.org/lpdocs/epic03/wrapper.htm?arnumber=682461. Accessed 17 July 2016

Lifton JJ, Malcolm AA, McBride JW (2015) A simulation-based study on the influence of beam hardening in X-ray computed tomography for dimensional metrology. J X-ray Sci Technol 23 (1):65–82

Lifton JJ, Malcolm AA, McBride JW (2016) An experimental study on the influence of scatter and beam hardening in X-ray CT for dimensional metrology. Meas Sci Technol 27(1):15007

Matern D, Herold F, Wenzel T (2016) On the influence of ring artifacts on dimensional measurement in industrial computed tomography. In: 6th conference on industrial computed tomography (iCT) 2016, 9–12 Feb 2016

Mehranian A, Ay MR, Alam NR, Zaidi H (2010) Quantifying the effect of anode surface roughness on diagnostic X-ray spectra using Monte Carlo simulation. Med Phys 37(2):742

Müller P, Hiller J, Cantatore A, Tosello G, De Chiffre L (2012) New reference object for metrological performance testing of industrial CT systems. In: Proceedings of the 12th euspen international conference

Müller P, Hiller J, Dai Y, Andreasen JL, Hansen HN, De Chiffre L (2016) Estimation of measurement uncertainties in X-ray computed tomography metrology using the substitution method. CIRP J Manuf Sci Technol 7(3):222–232. Available at: http://linkinghub.elsevier.com/retrieve/pii/S1755581714000157

Prell D, Kyriakou Y, Kalender WA (2009) Comparison of ring artifact correction methods for flat-detector CT. Phys Med Biol 54(12):3881–3895

Schuetz P, Jerjen I, Hofmann J, Plamondon M, Flisch A, Sennhauser U (2014) Correction algorithm for environmental scattering in industrial computed tomography. NDT E Int Volume 64:59–64, ISSN 0963-8695, http://dx.doi.org/10.1016/j.ndteint.2014.03.002

Schörner K (2012) Development of methods for scatter artifact correction in industrial X-ray cone-beam computed tomography. Technische Universität München. Available at: http://mediatum.ub.tum.de/doc/1097730/document.pdf. Accessed 24 May 2016

Sijbers J and Postnov A (2004) Reduction of ring artefacts in high resolution micro-CT reconstructions. Phys Med Biol 49(14):N247–N253

Stachowiak GW, Batchelor AW (1993) Engineering tribology. Elsevier

Stigler SM (1982) Poisson on the poisson distribution. Stat Probab Lett 1(1):33–35. Available at: http://linkinghub.elsevier.com/retrieve/pii/0167715282900104. Accessed 24 May 2016

Stolfi A, Thompson MK, Carli L, De Chiffre L (2016). Quantifying the Contribution of Post-Processing in Computed Tomography Measurement Uncertainty. Procedia CIRP 43:297–302. doi:10.1016/j.procir.2016.02.123

Stolfi A, Kallasse M-H, Carli L, De Chiffre L. (2016). Accuracy Enhancement of CT Measurements using Data Filtering. In: Proceedings of the 6th Conference on Industrial Computed Tomography (iCT 2016)

Tan Y (2015) Scanning and post-processing parameter optimization for CT dimensional metrology. Ph.D. thesis, KU Leuven, Science, Heverlee, Belgium

Thierry R, Miceli A, Hofmann J (2007) Hybrid simulation of scattering distribution in cone beam CT. In: DIR 2007—International symposium on digital industrial radiology and computed tomography, 25–27 June, Lyon, France

Toft P (1996) The radon transform theory and implementation. Ph.D. thesis. Technical University of Denmark

Tuy HK (1983) An inversion formula for cone-beam reconstruction. SIAM J Appl Math 43(3):546–552

Umbaugh SE, Umbaugh SE (2011) Digital image processing and analysis: human and computer vision applications with CVIP tools. CRC Press

Van de Casteele E, Van Dyck D, Sijbers J, Raman E (2004) The effect of beam hardening on resolution in X-ray microtomography. In: Fitzpatrick JM, Sonka M (eds) roc. SPIE 5370, Medical Imaging 2004: Image Processing, 2089. International society for optics and photonics, pp 2089–2096

Van Gompel G, Van Slambrouck K, Defrise M, Batenburg KJ, Mey J, Sijbers J, Nuyts J (2011) Iterative correction of beam hardening artifacts in CT. Med Phys 38(S1):S36

Van Nieuwenhove V, De Beenhouwer J, De Carlo F, Mancini L, Marone F, Sijbers J (2015) Dynamic intensity normalization using eigen flat fields in X-ray imaging. Opt Express 23 (21):27975. Available at: https://www.osapublishing.org/abstract.cfm?URI=oe-23-21-27975. Accessed 24 May 2016

Verein Deutscher Ingenieure (2008) VDI/VDE 2630 Blatt 1.2: Computertomografie in der dimensionellen Messtechnik. Einflussgrößen auf das Messergebnis und Empfehlungen für dimensionelle Computertomografie-Messungen, pp 1–15

Villarraga-Gómez H, Smith ST (2015) CT measurements and their estimated uncertainty: the significance of temperature and bias determination. In: Proceedings of 15th international conference on metrology and properties of engineering surfaces, University of North Carolina—Charlotte, USA, pp 509–515

Villarraga-Gómez H, Clark D, Smith S (2016) Effect of the number of radiographs taken in CT for dimensional metrology. In: Proceedings of euspen's 16th International Conference & Exhibition

Weckenmann A, Krämer P (2013) Predetermination of measurement uncertainty in the application of computed tomography. Prod Lifecycle Manag: Geom Var 317–330

Weiß D et al (2012) Geometric image distortion in flat-panel X-ray detectors and its influence on the accuracy of CT-based dimensional measurements. In: Conference on industrial computed tomography (iCT), Wels, pp 173–181

Welkenhuyzen F (2016) Investigation of the accuracy of an X-ray CT scanner for dimensional metrology with the aid of simulations and calibrated artifacts. Ph.D. thesis, KU Leuven, Science, Heverlee, Belgium

Wenig P, Kasperl S (2006) Examination of the Measurement Uncertainty on Dimensional Measurements by X-ray Computed Tomography, Proceedings of 9th European Congress on Non-Destructive Testing (ECNDT 2006)

Wiegert J (2007) Scattered radiation in cone beam computed tomography: analysis, quantification and compensation. Publikations server der RWTH Aachen University

Xi D et al (2010) The study of reconstruction image quality resulting from geometric error in micro-CT system. In: 2010 4th international conference on bioinformatics and biomedical engineering, pp 8–11

Yagüe-Fabra JA, Ontiveros S, Jiménez R, Chitchian S, Tosello G, Carmignato S (2013) A 3D edge detection technique for surface extraction in computed tomography for dimensional metrology applications. CIRP Ann Manuf Technol 62(1):531–534. doi:10.1016/j.cirp.2013.03.016

Yousuf MA, Asaduzzaman M (2010) An efficient ring artifact reduction method based on projection data for micro-CT images. J Sci Res 2(1):37–45

第 6 章 CT 系统认证测试

Markus Bartscher, Ulrich Neuschaefer-Rube, Jens Illemann,
Fabrício Borges de Oliveira, Alessandro Stolfi, Simone Carmignato

摘要： 本章重点关注系统规格的验证和规范。进行系统认证是为了确保系统及其部件达到最佳性能，即系统出厂时的规格指标。对整个集成系统进行验收和复检测试，检查系统是否按照规范运行。

达到和维持复杂测量系统的最佳性能通常需要数个步骤。在采购过程中，用户对新系统的选择和性能验证起着重要作用。对所采购设备的选择主要是基于厂家提供的规范说明书进行。因此，通过适当的技术数据（即规范）来实现系统之间的公平可比性是非常必要的。为了确保系统按照规范执行（即实现最佳性能），制造商或是用户会针对系统的特定误差条件进行一系列测试，从而获得用于系统微调/校正的参数。为确保系统及其组件达到最佳性能而进行的测试和微调称为系统认证（见 6.1 节）。此外，在接收系统之前，用户还会进行全面的测试，以检测集成系统整体运行情况是否符合规范要求，这一测试称为验收测试（见 6.2 节）。而后，在一定程度上进行复检，以便定期检测系统性能。进行尺寸测量的测试时，需要参考对象，6.3 节中介绍了用于测试计算机断层成像（CT）测量系统的参考对象实例。6.4 节针对未来 CT 小结构尺寸测量的需求（如边缘和缝隙），进行了结构分辨能力概述。另外，6.5 节对 CT 系统现行标准的现状进行总结。最后，对于测量实验室的质量保证（Quality Assurance，QA），有必要定期进行质量保证审计。交叉测试比较是验证测试能力的一个重要因素，6.6 节介绍了几个特定国际实验室之间的测试结果比较。

6.1 系统认证与系统参数设置

当一个复杂的测量系统出厂之后，制造商在交付给客户之前需要对系统进行一系列的测试与调整。在系统初步安装完成后，需要进行一系列测试对系统进行微调，从而确保系统达到最佳性能，这些微调被称为系统认证。其中，一些认证步骤对用户访问是受限的，仅由制造商在特殊情况下执行（例如，只有在系统安装时或系统事故（如碰撞）后才会执行）；而有些认证步骤是由用户定期执行的。需要注意的是，系统及其部件处于运行状态下的认证测试，可为系统的精细调整/校正提供参数。

对于工业 CT 系统而言，系统认证是由一系列测量组成的，需要对 CT 系统的每个主要组成部分进行测试（如机械臂系统、探测器和 X 射线源等），并对特定的误差条件进行研究，特定误差条件通常是由容差决定的，当特定误差在规定容差范围内，说明系统调整良好，性能达到最佳。

一些认证测试需要在专用参考标准或附加测量装置协助下完成，而一些测试仅需要 CT 组件。有几种方法用于在不同的 CT 系统中进行系统认证（即每个制造商有自己的方法）。本章给出了一般工业锥束 CT 系统的工作流程示例，该系统包括 X 射线源、探测器、3 个平移台和 1 个旋转台。坐标系如图 6.1 所示，X 轴、Y 轴和 Z 轴分别表示沿 X 方向的线性区域（Linear stage）（X-LS）、Y 方向线性区域（Y-LS）和 Z 方向线性区域（Z-LS）。

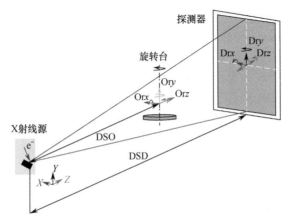

图 6.1　锥束 CT 系统几何结构。X 射线源与探测器距离（DSD），X 射线源与旋转轴距离（DSO，其中"O"代表"物体"），绕 X 轴旋转（Orx），绕 Y 轴旋转（Ory），绕 Z 轴旋转（Orz），探测器绕 X 轴旋转（Drx）、绕 Y 轴旋转（Dry）和绕 Z 轴旋转（Drz）

在测试之前，需要获得机械臂的几何结构（即直线轴与旋转轴的相对方向和位置），以及 X 射线源的焦点和探测器强度等信息，具体如下：

（1）Z 方向平移台校准。

（2）Y 方向平移台校准与 Z 方向平移台位置认证。

（3）探测器校准。

（4）旋转台校准。

（5）焦斑认证（尺寸与形状）。

（6）平板探测器强度认证。

6.1.1　Z 方向平移台校准

本节将讨论 Z-LS 绕 X 轴（Zrx）和 Z 轴（Zrz）方向的情形。Z-LS 校准将作为后续认证步骤的参考。

大多数锥束 CT 系统均采用以 Z-LS 为水平方向的安装方式，即机械臂沿 Z 轴的运动方向与重力方向正交。因此，一种检查 Z-LS 方向的方法即是将其与重力方向联系起来，将数字倾斜仪放置在旋转台上并沿 Z 轴驱动机械臂。而对于 Zrx 和 Zrz 的测试，倾斜仪应该分别放置在 Z 轴和 X 轴。若 Z-LS 校准不符合规范，通常要对机械臂进行调整。Z-LS 校准通常在 CT 系统首次安装或发生严重碰撞时执行。

同理，可使用类似方法测试 X-LS 绕 Z 轴的方向，即驱动机械臂沿 X-LS 运动，倾斜仪沿 X 轴运动。对于使用圆轨迹的 Feldkamp-Davis-Kress（FDK）重建算法的一般锥形束 CT 系统而言，可能并不需要 X-LS 的认证。然而，对于使用特殊轨迹的 CT 扫描，如 mosaic 重建，X-LS 的认证是至关重要的。

6.1.2　Y 方向平移台校准与 Z 方向平移台位置测试

为满足重建算法要求（如旋转轴与探测器中心列之间的平行度），应完成以下几何系统的测试：Y 方向线性区域绕 Z 轴的校准测试（即图 6.2 中 Yrz）、Y-LS 绕 X 方向的校准测试（即图 6.2 中 Yrx），X 射线源与旋转轴之间的相对位置测试（即图 6.1 中 DSO）。

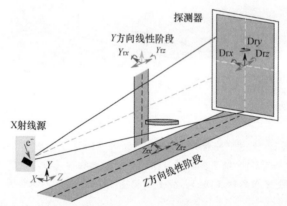

图 6.2　Z-LS 绕 Z 轴校准（Zrz）、Z-LS 绕 X 轴校准（Zrx），
Y-LS 绕 Z 轴校准（Yrz）、Y-LS 绕 X 轴校准（Yrx）

当 Y-LS 与 Z 轴不正交时，旋转台在不同高度位置上的放大比不同；当 Y-LS 与 X 轴不正交时，在不同高度位置下，旋转轴在探测器上的投影将处于探测器中心之外，当 Z-LS 位置与重建算法的输入值有偏移时，将会出现缩放误差。

使用方形工程件（engineer's square）和刻度盘指示器可以进行 Yrz 测试。方形工程件放置在旋转台上，刻度盘指示器连接到支架并与方形工程件接触，刻度盘指示器的读数沿 Y 轴的几个位置获得，这种方式对于 Yrx 校准同样有效。

对于测试 Z-LS 和 Y-LS 的位置校准，可以使用激光干涉仪作为长度标准。激光干涉仪有多种安装配置的方法，图 6.3 所示的就是其中一种方式，即激光干涉仪放置在旋转台上，反射器安装在 X 射线源上。使用激光干涉仪和高质量光学块反射器（具有低平坦度误差）评估在几个放大比和不同高度位置的测量点阵列。

然后，将激光干涉仪读数与嵌入式 CT 系统读数进行比较，并提供一组参数，对系统进行微调。

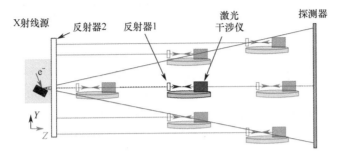

图 6.3 激光干涉仪在 CT 系统不同位置的几何验证

然而，在大多数封闭的 X 射线源 CT 系统中，激光干涉仪方法并不能完全确定 X 射线源与旋转轴之间的距离。这是因为，焦斑的位置和形状取决于功率，即较高的功率将会导致 X 射线管的温度上升，从而导致焦斑增大。同时，温度的升高也可能改变不同 X 射线扫描设置下（即电流和电压）的焦斑位置。这就是说，对于每个 X 射线设置，都可能会得到一个新的焦斑位置，从而改变 CT 组件之间的位置。因此，在使用 CT 系统时需要进行附加缩放因子的校正。

进行缩放校正并确定 CT 扫描的体素大小可以通过多种方式实现，最常用的方法是使用长度参考标准（如孔板、球板、多球标准）作为单向中心到中心长度进行测量。中心到中心长度的方法不受表面测量过程的影响（有关长度参考标准的详细信息，见 6.3.1 节）。另外，还有一种基于二维（2D）图像的方法来认证 CT 系统的相对 DSO 和 DSD 位置，适用于有限数量的 X 射线图像。该方式大大缩短了时间，降低了成本。然而，与基于参考标准的方法相比，基于 2D 的方法只满足少数几种校准质量认证条件（其中，不包含旋转轴摆动条件）。

2015 年，Illemann 等人提出了 2D 网格式方法，使用一种结构化层（图 6.4（a））

(a)   (b)

图 6.4 （a）2015 年 Illemann 等提出的 2D 网格式方法中的结构化层；（b）2005 年 Weiss 提出的双层球板（由上科亨（德国）Carl Zeiss 提供）

计算两个二维 X 射线图像的体素大小。该方法还能验证绕 X 轴校准的旋转轴（见6.1.4节）。2005 年，Weiss 提出了一种使用校准双层球板（图6.4（b））来测试体素大小的专有方法，该方法基于双层球板的射线图像，利用球面中心计算几何参数。

6.1.3　探测器校准

重建算法假设探测器平面垂直于 Z-LS 平面，探测器中间列平行于旋转轴。为了满足与探测器方向相关的假设，本节校正了探测器在 X、Y、Z 轴的错位（Drx、Dry 和 Drz 如图6.1所示）。当 Drx、Dry 和 Drz 旋转方向的校正不满足重建算法需求时，在 Y 和 X 方向上，会出现沿着工件边缘放大的梯度伪影，并且会出现三维体素的形变。

Y-LS 平面质量认证是 Drx 和 Drz 旋转方向验证的先决条件。Drx 和 Drz 的质量验证可以使用球体尖端的 X 射线图像。机械臂沿着 Y 轴向着低放大比的位置上移动，球体尖端 X 射线图像的尺寸不应发生变化。此外，尖端图像在探测器上的投影不应该超出探测器在 Y 方向上的中心列（图6.5）。

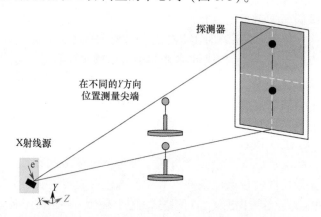

图 6.5　用于探测器校准验证的球体尖端装置

对于 Dry，可以使用与测试 Drz 和 Drx 相同的方法进行测试。然而，对于 Dry，机械臂沿着 X 轴移动，尖端图像的尺寸在不同的 X-LS 位置不会发生变化。探测器与错位相关的质量检测不需要定期重复，通常在系统安装或发生意外事件（如碰撞）时执行。

6.1.4　旋转台校准

基于重建算法的需求，旋转台的旋转轴必须平行于探测器的中心列，垂直于 X 轴和 Z 轴。此外，当旋转轴与 X 轴或者 Z 轴存在倾斜误差时，抖动也会造成旋转轴的校准误差。

旋转轴在 Z 方向上的倾斜误差将会造成沿工件方向梯度的放大（例如，靠近探测器的部分有比靠近 X 射线源部分更小的放大率），这种效应也称为梯形畸变。反之，旋转轴在 X 方向上的倾斜误差将会导致重建体素双边缘效应。在旋转轴完成旋转后，抖动误差将会导致工件在每个扫描角度下的位置不同。

校准 X 轴旋转精度的一个方法是在旋转台的中心放置细条型物体（如铜线）。利用二维投影对这种细条型结构进行评估，并在不同的角度位置和不同的放大倍数下进行测量。旋转平台的抖动误差也可以利用这种方法进行校准和测试。然而，与 CT 系统安装过程中的其他潜在误差相比，抖动误差应该保证足够小，这是用户进行质量认证的先决条件。旋转台抖动导致的不对准既可以通过制造商和/或者 CT 厂家校正，也可以通过一些 CT 厂家提供的软件工具或者市面上采购的软件（如西门子 CERA 重建软件）进行旋转台的校正。

旋转轴校正需要比其他校正更加频繁，如 Z-LS 平面校正。厂商一般建议每周或者每次 CT 扫描中进行旋转轴的校正。

6.1.5 焦斑校正

理想情况下，焦斑应该是一个点。但是，由于放射物理的限制，焦斑是靶材料中横向狭窄的有限面积。关于焦斑的更多信息见第 2 章。实际扫描过程中，非理想焦斑（如焦斑具有较大的尺寸和/或者具有非对称性的形状）将会带来 X 射线图像的模糊伪影，从而影响 CT 重建的质量。因此，我们需要采用一些校正焦斑大小和形状的方法。

一种焦斑校正的方法如下：在射线源的前方（以尽可能高的放大比）放置具有精密结构的物体（例如芯片），采集 X 射线投影图像。JIMA 卡是一种通用的用来校正焦斑大小和形状的测试体模，栅格距离从 0.1 ~ 50μm 不等（图 6.6）。

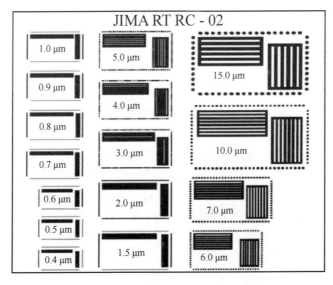

图 6.6　JIMA 卡体模示意图。JIMA RT RC-02 卡栅格距离 0.4 ~ 15μm

另一种测试体模是西门子星，它具有平面载板的图案结构。对于小于 5 μm 的焦斑，可以采用 QRM Micro CT Bar Pattern NANO 体模（Möhrendorf，德国）。

6.1.6 平板探测器强度校正

平板探测器上每个探元（像素）都按照预设进行正常响应是不现实的。尽管与正常的像素相比，非正常/或者有缺陷的像素数量很少，但是如果不进行校正，那么这些有缺陷的像素将会严重影响 CT 重建质量。一些厂商提供了用于平板探测器强度校正的内置解决方法。

通常来讲，对探测器进行增益校正需要分为两步：缺陷校正（也称为坏点校正）和增益校正（如平坦区域增益校正，也称为阴影校正）。对于缺陷校正，首先需要采集一系列的亮场 X 射线图像（视野内没有滤波片和物体），然后可以创建缺陷像素图，基于相邻完好像素的平均值进行校正。缺陷校正不需要频繁进行，一般要求每半年一次，或者在重建结果中有坏点伪影时进行（见第 5 章）。

与缺陷校正相反，增益校正需要在恒定的 X 射线照射时来补偿探测器像素响应的差异。大部分厂家都会在软件包里提供如何进行增益校正的方法，增益校正一般在每次扫描时都要进行。该过程是利用从探测器采集到的至少两个图像增益下的 X 射线图像（如 CT 扫描中的 0 增益和最大增益）。当 X 射线和曝光条件（如管电压、管电流、焦点、滤波片、探测器曝光时间、增益设置等）发生改变时，必须重复进行增益校正。

6.2 性能验证程序： 验收和复检测试

本节概述了当前进行性能验证和验收测试的主要方法。目前来说，除了国家指南（VDI/VDE 2630-1.3）之外，CT 系统在国际上还没有统一的验收标准。负责制定国际 ISO 10360 标准的团队——ISO 技术委员会 213 工作组 10（ISO/TC 213/WG 10）正致力于填补这一空白，公布的标准和指南中的具体实施细节见 6.5 节。

6.2.1 方法

验收测试的目的是检查交付的坐标测量系统（Coordinate measuring system, CMS）的各项计算指标是否符合厂家设定的规范。测试结果通常与支付和保修索赔相挂钩。在 CMS 运行的过程中，需要进行复检测试来确保系统的稳定，用户应定期或者在发生特殊事故（如碰撞、环境改变等）后进行复检测试。验收和复检测试应该反映系统从数据采集到获得最终重建图像的整个使用流程。验收和复检测试应结合临时检查（即简化测试）进行，以确保系统在验收复检或者多次复检测试之后很长一段时间内的可靠运行。

用于尺寸测量的工业 CT 系统可以看作为 CMS 系统。因此，在技术可操作的前提下，进行系统验证及验收测试的方法和（光学和触觉）CMS 系统测试的方法基本一致。这些测试方法最初是为测试触觉坐标测量系统（Coordinate measuring machines，CMM）而设计的，后来被应用于光学 CMS 系统和其他 CMS 系统（如多传感器 CMM、用于点距测量的激光跟踪器）。

在测试时，测量系统所有的主要误差来源都应该考虑在内。因此，用 CT 传感器进行 CMS 系统测试时，应显示出工件的几何结构和材料对测量结果的影响。当然，测试必须在商家给定的限定条件下进行，包括允许使用的系统参数、测量工件的特征（如材料、最大粗糙度）、环境条件和可测量的数量等。假定待测测量系统已经预先对被测的具体测量进行认证，并且在系统认证后进行了所有校正，那么系统测试的结果描述了整个系统在三维坐标下的系统误差。因此，无法确定具体的误差来源（如研究中的 CMS 的单个组件的错误）。

除了相关的标准和指南（ISO 10360 系列标准和 VDI2630-1.3：2011 标准），对 CMS 系统有两种补充类型的测试：

（1）局部 P 测试（探测错误测试）。它通过测试局部表面来测试系统性能，例如，在非常小的测量体素内进行测试。这种类型的测试最初被用于测试触觉 CMM 探测系统（Salesbury，2012）。这种测量方法的标志性特征——"形状探测误差"和"尺寸探测误差"通过测量理想的球体（或者半球体）来确定的。

（2）全局 E 测试（长度测量误差测试）。它基于整个测量体素测试系统性能。这种测试最初被应用于测试 CMM 系统的机械运动和触觉 CMM 系统的传动轴。这种测量方法的标志性特征——长度测量误差由点距测量确定。

这些特征可以写入数据表中作为 CMS 系统性能的指标（可用于 CMS 系统的营销中），在数据表中，限定了最大允许误差（Maximum permissible error，MPE）。在验收和验证测试中，MPE 的值用于检查系统已确定性能指标的一致性。一致性的验证不仅仅是将确定的特征值与 MPE 值进行比较，还必须考虑到测试值的不确定性（U 测试），即由测试人员和使用设备（如参考物体）所引起测试值的不确定性。ISO 14253-5：2015 描述了测试的一般方法和标准。

U 测试的主要目的在于确定测试参照物体的几何缺陷（例如形状误差）、参照物体校准的不确定性、在测试热补偿的 CMS 系统时由于缺乏对参考标准的热膨胀知识而导致的误差，以及由于参照物体的错位和未固定所引起的测试误差。在 ISO/TS 23165：2006 中，给出了触觉 CMS 系统测试的具体指南来进行 U 测试。要确定一致性和不一致性的区域（例如，使用 ISO 14253-1 作为决策规则），必须考虑执行测试的特定方：当制造商执行测试时，必须从 MPE 值中删除 U 测试，而当客户进行测试时，必须将 U 测试添加到其中。

如果制造商对操作参数没有限制（如电压，电流，位置，试验样品的材料、尺寸以及测量体积中的位置等），且没有在数据表中给出的计算测量点功能的详细信息，那么可以由测试人员自由选择操作参数。在测试期间，还必须使用工件实际测试时采用的数据滤波方法。带有 CT 传感器的 CMS 系统可以在不同的操作模式下使用，这可能会导致不同的规格。针对专用测量模式或原理（如具有圆形轨迹的锥形束 CT）描述的测试过程，通常可以基于制造商和用户之间的相互协议来测试其他操作模式（如螺旋 CT 系统）。

6.2.2 局部误差测试——探测误差测试

在这一类型的测试中，通常以球体、球帽、球体和球帽的排列为测试样品进行测试。测试样品必须由制造商允许的合适的材料（如稳定尺寸、适当的衰减系数）制成。在测试过程中，必须校正直径，而粗糙度和形状误差可以忽略不计。

确定测量点的高斯拟合球体，其位置和尺寸没有任何限制。对直径和形状误差进行评估时，探测误差计算如下：

（1）测量点与计算球体的径向偏差的全跨度是"形状的探测误差"（P_{Form}），可表示为

$$P_{Form} = R_{max} - R_{min} \tag{6.1}$$

该误差非负。式中：R_{max} 和 R_{min} 分别为测量点到拟合球体中心的最大和最小距离。

（2）测量和校准球体直径之间的差异是"尺寸探测误差"（P_{Size}），可表示为

$$P_{Size} = D_a - D_c \tag{6.2}$$

该误差可正可负。式中：D_a 为拟合球体的直径；D_c 为校准球体的直径。

探测误差有不同的实现方式。为了实现与触觉 CMM 系统在 ISO 10360-5：2010 标准下探测误差的可比性，我们仅考虑一个球体的半个球面上的 25 个测量点来确定一些特征。这些点可以被确定为来自几个单独的局部测量点的"代表点"，如通过对小块进行评估后确定的点（图 6.7）。此外，也存在一些由大量测量点确定的特征，如配有光学线感、区域传感器或者 CT 的 CMS 系统。例如探测色散，就利用 95% 的测量点来分析全局的探测形状和探测尺寸误差。

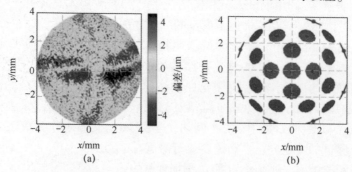

图 6.7　用于确定高斯拟合空间误差的局部运动评估方法。P 测试使用了大量的采样点
（a）离散探测使用了 95% 采样点，尺寸误差探测使用了全部的采样点；（b）尺寸和
形状探测误差根据 25 个区域块（蓝色标记）提取了全部探测点中的 25 个
样本点（红色标记）（见彩插）（Borges de Oliveira 等，2015）。

特别地，当对光学 CMS 系统和带有 CT 传感器的 CMS 系统进行测试时，应该进行结构分辨率测试来评判数据滤波后成像的质量，这可以人为地修饰 P 测试的结果，特别是形状测试。例如，数据的低通滤波主要减少了形状误差，因而改善了形状的探测误差，但降低了结构分辨率。6.4 节详细描述了当下对成像结构分辨率最先进的研究结果。目前来说，结构分辨率对尺寸测量来说是最佳的，但将来可能会成为强制性的。

6.2.3 全局误差测量——长度测量误差测试

在长度测量误差测试中，校准长度标准应该在不同方向和测量体素中的不同位置进行测量。

合适的测试样本是十分重要的，如包含两个或两个以上小球的球棒、球杆、测量块、步进尺或者球板等（见 6.3 节）。

为了实现和触觉 CMM 系统的可比性，需要进行双向的长度测量。如图 6.8 所示，双向长度表示为两个点之间在不同方向上的距离，即相反的探测方向。再一次说明，可以通过几个单独点来计算测量点，如通过对区域块的估计来确定测量点。

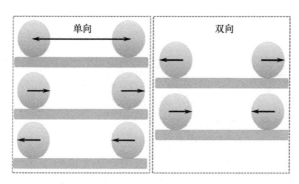

图 6.8　全局运动评估——单向和双向长度测量组成的 E 测试（Borges de Oliveira 等，2015）

之所以测试双向长度是因为单向长度不包括所有的误差源。例如，由表面确定过程引起的误差仅包含在双向长度中。单向长度也有很多实际意义，例如，钻孔的距离，可以用来分离表面确定相关的误差和使用中机械轴的引导误差。

需要说明的是，在双向长度无法获得时，应该使用单向长度。例如，使用球棒作为长度标准的情况下。

在这些情况下，基于单向长度测量误差来确定等效于双向长度的测量误差有两种主要的方法。

方法 A：

在该种方法中，将探测误差（尺寸和形状）添加到单向长度测量误差中，获得等效于双向长度测量误差的值。在这里，必须使用适当的符号来表示探测尺寸和形状误差，如用于表示双向长度测量误差 E 的最大绝对值的符号。这样，就可以测试得到双向长度测量的近似最坏情况。

方法 B：

这是一个更加精确的方法。在这个方法中，需要对一个短校准长度（如一个测量块或一个球面上的两点距离）进行额外的双向测量，并将这个测量的长度误差（带有符号）添加到单向长度测量误差中。这种情况下，误差的绝对值将会增加或者减少。

6.3　参考物体

本节主要介绍系统认证、验收、复检测试以及执行特定测量任务测试系统特性所需的参考物体。参考物体必须长期保持量纲稳定，并使用适当的校准不确定性进行校准。许多用于触觉和光学坐标计量的参考物体并不适用于 CT 系统认证，因为这些参考物体是由高吸收材料制成（如硬金属或钢），或是由不同高吸收材料组装而成。因此，参考物体的材料和 X 射线穿透长度必须与测量参数相适应。CT 系统认证中通常使用的参考物体材料包括铝、钛等 X 射线低吸收的金属，以及红宝石等低吸收的陶瓷和晶体。由于碳纤维增强聚合物（CFRP）是 X 射线可透过的，且具有低膨胀系数和可接受的几何稳定性，因此，它常用于单个物体之间的连接。

6.3.1　长度标准

用于确定比例因子（见 6.1 节）和长度测量误差 E（见 6.2 节）的系统认证长度标准主要包括球体、帽状物或圆柱体。

由于球体中心位置的测量受表面测试和射束硬化（取决于球体表面的评估区域）的影响很小，因此，球体距离非常适合 CT 系统比例因子的校正。同时，球体也适合于通过直径和形状测量进行表面程序测试。为了减少对球体测量的影响，安装的球体应采用低吸收材料。如图 6.9（a）、（d）和（e）所示，通常使用碳纤维增强聚合物（CFRP）制作参考物体。图 6.9（f）和（g）为粘在一起的球体组件，图 6.9（h）为帽状物。

滚珠导轨可以通过触觉 CMM 系统进行校准。图 6.9（a）的滚珠导轨（长度为 120mm）可以进行双向长度的测量和校准，而对于安装在单个杆上且具有两个以上球体的球杆则不适用。当然，还可以购买到其他不同尺寸和型号的滚珠导轨。

图 6.9（b）为多球标准物，其标准外径为 72mm，含有固定在 CFRP 或陶瓷轴上的红宝石球。在市场上也可购买到不同尺寸、多达 27 个球的多球标准物。通常，嵌入物体长度有限的长时间稳定性需要在短间隔内进行触觉校准，如半年左右。此外，与球体的任何机械接触都可能破坏校准，因此必须避免。

图 6.9 的孔板设计是日本国家计量研究所（NMIJ）与德国（PTB）合作项目

成果。其中，孔洞尽可能多的排列在不同方向上。具有两种样式，包括由钢制成的 6mm×6mm×1mm 孔板和由铝制成的 48mm×48mm×8mm 的孔板，以及通过电火花（Electrical discharge machining，EDM）加工制造的多个样品。

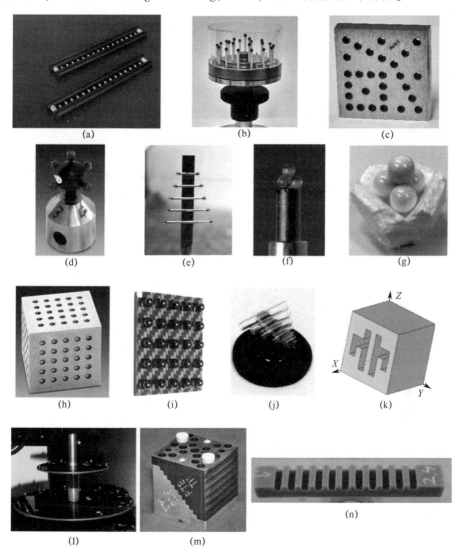

图 6.9　适用于 CT 的长度标准示例

（a）滚珠导轨（Trapet 精密工程）；（b）多球体标准（Bartscher 等，2016）；（c）孔板（Bartscher 等，2016）；
（d）星型探针（Bartscher 等，2008）；（e）CT 树（Müller，2012）；（f）球体四面体（Bartscher 等，2008）；
（g）球体四面体（Léonard 等，2014）；（h）球帽状立方体；（i）球形板（Müller，2012）；
（j）泛笛标准（Carmignato，2012）；（k）仙人掌标准（Kiekens 等，2011）；
（l）球体磁盘（英国尼康计量，Tring）；（m）PTB 开发的多材料孔立方体
（Cantatore 等，2011）；（n）微型步距计（Cantatore 等，2011）。

图 6.9（d）为带有 CFRP 轴的星形探针，其球体水平距离为 10mm，还可进行各种设计。需要注意的是，由 CT 表面数据确定球体直径和球体长度后，评估的表面积应与球体中心对称，以获得精确结果。

图 6.9（e）为丹麦工业大学（Technical University of Denmark，DTU）开发的 CT 树，它由 5 个不同长度的球棒组成（通常为 16～40mm）。由 CFRP 制成的杆上粘有红宝石球（Ø3mm）。触觉校准的结果是球坐标、隶属同一球棒的球体距离，并形成球体误差。

图 6.9（f）和（g）为球体四面体，它是通过将直径为 0.127～10mm 的 4 个球体粘在非晶态碳的轴上，或通过在锥形聚苯乙烯支架上支撑 4 个球体来实现的。具有亚毫米直径球体的四面体可用于认证和测试 CT-CMS 的最小 3D 长度标准。2008 年，Bartscher 等已经使用触觉 CMM 成功地校准了球体直径小至 0.5mm 的胶合四面体。图 6.9（f）为球体直径是 0.5mm 的四面体，图 6.9（g）为球体直径是 14.29mm 的四面体。

图 6.9（h）为 PTB 开发的长度标准——球帽状立方体。立方体的 3 个侧面是由 EDM 制造的球形帽网格。可以买到边长为 10mm、帽膛直径为 0.8mm 大小的实心和中空两种不同的立方体。它是由钛制成的，可通过典型的工业 CT 系统进行测量。由于帽状物数量众多，且立方体包含 2775 个长度。2008 年 Bartscher 等精确确定了比例因子误差，评估了测量长度的再现性。

图 6.9（i）为 DTU 开发的球形板，它具有规则的 5×5 红宝石球阵列，标称直径为 5mm，胶合在 2mm 碳纤维板上。球心之间的标称间距为 10mm。使用触觉 CMM 进行校准，并获得球面坐标的扩展不确定度为 1.4μm 或 1.6μm（平面内）和 3.1μm（平面外）。

图 6.9（j）为意大利帕多瓦大学开发的"泛笛"标准，它是由 5 个不同长度（2.5～12.5mm）的双向校准玻璃管组成的。每个管有 3 个校准尺寸，即长度、内径和外径（Carmignato，2012）。

图 6.9（k）为比利时 KU Leuven 开发的仙人掌标准，即在棱柱形铝部件中具有 8 个边长为 45mm 的内部平行表面，要测量的长度就是这些表面之间的水平距离。

图 6.9（l）为尼康计量开发的一种长度标准，它由 2 个 CFRP 圆盘和 1 个粘接红宝石球的 CFRP 圆筒组成，图 6.9（l）所示最大圆盘的直径为 160nm。对于这种长度标准，如何将球体固定稳固，使触觉校准具有足够小的不确定度，将是一项挑战。

图 6.9（m）为 PTB 开发的多材料孔立方标准（MM-HC），尺寸为 30mm × 30mm×30mm，内部有 17 个洞，外部有 12 个 V 形凹槽。该设计由 2 种不同材料制成的对称部件组成。MM-HC 还具有阶梯式"切割"形状，可沿标准高度实现不同的多材料比例（Borges de Oliveira 等，2017a）。

图 6.9（n）为微型步距计，是由 DTU 使用复制工艺生产的双丙烯酸材料制

成的，长 40mm，且具有 11 个凹槽。测试的目标长度是平行平面之间的距离。

在系统测试的具体比对中将使用进一步的标准，这些标准在 6.6 节中介绍。

6.3.2 参考球体

参考球体用于确定探测误差和测试，如表面测定程序等。针对不同应用，应校准直径和形状误差（或可忽略不计）。ISO 3290-1：2014 定义了球体直径和形状偏差的等级标准，并建议使用 10 级球体，最大形状偏差为 250nm。图 6.10（a）为由玻璃制成的特殊参考球体的实例。由于材料和漫反射表面，该球体仅适用于测试具有触觉探针、光学传感器和 CT 传感器的 CMS 系统。

(a)   (b)

图 6.10 （a）Werth ® 通用校准球体，作为适合于 CT 测试的球体实例（Christoph 和 Neumann，2011）；（b）由 PTB 开发的用于测试 CT 系统的多材料球体的示例

另一种选择是根据图 6.9（b）、（d）、（g）、（i）中的长度标准，至少校准其中一个球体。

此外，PTB 也开发了一种多材料球体，用于测试 CT 系统。如图 6.10（b）所示，该球体由不同材料的半球体组成（Borges de Oliveira 等，2017b）。

6.3.3 阶梯圆柱

阶梯圆柱用于同时评估外部和内部的测量误差，如图 6.11 所示，其内部可能会有一个中心或阶梯孔。此外，VDI/VDE 2630-1.3 中提到了带有中心孔的阶梯圆柱，用以研究与材料和几何结构相关的影响（见 6.2 节）。通过分析测量阶梯的直径和形状偏差，可以研究与材料特异性吸收和穿透厚度有关的效应，并确定最大穿透长度。

图 6.11（a）的阶梯圆柱是 ISO TC 213 WG 10 组织在测试报告中测量的物体之一（Bartscher 等，2016）。由实验结果可得出结论，误差对穿透厚度的依赖性是可以观察到的。然而，误差对于穿透厚度的依赖性似乎并不一致，即射束硬化

校正扩大了外径误差，而内径误差则保持不变。

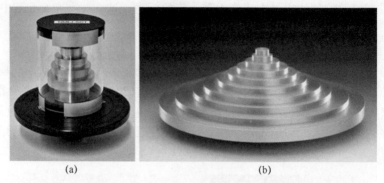

（a）   （b）

图6.11　阶梯圆柱示例（最大直径：（a）50mm，日本 NMIJ 标准，有中心孔；
（b）250mm，PTB 标准，无中心孔）（Bartscher 等，2016、2008）

6.3.4　与应用相关的参考物体

与应用相关的参考物体应有助于确定 CT 在特定测量任务中产生的测量偏差。最好的选择是使用校准工件或应用多传感器测量（VDI/VDE 2630-1.3：2011），但这通常是不可能的。

因此，替代的解决方案是使用类似于包含几何图形的参考工件。图6.12 显示了倒角标准的一个实例（Neuschaefer-Rube 等，2012）。其特点是"屋脊型边缘"，即沿边缘逐渐变平。激光标刻定义了研究边缘矩形轮廓的位置。该标准测试了汽车工业中倒角尺寸的测量能力。为减少材料被辐射穿透，物体由分成若干小段的钢制成，以便进行 CT 测量。此外，还可以在更高的放大倍数下对分段进行 CT 扫描。

图6.12　钢制倒角标准显示了与应用相关的参考物体示例

6.4　结构分辨率

分辨率的概念来源于光学领域。对光学分辨率有不同的定义准则：经典的方

156

法使用直线或者点结构的最小距离（单位为 μm），可以用给定的标准来区分。现在使用的方法是光学传输函数（Optical transfer function，OTF）（绝对值为调制传输函数（Modulation transfer function，MTF））、探测量子效率（Detection quantum efficiency，DQE）和噪声功率谱（Noise power spectrum，NPS）（Iller 等，2005）。从 MTF 到 NPS，可以预测哪些模型可见或者不可见。关于 CT 空间分辨率和 MTF 使用的相关信息可以在 CT 无损检测标准（ISO 15708-1/-2）中找到。

我们获得的 CT 系统尺寸测试信息一般是三维空间的二维平面（离散采样），如果物体被分为不同的区域或者拓扑结构，将会是多维空间的二维平面。以下尺寸测量的结构分辨率是参考指南 VDI/VDE 2630-1.3：2011 给出，描述了可进行尺寸测量的最小结构尺寸。这份指南提出采用最小球体的极限直径，以便测量系统能够根据厂家声明的校准值相对误差来确定直径。但是，这个定义不能描述空间分辨率的各向异性，而且，它不能被应用到其他坐标测量系统中，也没有明确的标准。下述两种方法能够有效克服上述限制。

第一种方法，我们关注感兴趣区域中只有一个曲面元素存在的情况。在拓扑学上，这种情况可以通过局部曲率或者空间频率分量来刻画（Illemann 等，2014；Fleßner 等，2014，2015；Arenhart 等；2015）。曲率传输函数或者调制传输函数可以用于描述实际轮廓到测量轮廓的过渡。在利用 MTF 进行分析时，模型函数（如线、圆）的高度值被视为函数值。可以用单一长度测量的方法描述这些传输函数，测量应表示为尺寸测量的计量结构分辨率（MSR）（见 6.4.2 节）。对于由单个拓扑单元组成的小型结构来说，即使 CMS 系统使用不同的传感器原理，MSR 相比 CMS 系统来说也是一种合适的测量方法。

第二种测试方法关注 CT 系统在测量内表面/界面情况下的特殊能力，即不同表面连接十分紧凑。与光学概念类似，平行平面最小距离的概念是确定的，可以用给定的标准加以区分。在下文中用接口结构分辨率来表示（见 6.4.3 节）。

在本书出版时，利用 CT 传感器对坐标测量系统进行验收和复检测试的国际标准化方法仍就结构分辨率的定义进行着讨论（见 6.5 节）。因此，下述小节仅限于介绍已知的概念和测试，然后是 MSR 和 ISR 的介绍。

6.4.1 对结构分辨率的影响和对定义的要求

本节重点介绍使用平板探测器的工业锥束 CT 系统，并根据 X 射线吸收衬度进行测量。对于同步加速器、相衬方法和扇形束 CT，本节内容也同样适用。表 5.1 包含了一系列能够影响 CT 结果的变量。表 6.1 给出了影响结构分辨率的更详细的变量描述，以及它们在位置和方向依赖性方面对结构分辨率的典型影响。从基本上来说，分辨率损失的原因可以分为技术、物理和机械原因。最主要的技术原因是焦斑尺寸和探测器像素尺寸。在分析分辨率时，需要注意的是，像素大小并不一定能够描述探测器的真实分辨率；即使是探测器在针状 X 射线照射下，也可以对邻近的像素产生串扰，点扩散函数描述了这一点。PSF 很大程度上取决于探测器活性物质的类型，在厚的非结构闪烁体（如基于 Gd_2O_2S 的闪烁体）中，PSF 以可见光扩散为主。结构化闪烁体（如基于 CsI 的闪烁体）受限于物理原因（背散射和 X 射线荧光），只有基于结构化闪烁体的探测器才能估计出像素大小与探测器的分辨率一致。

表6.1　造成结构分辨率损失的典型原因

原　　因	方向/位置关系	备　　注
技术原因		
焦斑尺寸	由于焦点是椭圆形的，因此具有强烈的各向异性	使用反射靶在高功率或者高电压下进行控制
焦斑漂移	可能是各向异性的，在反射靶处也取决于放大率	取决于预热状态，长时间使用或者高功率下将十分敏感
探测器像素尺寸	各向同性	在低功率、低放大比、像素叠加时进行控制
探测器 PSF 值	各向同性	闪烁体中的光扩散、X 射线荧光、背散射等
探测器像素坏点	径向和极化方向	环状伪影、减少径向、无切向分量
探测器噪声溢出	各向同性	在短的积分时间内，前置放大器的辐射灵敏度
物理原因		
光子噪声	各向同性	低功率、短积分时间或者高放大比
物体散射	各向同性	最小的影响是相邻体素值相似
X 射线衍射	极化方向	在低放大比下的硬化 X 射线具有平均辐射效应
锥束伪影	极化方向	FDK 伪影造成过量噪声
射束硬化	径向方向	在密度较大的材料的周围呈现阴影状的虚假信息
机械原因		
旋转轴抖动、偏心旋转	依赖于径向距离和高度	只有非正弦部分有所贡献，随着高度的增加而增加
方位角抖动	只有在切向方向依赖与径向距离	齿轮的非恒定速度，太慢了以至于没有投影信息
计量框架的尺寸稳定性	可能是各向异性的	类似焦点跑出
固定物体	可能是各向异性的	高放大下的径向方向尤为显著

结构分辨率损失的一个重要物理原因是光子散射噪声。对于使用吸收衬度的CT成像系统，体素中吸收的光子数必须超过通过空体素光子数的平方根，以克服服从泊松分布的椒盐噪声的限制。可以通过延长曝光积分时间或者通过提高X射线源的功率来提高信噪比。相反，结构分辨率取决于曝光积分时间和采集图像的数量，也取决于吸收材质的衰减系数。

如果没有后端软件的补偿，更长的测量时间会增加机械部件和焦斑位置漂移的影响，这将表现为重建体素的模糊伪影。根据表6.1中列出的一些影响因素的各向异性特征，结构分辨率与方向、重建体素的位置有关。图6.13显示了电子束电流和灯丝加热电流对单个投影图像的影响。更高的电流将导致焦斑尺寸在水平和垂直方向上均匀增加，不充分的热电子发射将会导致外层电子占主体作用，并降低某一个方向上的图像分辨率。如果是水平方向，如图6.13所示，该效应对圆形物体成像将产生明显的影响，径向和切向的结构分辨率将大大降低，但在轴向方向上的影响较小。这仅仅是结构分辨率显示空间各向异性的一个例子。进一步的影响将是旋转台在旋转期间的偏差，这将导致重建体素分辨率的位置依赖性。正弦波摆动和偏心率将不会产生影响，因为它们等同于物体的倾斜或者位移——只有不规则的部分才会起作用。目标点和摆动轴心之间的距离不同，在重建图像中产生的模糊伪影不同。旋转台位置方向角的抖动产生了类似于X射线源位置中的抖动，与径向距离成正比，并作用在切线方向上。采样角度位置的数量太少也会产生类似的影响。

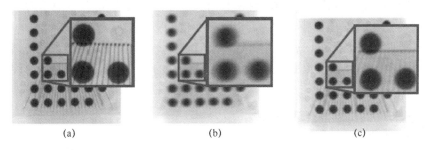

图6.13 带有球网阵列分布的集成电路（500μm图像块），作为焦点大小测试图
(a) 最佳设置：35μA低电流、适当灯丝加热；(b) 350μA电流、
过低灯丝加热；(c) 350μA电流、适当灯丝加热。

评估结构分辨率有两种不同的方法：演绎和经验。演绎意味着这些单一的影响量是通过实验确定的，并通过某一个理论组合成为一个单一的值——如使用数值模拟软件。因此，对于不同的标准化任务，我们可以给出结构分辨率的值，这是优化、开发和系统测试的有效方法。通常情况下，可以通过测量电子光刻的掩模来获得与探测器PSF值有关的焦斑尺寸（如西门子星或JIMA掩模）。关于能够降低结构分辨率的更多几何稳定性的信息，可以通过测试对象获取（Sire等，1993；Smekal等，2004；Weiss，2005；Hiller等，2012；Illemann等，2015）。

对于工业 CT 系统的验收测试，演绎方法的价值十分有限。一般来说，重建软件和物体表面生成软件是不公开的，而完成测量程序必须进行基准测试。这些软件方法可以影响结构分辨率，但也可以通过其他信息（如冗余信息）来校正某些影响因素从而提高数据质量。目前使用的迭代方法是高度非线性的，其结果无法预测。因此，我们建议采用经验性的方法。结构分辨率（包括计量和表面结构分辨率）应该基于定义良好的数学模型，但是实现这一目标需要参考测试的具体情况。这意味着它们对一些特定的影响因素十分敏感，特别是参考标准应该允许对不同位置、不同方向和不同（典型）吸收材料的结构分辨率进行测量。

6.4.2 计量结构分辨率

物体表面单个点在法线方向上的定位精度称为位置分辨率（Positional Resolution, PR）。MSR 定义了局部形状测量的特性，即表面相邻点的相关性。PR 的值将会限制 MSR，但系统的横向作用（Lateral effects）也会影响 MSR 的值。

图 6.14 说明了 PR 的方向依赖性，从而也说明了 MSR 的方向依赖性。它显示了圆柱形工件的横截面（图 6.15）。工件直径为 40mm，以 35μm 大小的体素进行扫描，管电流为 370μA，管电压为 200kV，滤波片为 1mm 的铜片。测试在次优集焦斑设置下进行，如图 6.13（b）所示产生了明显的图像模糊。我们在 4 个不同的位置和方向提取与表面正交的像素灰度值曲线，剖线 4（与旋转轴共线）几乎垂直，剖线最为陡峭，梯度大约是水平剖线 3 的 2 倍，但是两者的噪声大致相同。位置噪声是斜率乘以图 6.14（b）可见的灰度噪声。因此，剖线 4 相对于剖线 1~3，表面位置点大约能以优于 2 倍的概率被确定。与噪声相关的表面位移是对称的，因此可以通过横向平均来消除位置噪声而无需进行系统移位。这与触觉测量不同，在触觉测量中，由于触觉探针的形态滤波，噪声总是导致非对称位移。

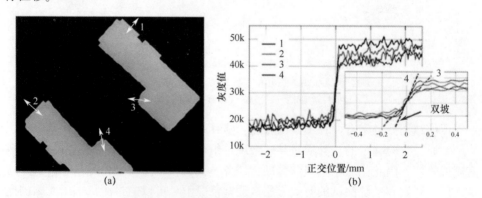

图 6.14 圆柱工件的中心切平面（见彩插）

（a）红色线段表示正交于物体表面的剖线；（b）表示其各自灰度值信息。

剖线 3 和 4 进行了局部放大，剖线 4 有双斜率。

图 6.15 显示了巴西 CERTI 制定的一种参考标准用于确定 MSR（Jusko 和 Lüdicke，1999；Arenhart 等，2015）。在铝制圆筒上的金刚石车削过程中，产生了 5 个不同的正弦高度剖面的叠加，从而形成了一个多波标准（Multi-wave standard，MWS）。这个是对测量的圆周轮廓（轴向平均）进行傅里叶变换，根据参考测量所确定的离散幅度值与 CT 测量值之间的比率确定幅度传递函数。

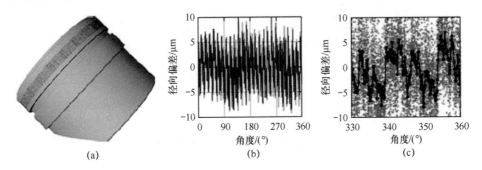

(a)   (b)   (c)

图 6.15　CT 标准多波形工件

（a）表示提取出的角度图形，带颜色的区域表示从 $-10 \sim 15\mu m$ 不等的径向偏差；（b）表示轴向方向上的圆轨迹剖线；（c）显示非平均轨道所有提取点（标记为红色）的详细信息。

图 6.16（a）显示了利用小探针（半径 $R = 50\mu m$）对剖线归一化到触觉参考测量的光谱分析图。MWS 的周长大约是 125mm，因此插值波数为 290 时（对应于 $430\mu m$ 的波长），振幅降低到 50% 左右，这是 Arenhart 等在 2015 年提出的 MSR 值。仅对具有 1mm 半径的球体进行触觉基准测量是不够的，因为这会降低更高的频率（图 6.16（b））。之所以这样做的原因是 MWS 的一些部分过于陡峭，大型探头不能触及所有的表面点。

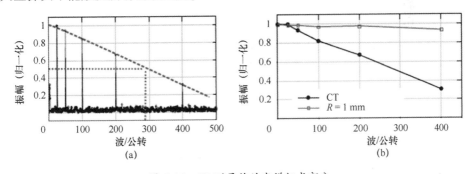

(a)   (b)

图 6.16　CT 测量值的光谱组成部分

（a）多波标准归一化到探测校准后的（探测半径 $R = 50\mu m$）结果；（b）CT 测量值和探针半径 $R = 1mm$ 探测测量值的比较：随着空间频率的增加，使用更大探头的触觉测量会显著降低振幅。

Illemann 提出了 MSR 的另一种定义方式，这种方式基于局部曲率的传递而不是延伸的正弦波。图 6.17 显示了这种基于曲率的结构分辨率的原理。图中假定 CMS 将会导致表面点坐标的高斯扩展（全宽为 S），这将使得曲率半径变化引起

边缘弯曲的延伸。乘性因子的计算方法可表示为

$$r \approx \text{erf}\left(\frac{\tan\alpha/2}{s/\sqrt{2}}\right)^{-1} \approx 1 + b \cdot e^{-1.06/b}, b = \frac{0.628 \cdot s}{\tan\alpha/2} \qquad (6.3)$$

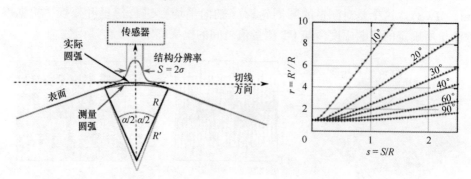

图 6.17　基于曲率的结构分辨率原理。上图展示了随角度 α 变化的式（6.3）

　　长度单位下的结构分辨率为 $S = s \cdot R$，s 为无量纲分辨率测量值，该结构分辨率可由图 6.17 读取。输入值是测量半径 R 和校准半径 R 之间的比值。

　　图 6.18 显示了圆柱形参考标准的实现及其 CT 测量结果。它的直径是 2mm，长度是 4mm。凹面和凸面的参考标准半径 $R1 \sim R6$ 在 $1 \sim 10\mu m$ 之间，圆弧三角形轮廓的钝角为 140°。其中，结构分辨率根据测量的曲率半径计算。

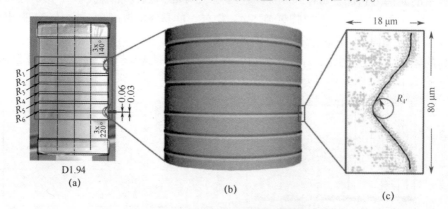

图 6.18　局部曲率测试的参考标准
（a）电子显微镜下的尺寸图；（b）CT 体模；（c）具有拟合半径的局部细节图。

　　另一种测量方法为双球法（图 6.20），该方法最初采用简化分析（Carmignato 等，2012b，见 6.4.3 节），它评估了在两个球体非常小的接触点上由于分辨率下降而导致的形状变化。在接触点周围的区域中，待测量的几何形状从凸面变为凹面（图 6.21 右侧）。在接触区的凹面区域，球体的两个独立表面仍然有相当大的距离，并且在没有两个表面混合风险的情况下，分辨率的损失是由于几何高度误差（Zanini 和 Carmignato，2017）。由于校准的参考球很容易获得，该测试易于执行且价格低廉。

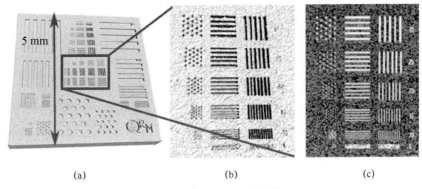

(a)　　　　　　　(b)　　　　　　　(c)

图 6.19　商业 3D 测试体模

（a）测试体模表面图；（b）中心区域放大图；（c）50μm 密度分割图，红色轮廓代表分割边缘。

　　靠近两个球体的接触点，存在两个彼此相邻的表面，通过分离两个几乎平行的表面而获得的分辨率值，表示了分辨率的不同测量指标（根据本书的定义），这在接下来的部分中讨论。

图 6.20　双球测试组件。一对相同的陶瓷球被黏在碳纤维杆上，
并被套入塑料管中，双球仅在一点上相互接触

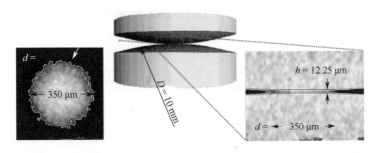

图 6.21　双球测试评估。两个球体（直径为 D）在对称平面中的轮廓线是
直径为 d 的圆，其颈部高度计算得到的值为 h

6.4.3 表面结构分辨率

实际工作中面临的一个问题是如何确定两个几乎平行的表面之间的最小距离，在这个距离下，两个平面仍然可以通过足够的位置分辨率分别识别，那么这个最小距离为 ISR。

图 6.19 表示了一种商业测试体模（QRM GmbH，德国）。在体模的内部材质（硅）中蚀刻出具有陡峭侧面的深槽，它包含了垂直和水平方向上的几组等距线图案和圆点。放大区域中的结构尺寸范围为 5～30μm 不等。我们能观察到最小间距测量值，并且可以看到其离散的轮廓。图 6.19（c）中展示了水平和垂直结构低至 10μm 例子，但其圆形孔结构分辨率仅为 15μm。在材料测试中，这种测试方法主要用于测试体素内部灰度值的分辨率 [见 EN 16016-3（2012）]。因此，只与凹槽的调节深度相关。

Carmignato 等人在 2012 年提出了双球测试（图 6.20）来测试结构分辨率。在接触点附近，这两个球体组件可以用作连续尺度来测量 ISR（根据本文定义）。图 6.21 中显示了放大的接触点的重建结果。直径为 D 的两个球体在对称平面中形成了直径为 d 的圆形颈部。颈部的长度 h 和结构分辨率有关，表示为

$$h = D - \sqrt{D^2 - d^2} \approx \frac{d^2}{2D} \tag{6.4}$$

我们需要进一步研究不同球体直径、不同方向和射束硬化对测量结果的影响。近年来，已经开展了双球方法结果分析的相关工作，并研究一些对测试结果有重要影响的因素（Zanini 和 Carmignato，2017）。

6.5 标准化现状

20 世纪 70 年代初期以来，计算机断层成像一直作为一种医学成像技术和无损检测技术存在。在这两个 CT 应用领域均已经有了相关的标准化技术。虽然医学成像不在本书讨论范围内，但值得注意的是，EN 16016 作为无损检测领域标准化的相关实例，包含了 4 个标准：①术语；②原理、设备及样品；③操作与解释；④认证。这些标准介绍了 CT 系统应用于无损检测和尺寸测量的实例。

维度 CT（Dimensional CT）技术发展的标准化是从无损检测标准化开始的。当前，使用 CT 进行尺寸测量的相关标准化工作主要集中在国家指南、国家标准和国际标准。与医学 CT 中公认的标准化相比，在维度 CT 的技术应用中，目前尚未讨论剂量和曝光安全性方面的内容。这主要是因为与活的人类/动物患者或生物样本相比，技术工件的剂量耐受性要高得多。而从技术层面，剂量可能与敏感材料或者技术部件（如参考对象）反复暴露于高剂量下的情况有关。目前标准化工作的重点是：术语、影响因素、规范和测试程序、测量不确定度。本节主要关注维度 CT 应用领域标准的一般方法，该方法与应用于尺寸测量的工业标准

CT 系统和专用计量 CT CMS 相关，其中，专用计量 CT CMS 主要用于科研机构、计量服务提供商和国家计量机构等。

6.5.1 德国国家标准

迄今为止，只有一个与维度 CT 验收和复检测试相关的国家指南，即德国指南 VDI/VDE 2630-1.3：2011。该指南是引入概念和术语指南框架的一部分，描述了影响因素、规范和相应的验收测试，以及 CT 与其他测量技术的比较，最后，评估了基于 CT 的 CMS 检测的测量不确定度和零件的工艺适宜性。指南中的不同部分如下。

（1）VDI/VDE 2630-1.1：2016-05：尺寸测量中的计算机断层成像——基本原理和定义。

第一部分详细介绍了整个系列中要使用的基本术语。

（2）VDI/VDE 2630-1.2：2016-07：尺寸测量中的计算机断层成像——影响测量结果的变量和计算机断层成像尺寸测量的要求。

第二部分详细介绍了与维度 CT 测量相关的影响变量。在分析误差源、CT 测量不确定性和误差校正时，该部分非常重要。此外，它包含一个用户指南，用以开展维度 CT 测量实验，该指南试图更有针对性地解决使用 CT 系统时遇到的日常问题和难题，且重点关注实际/标准比较（actual/nominal comparisons）和雕刻表面（自由曲面）的测量。

（3）VDI/VDE 2630-1.3：2011-12：尺寸测量中的计算机断层成像——ISO 10360 标准在带有 CT 传感器的坐标测量机中应用的指南。

第三部分旨在为执行验收和复检测试制定规范和测试指南。它详细说明了以下测试：尺寸和形状的探测误差、长度测量误差、与材料和几何相关的误差，以及结构分辨率。该德国国家指南是唯一一个由两套指南组成的指南。VDI/VDE 2630-1.3 与 VDI/VDE 2617-13 相同。VDI/VDE 2617 是用于 CMM 验收和复检测试的一系列指南。采用这种双重识别是为了强调基于 CT 的 CMS，而专门用于进行维度 CT 测量的为 CMM。

VDI/VDE 2630-1.3 描述了在验收测试中使用的参考标准、测试程序和条件、测试数据分析以及是否合格。如 6.2 节所述，该测试被细分为探测误差测试和长度测量误差测试。VDI/VDE 2630-1.3 具体描述了如何进一步评估 CT 的影响，即与材料和几何相关的影响。这些影响可以使用校准工件来测量，或是如指南所述，通过使用校准的阶梯圆柱作为简化工件来测量。指南中，针对阶梯圆柱定义了新的特征，测量了外圆柱体和内孔的尺寸、形状，以及内孔的直线度。

值得指出的是，在 VDI/VDE 2630-1.3 中引入了一些关于维度 CT 的新概念。首先，在两种不同的主要操作模式中进行测量的概念：静态测量和平移测量。静态测量使用非数据拼接（no data stitching）的方式，创建并评估重构体数据的测量值，即评估一组投影，而后直接重建。平移测量则需基于投影或重构体数据，进行数据拼接处理。在拼接过程中，由于拼接投影或重构体数据的界面处（interface）可能会产生误差，因此影响测量精度。因此，VDI/VDE 2630-1.3 分为静止（模式 TS）测量和平移（模式 TT）测量，并为两种方案提供测试指导。这两种模式适用于探测误差测试和长度测量误差测试。

第二个概念是针对当前 CT 系统能够处理不同大小的测量物体，即这些系统应用不同的放大比来进行测量。因此，指南中使用两种截然不同的放大倍数来测试 CMS 的计量性能。

第三个概念的引入是由于长度测量测试中的双向校准参考标准可能无法按预期获得。针对这种情况，必须使用单向校准参考标准。因此，VDI/VDE 2630-1.3 应用了最初在 VDI/VDE 2617-6.1（用于具有横向结构光学传感器的 CMM）和 VDI/VDE 2617-6.2（用于具有光学距离传感器的 CMM）中引入的光学 CMM 概念，引入了两种相似方法来创建一个与双向误差相当的度量：①使用短端测量仪（作为双向标准）加上单向长度标准的测量；②将形状和尺寸的探测误差添加到单向长度标准的测量中，添加时，需特别注意探测误差的数学符号，VDI/VDE 2630-1.3 在给定公式中对此进行了说明（相关概念见 6.2 节）。

如 6.2 节所述，VDI/VDE 2630-1.3 要求进行指标性能验收测试，以测量形状和尺寸的探测误差。VDI／VDE 2630-1.3 描述了测试条件和测试所用球体的要求。

与 ISO 10360-2 相比，VDI/VDE 2630-1.3 描述了如何使用至少为 $2 \times 10^{-6}\ \text{K}^{-1}$ 的（线性）热膨胀系数（CTE）的标准进行长度测量误差测试。如不满足此条件，需用 $2 \times 10^{-6} \sim 13 \times 10^{-6}\text{K}^{-1}$ 之间 CTE 值进行替代计算，且必须使用由普通 CTE 材料制成的参考对象测量单一长度。

（4）VDI/VDE 2630-1.4：2010-06：尺寸测量中的计算机断层成像——测量流程和可比性。

第四部分试图通过与利用其他传感器原理（从触觉 CMM 到不同的光学 CMS）的 CMS 系统进行对比，来解释说明测量技术 CT。该版本的 VDI/VDE 2630-1.4 一般不能对使用不同传感器技术的测量进行比较。因此，当传感器以不同方式评估表面数据（surface data）时，可能会出现很大的系统差异。

（5）VDI/VDE 2630-2.1：2015-06：尺寸测量中的计算机断层成像——使用 CT 传感器坐标测量系统来测定测试的不确定度和测试过程的适用性。

第五部分介绍了几种评估维度 CT 测量不确定度的方法，测量不确定性将用于确定工业生产过程中零件测量过程的适用性能。其中，一种评估测量不确定性的方法是基于 ISO 15530-3 的实验方法。该方法需要使用校准工件，对基于 CT 的 CMS 至少测试 20 次，然后对结果进行了统计分析，由此找出产生不确定性的一些原因，继续使用基于 CT 的 CMS 进行测量。该指南还描述了测试验证的过程，以检查已知的不确定性说明在一定时间内是否有效，即对系统是否符合假定的不确定性说明进行重复测试。

德国国家系列指南 VDI/VDE 2630 正在由标准化委员会 VDI/VDE-GMA 3.33 "尺寸测量中的计算机断层成像" 不断进行修订。该标准适用于 ISO/TC 213/WG 10，即国际标准化委员会的新发展。该委员会目前正在制定 ISO 10360 标准，用于基于 CT 系统的 CMS 的验收和复检测试，未来也将制定模拟维度 CT 测量的标准。

由于 VDI/VDE 的政策要求，过去的指南要么会在描述相同主题的 ISO 标准出现时被撤回，要么会创建应用指南，而这些创建的应用指南为使用（新）ISO 标准提供了进一步帮助。

6.5.2　日本国家标准化现状

日本发布了关于维度 CT 术语的国家指南（JIS B7442），该标准的适用范围可与 VDI/VDE 2630-1.1 相媲美，目前尚未公开。

6.5.3　美国国家标准化现状

在美国，没有具体关于维度 CT 的国家指南。但在 ASTM 国际组织（前美国测试和材料协会）的框架下，有一系列讨论无损检测的国家指南，这也将在一定程度上引起维度 CT 用户的兴趣。具体如下：ASTM E 1441 介绍了 CT 成像系统的理论和一般方法；ASTM E 1672 介绍了 CT 系统的选择；ASTM E 2767 介绍了用于数据交换的数据格式；ASTM E 1695 介绍了一种评估 CT 系统性能的测试方法。ASTM 已经开始制定与计量应用相关的指南，但目前还未公布。

目前，美国机械工程师协会（ASME）根据 B89.4.23 标准开始制定 "CT 测量机" 的国家指南，但结果尚未公开。

6.5.4　ISO 标准化现状

ISO/TC 213/WG 10 于 2010 年开始使用 ISO 10360 开展工作，致力于使用计算机断层成像原理对 CMS 进行验收和复检测试。其目标是建立一套 ISO 10360 标准，并包括 ISO 10360 标准现行的 ISO/TC 213/WG 10 原则（见 6.2 节），范围可与 VDI/VDE 2630-1.3 相媲美。

在最初制定标准的几年中，主要工作是回答与影响因素相关的技术问题。ISO/TC 213/WG 10 已启动两项技术测试调查来回答具体问题。在 2013—2014 年进行的第一次测试调查中，重点关注孔板作为长度测量误差评估标准的适用性。结果是，虽然孔板在一般情况下似乎是可行的，但测试条件仍需进一步研究。2015 年进行的第二次测试调查中，关注的是在长度测量测试中材料厚度影响。需要回答的问题是，是否仅使用孔板测试即可，还是需要由两部分（多球标准测试和阶梯气缸测试）测试组成。测试结果表明，仅使用孔板似乎已经足矣。这些测试结果为 ISO/TC 213/WG 10 的未来工作提供了支撑数据。例如，在 Bartscher 等（2016）发表的研究工作中展示了测试调查的细节和一个参与者的具体结果。

2017 年年中，第一份正式草案作为新工作项目提案（NWIP，简称 NP）递交给了 ISO/TC 213，并要求成员提出意见。ISO 成员国对该草案表示支持，并投票确定发展时间期限为 4 年。之后是发布委员会草案（CD），用于未来的 CT 验收测试标准 ISO 10360。最初签署生效的文件是 ISO 10360-11 标准，但标准中的符号可能会根据 ISO/TC 213 的要求发生变化。另外，ISO 规定，标准需在开发时间期限内发布或拒绝。公布标准之前即是国际标准草案（DIS）和国际标准最终草案（FDIS）。值得注意的是，该国际标准需符合在任何新 ISO 标准中使用的 ISO 符号规则。其中，ISO 80000 系列要求特征符号由一个具有下标的前导字符构成。这些术语已在 2014 年 Bartscher 等人的文献中进行了解释，当然，它也将会不断修订。需要特别注意的是，任何公开草案中描述的技术解决方案，都不能保证测试方法和当前技术实施会保持不变。

6.5.5 专题：结构分辨率的标准化现状

6.4 节中，引入了"计量结构分辨率"的概念，并详细介绍了维度 CT 测量的情况。维度 CT 标准化在 VDI/VDE 2630-1.3 中描述了这一概念。使用该国家指南的问题在于，它仅提供了用于结构分辨率测试的部分解决方案。VDI/VDE 2630-1.3 要求最小球体的直径（可由 CMS 测量）作为计量结构分辨率的度量。符合此要求的制造商必须对测量误差作出声明，但缺少该最小球体的测量极限的精确标准，同时，也缺少了与 CMS 参数的对应，如探测误差或长度测量误差的 MPE 值。因此，CT 用户很难将结构分辨率陈述转换为任何实际感兴趣的度量。

如 6.4 节所述，目前也正在讨论评价计量结构分辨率的其他概念，并对其进行测试和详细说明，例如，另一标准化概念"小规模保真度"，这个概念首先被引入表面形貌领域。2014 年，Seewig 等指出"拟合参考形状结构的振幅偏离参考振幅不超过 10% 时，该测量被认为符合'小规模保真度'标准。因此，10% 的值是可接受的验收标准。"

6.6 实验室比照

由于维度 CT 在计量学中是一个相对较新的课题，因此在正规框架（比对、循环）下能够比较的测量数量有限。这些实验室间的比较涉及不同课题，并非所有课题都详细公布。此外，必须强调的是，这些比较尚未达到国际比对水平，如 BIPM 关键比较（http：//kcdb.bipm.org 和 ISO/IEC 17043：2010）。尽管如此，这些比较还是能发现一些有趣的现象。因此，这些比较对于描述目前技术状况和聚焦坐标测量中维度 CT 使用的问题大有裨益。

6.6.1 "CT 审计（Audit）"比较（2009—2012）

"CT 审计"比较是维度 CT 领域的第一次国际轮询，该轮询向公众开放，并已全面出版（Carmignato，2012）。这项比较是由意大利帕多瓦大学组织和协调的，2009 年开始筹备，2010 年 3 月至 2011 年 3 月期间执行，并涉及欧洲、美洲和亚洲不同国家的研究机构和公司使用的 15 套 CT 测量系统。比较过程中，4 个校准样品按序次循环测试，即从一个测试样本到下一个测试样本。如图 6.22 所示，循环测试的样品包括各种尺寸、几何形状和材料。在循环过程中，所有的样品都被密封在薄塑料盒中，以降低损坏风险，限制污染，并避免使用其他传感器测量。

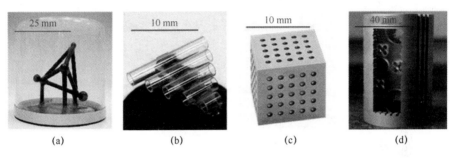

图 6.22　4 个 CT 审计样本
(a) 帕多瓦大学提供的 CT 四面体；(b) 帕多瓦大学提供的泛笛；
(c) 由 Physikalisch-Technische Bundesanstalt 提供的球帽状立方体；
(d) 由埃尔兰根纽伦堡大学质量管理和制造计量研究所提供的 QFM 圆柱。

我们从参与者那里收集了 5000 多个独立尺寸测量结果，最后由协调员进行分析。结果表明，在 CT 尺寸测量中，可明显达到亚体素级精度。对于具体的尺寸测量（主要是单向长度），大多数测试样本获得的误差已下降至体素尺寸的 1/10。然而，只有少数测试样本能够在低于 CT 系统规格的情况下进行长度测量。由于 CT 重建中存在明显的噪声，因此在形状测量中会出现更大误差。此外，只有不到一半的测量结果提供了有效的测量不确定性的声明。而事实上，大多数测试样本都没有达到熟练程度评估标准 $|E_n| < 1$，其中 E_n 数值是根据 ISO/IEC 17043：2010 定义的，可表示为

$$E_n = \frac{x - X}{\sqrt{U_{\text{lab}}^2 + U_{\text{ref}}^2}} \tag{6.5}$$

式中：x 为测试样本的测量结果；X 为校准参考值；U_{lab} 为样本测量结果的扩展测量不确定性；U_{ref} 为参考值的扩展校准不确定性。综上所述，CT 审计比较指出，CT 尺寸测量的可追溯性仍然是一项重大挑战，迫切需要国际标准来建立测量不确定性评估和 CT 系统计量性能验证的适当规程（Carmignato，2012）。

6.6.2　ISO TC 213 WG 10 结构分辨率的比较（2011）

国际技术委员会 ISO/TC 213/WG 10 正在制定未来的维度 CT ISO 标准（见 6.5 节），他们有意将结构分辨率测试加入 ISO 10360 中。作为这项工作的出发

点，2011 年研究者对这一课题进行了第一次比较。比较中，主要使用了两个标准，即日本 NMIJ 提供的 JIMA 卡（mask）（2D 标准，如图 6.6（a）所示）和德国 PTB 提供的微四面体（3D 标准，见 6.3 节和 6.4.3 节）。这两个标准是由不同的委员会成员测量的，其中，2 名 JIMA 成员，5 名四面体成员。JIMA 标准仅使用了投影测量，因此，并没有实现描述整个测量系统性能的 3D 结构分辨率声明。在不同分辨率下，使用 CMS 对微四面体进行的三维 CT 测量表明，随着放大倍数的降低，有明显的肉眼可观察到的分辨率损失，图 6.23 为一个样本的结果实例。虽然测试结果显示了普遍的可靠性，但这不能决定使用此正在研究的概念（将多个表面融合到一个表面）作为计量结构分辨率的标准。另外，值得注意的是，四面体特征仅存在于球体凹面结构的交叉处，且拓扑类型会在分辨率损失时发生变化。因此，这会限制分辨率声明。进一步观察到四面体是由 4 个球体组成的复合物，在界面上存在会使精确度降低的胶水。

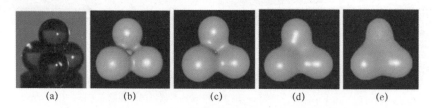

(a)　　　　(b)　　　　(c)　　　　(d)　　　　(e)

图 6.23　微型四面体系列测量，即安装在玻璃碳轴上的 4 个
直径为 0.5mm 的红宝石球体；PTB 的测量数据
（a）光学照片；（b）~（e）不同放大倍数下的 CT 测量（放大倍数分别为 6、3、2 和 1.34）。

6.6.3　在屠宰场应用工业 CT 技术的 CIA-CT 比较（2011—2012）

通过与丹麦技术大学机械工程系几何计量中心（CGM）协作，在 "CT 扫描工业应用中心- CIA -CT" 项目中，首次对用于屠宰场工业应用的医学 CT 进行了比较。该比较的主要目的是证明这些类型的 CT 系统适用于猪胴体的体积测量。如图 6.24 所示，用两种包括几类聚合物材料的合成体模作为生物组织的替代物。在 2011 年 5 月至 2012 年 5 月间，来自 4 个国家的 7 个实验室参与了这一比较。在 42 个 CT 扫描结果中，31% 的测量结果满足 | En | 小于 1（见式（6.5）），而

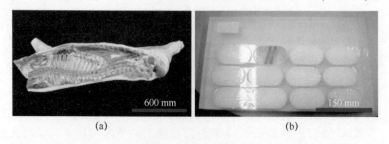

(a)　　　　　　　　　　(b)

图 6.24　（a）真实猪胴体；（b）合成体模（Angel 等人，2014）

| En | 大于1的测量结果占69%。其原因主要包括以下两方面：①多材料之间的分割区域由混合像素值组成，使得难以评估它们应属于哪种材料；②对如何概述和实施不确定性预测的想法缺乏了解。综上所述，经过进一步发展，医用 CT 系统将成为猪胴体体积测量的有力工具。

6.6.4　工业 CT 测量应用的 CIA-CT 比较（2012—2013）

第二次 CIA-CT 比较是由丹麦 DTU 机械工程部组织，并在"CT 扫描工业应用中心-CIA-CT"项目中进行。这次比较的主要目的是测试 CT 在小型物体尺寸测量中的适用性，这在工业测量中非常普遍，且比人工参考标准更具代表性，它能够评估仪器设置和操作员决策对测量两种不同材料和几何形状的物品的影响。图 6.25 是对于一块塑料乐高积木和一个医用胰岛素注射装置的金属部件的比较。同时，比较中还考虑了不同的参数，包括直径、圆度和长度。来自 8 个国家的 27 个实验室参与了此次比较。2013 年春季同时发行了多套产品，并于 2013 年 9 月发布最终报告。所有工件在扫描前后都会使用触觉 CMM 系统进行校正，所以在时间上表现出较好的空间（dimensional）稳定性。在使用 CT 扫描仪获得的 167 个结果中，其中 55% 的测量结果满足 | En | 值小于 1（见式（6.5）），而 | En | 值大于 1 的占 45%。另外，还对所有被测对象进行系统误差检测。如 6.6.1 节所述，测试样本中的塑料和金属物品的圆度再次表现出最大的偏差。同时，对反映 X 射线穿透厚度变化的金属物品，记录了周围壁厚对圆度测量的明显影响。

(a)　　　　　　　　　　　　　(b)

图 6.25　两项用于 CIA-CT 实验室间比较
（a）塑料乐高积木；（b）医疗器械的金属部件（Angel 和 De Chiffre，2014）。

6.6.5　装配件的 InteraqCT 比较

不同实验室间装配件 InteraqCT 的比较是由丹麦 DTU 机械工程部组织的最新对比项目，该项目在欧盟 Marie Curie ESR 项目的 InteraqCT 中进行，该项目代表了"前期国际研究人员在计算机断层成像先进质量控制方面的培训架构"。进行 InteraqCT 对比的主要目的是测试 CT 对装配件的尺寸和工业常用材料测量的适用性。这项比较涉及了来自 7 个国家的 20 个实验室。区别于以往的比较，InteraqCT 比较还引入了一个测试数据集，存储协调员产生的扫描数据，并以电子方式分发给所有参与者。

图 6.26 是用于比较的两个物体：装配件 1 是一个物理步进计量管装配件，它是专门为了进行对比实验而设计的，且同时分发给了各参与者；装配件 2 是由塑料物理装配件制成的体积数据集。在测量两个部件时，都考虑了各种单材料的参数，包括长度、直径、圆度和同轴度。除了这些参数，在装配件 1 上还进行了多材料长度测量，定义为铝阶梯规的第一齿顶距与玻璃管内径之间的间隙距离。另外，在装配件 1 上考虑采用两种不同扫描方式：第一种方法为"自主选择"，它不对任何扫描参数作任何扫描限制；第二种方法为"快速扫描"，它引入了一系列扫描限制，包括扫描时间。2015 年冬季发布了装配件 1 的 20 个样品和装配件 2 的虚拟数据集，并最终于 2016 年 9 月提供了报告。在整个比较过程中，使用触觉 CMM 系统对所有物体进行了多次校准，因此在 10 个月的项目测试期间显示出了良好的尺寸稳定性。

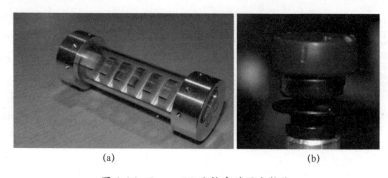

(a)   (b)

图 6.26　InteraqCT 比较中的两个物体

(a) 装配件 1 是内部含有铝部件的玻璃管，总长度为 60mm；(b) 装配件 2 是由
总长度为 15mm 的塑料部件的物理装配件制成的体积数据集。

装配件 1 的测量结果表明，在 200 个测量值中，70% 的测量结果满足 $|E_n|$ 值小于 1。而且在装配件 1 的单材料和多材料测量值中，没有显著的 $|E_n|$ 值差异，这说明在某些情况下，CT 可以提供与单材料长度测量同样精度的多材料长度测量。同时，通过比较两种不同的扫描方式，可以发现大多数测试样本在不影响测量精度的情况下，可以将扫描时间减少 70% 以上。在所有测量中，虽然在使用不同测量方式估计不确定性时存在一些杂糅（例如，参与者在根据 ISO 15530-3 测量不确定性时都没有遵从材料和测量相似度的条件），但估计得到不确定性的大小是一致的。

装配件 2 的测量结果表明，增加测量的复杂性会大大增加测试样本所提供数据之间的变化范围，以及组织者所提供参考值的系统误差。例如，同轴度测量标准差就代表了本次测试比较中最具挑战性的测量，其值大约是直径测量标准差的 3 倍。综上所述，后处理将对单个测量的准确性有明显影响，因此 CT 用户需要创建控制此类操作的环节。虽然在直径测量的检测软件包之间没有发现差异，但圆度和同心度测量的检测软件包之间是存在一些差异的，而这些测量的评估主要依赖于固有软件筛选以及如何在特定软件包中定义基准系统。

参考文献

Angel J, De Chiffre L (2014) Comparison on computed tomography using industrial items. CIRP Ann 63:473–476. doi:10.1016/j.cirp.2014.03.034

Angel J, Christensen LB, Cantatore A, De Chiffre L (2014) Inter laboratory comparison on computed tomography for industrial applications in the slaughterhouses: CIA-CT comparison. CIA-CT technical report, 76 p

Arenhart FA, Nardelli VC, Donatelli GD (2015) Characterization of the metrological structural resolution of ct systems using a multi-wave standard. In: Proceedings of the XXI IMEKO world congress "measurement in research and industry", Prague, Czech Republic, 2015, online: http://www.imeko.org/publications/wc-2015/IMEKO-WC-2015-TC14–282.pdf

ASTM E 1441 (2011) Standard guide for computed tomography (CT) imaging

ASTM E 1672 (2012) Standard Guide for Computed Tomography (CT) System Selection

ASTM E 1695 (1995) Standard test method for measurement of computed tomography (CT) system performance

ASTM E 2767 (2013) Standard practice for digital imaging and communication in nondestructive evaluation (DICONDE) for X-ray computed tomography (CT) test methods

Barrett HB, Myers KJ (2004) Foundations of image science. Wiley, Hoboken. ISBN 0-471-15300-1

Bartscher M, Hilpert U, Härtig F, Neuschaefer-Rube U, Goebbels J, Staude A (2008) Industrial computed tomography, an emerging coordinate measurement technology with high potentials. In: Proceedings of NCSL 2008 international workshop & symposium. ISBN 1–584-64058-8

Bartscher M, Illemann J, Neuschaefer-Rube U (2016) ISO test survey on material influence in dimensional computed tomography. Case Stud Nondestruct Test Eval. doi:10.1016/j.csndt.2016.04.001

Borges de Oliveira F, Bartscher M, Neuschaefer-Rube U (2015) Analysis of combined probing measurement error and length measurement error test for acceptance testing in dimensional computed tomography. In: Proceedings of DIR 2015 in NDT.net, online: www.ndt.net/events/DIR2015/app/content/Paper/31_BorgesdeOliveira.pdf

Borges de Oliveira F, Bartscher M, Neuschaefer-Rube U, Tutsch R, Hiller J (2017a) Creating a multi-material length measurement error test for the acceptance testing of dimensional computed tomography systems. In: Proceedings of iCT 2017 conference, Leuven, Belgium, in NDT.net, online: http://www.ndt.net/events/iCT2017/app/content/Extended_Abstract/57_BorgesdeOliveira_Rev2.pdf

Borges de Oliveira F, Stolfi A, Bartscher M, Neugebauer M (2017b) Creating a multi-material probing error test for the acceptance testing of dimensional computed tomography systems. In: Proceedings of iCT 2017 conference, Leuven, Belgium, in NDT.net, online: http://www.ndt.net/events/DIR2015/app/content/Paper/31_BorgesdeOliveira.pdf

Cantatore A, Andreasen JL, Carmignato S, Müller P, De Chiffre L (2011) Verification of a CT scanner using a miniature step gauge. In: Proceedings of 11th EUSPEN international conference, Como, Italy

Carmignato S (2012) Accuracy of industrial computed tomography measurements: experimental results from an international comparison. CIRP Ann Manuf Technol 61–1:491–494. doi:10.1016/j.cirp.2012.03.021

Carmignato S, Pierobon A, Rampazzo P, Parisatto M, Savio E (2012) CT for Industrial Metrology - Accuracy and structural resolution of CT dimensional measurements, Proc. of iCT 2012 in NDT.net, online: http://www.ndt.net/article/ctc2012/papers/173.pdf

Christoph R, Neumann H-J (2011) X-ray tomography in industrial metrology. Süddeutscher Verlag onpact GmbH. ISBN 978-3-86236-020-8

DIN EN 16016-3:2012-12 (2012) Non destructive testing—radiation methods—computed tomography—Part 3: Operation and interpretation. German version EN 16016-3:2012

EN 16016-1:2011-12 (2011) Non destructive testing—radiation methods—computed tomography —Part 1: Terminology. Trilingual version

EN 16016-2:2012-01 (2012) Non destructive testing—radiation methods—computed tomography —Part 2: Principle, equipment and samples

EN 16016-3:2012-12 (2012) Non destructive testing—radiation methods—computed tomography —Part 3: Operation and interpretation. German version EN 16016-3:2011

EN 16016-4:2012-01 (2012) Non destructive testing—Radiation methods—Computed tomography—Part 4: Qualification

Fleßner M, Vujaklija N, Helmecke E, Hausotte T (2014) Determination of metrological structural resolution of a CT system using the frequency response on surface structures. In: Proceedings MacroScale, Vienna, Austria

Fleßner M, Helmecke E, Staude A, Hausotte T (2015) CT measurements of microparts: numerical uncertainty determination and structural resolution. In: Proceedings of SENSOR 2015. doi:10. 5162/sensor2015/C8.2

Hermanek P, Carmignato S (2016) Reference object for evaluating the accuracy of porosity measurements by X-ray computed tomography. Case Stud Nondestr Test Eval. doi:10.1016/j. csndt.2016.05.003

Hiller J, Maisl M, Reindl LM (2012) Physical characterization and performance evaluation of an X-ray micro-computed tomography system for dimensional metrology applications. Meas Sci Technol 23:1–18. doi:10.1088/0957-0233/23/8/085404

Illemann J, Bartscher M, Jusko O, Härtig F, Neuschaefer-Rube U, Wendt K (2014) Procedure and reference standard to determine the structural resolution in coordinate metrology. Meas Sci Technol 25:6. doi:10.1088/0957-0233/25/6/064015

Illemann J, Bartscher M, Neuschaefer-Rube U (2015) An efficient procedure for traceable dimensional measurements and the characterization of industrial CT systems. In: Proceedings of DIR 2015 in NDT.net, online: www.ndt.net/events/DIR2015/app/content/Paper/46_ Illemann.pdf

Illers H, Buhr E, Hoeschen C (2005) Measurement of the detective quantum efficiency (DQE) of digital X-ray detectors according to the novel standard IEC 62220-1. Radiat Prot Dosimetry 114(1–3):39–44. doi:10.1093/rpd/nch507

INTERAQCT (2016) International network for the training of early stage researchers on advanced quality control by computed tomography. http://www.interaqct.eu

ISO 10360-2 (2009) Geometrical product specifications (GPS)—acceptance and reverification tests for coordinate measuring machines (CMM)—Part 2: CMMs used for measuring linear dimensions. International Organization for Standardization

ISO 15530-3:2011-10 (2011) Geometrical product specifications (GPS)—coordinate measuring machines (CMM): technique for determining the uncertainty of measurement—Part 3: Use of calibrated workpieces or measurement standards

ISO/TS 23165 (2006) Geometrical product specifications (GPS)—guidelines for the evaluation of coordinate measuring machine (CMM) test uncertainty

JIMA Mask (2006) Japan Inspection Instruments Manufacturers' Association. Micro resolution chart for X-ray JIMA RT RC02B, online exhibition catalogue. Accessed 29th Sept 2016: http:// www.jima.jp/content/pdf/catalog_rt_rc02b_eng.pdf

Jusko O, Lüdicke F (1999) Novel multi-wave standards for the calibration of form measuring instruments. In: Proceedings of 1st EUSPEN international conference, Aachen, Germany, vol 2, pp 299–302. ISBN 3-8265-6085-X

Kiekens K, Welkenhuyzen F, Tan Y, Bleys P, Voet A, Kruth J-P, Dewulf W (2011) A test object with parallel grooves for calibration and accuracy assessment of industrial computed tomography (CT) metrology. Meas Sci Technol 22:115502

Kingston A, Sakellariou A, Varslot T, Myers G, Sheppard A (2011) Reliable automatic alignment of tomographic projection data by passive auto-focus. Med Phys 38:4934. doi:10.1118/1. 3609096

Léonard F, Brown S, Withers P, Mummery P, McCarthy M (2014) A new method of performance verification for x-ray computed tomography measurements. Meas Sci Technol 25(6):065401

Müller P (2012) Doctoral dissertation. Technical University of Denmark

Neuschaefer-Rube U, Bartscher M, Bremer H, Birth T, Härtig F (2012) Lösungsansätze zur Messung von Kanten und Radien mit Computertomographie, presentation at the "XIII Internationales Oberflächenkolloquium. Chemnitz, Germany

QRM, Quality Assurance in Radiology and Medicine GmbH, Möhrendorf, Germany, online exhibition catalogue. Accessed 29th Sept 2016: http://www.qrm.de/content/pdf/QRM-MicroCT-Barpattern-Phantom.pdf , http://www.qrm.de/content/pdf/QRM-MicroCT-Barpattern-NANO.pdf

Salesbury JG (2012) Developments in the international standardization of testing methods for CMMs with imaging probing systems. NCSL International Workshop & Symposium. http://www.ncsli.org/i/c/TransactionLib/REG_2012.MAN.874.1569.pdf

Sasov A, Liu X, Salmon PL (2008) Compensation of mechanical inaccuracies in micro-CT and nano-CT. In: Proceedings of SPIE, vol 7078. Developments in X-ray tomography VI. doi:10.1117/12.793212

Seewig J, Eifler M, Wiora G (2014) Unambiguous evaluation of a chirp measurement standard. Surf Topogr Metrol Prop 2:045003. doi:10.1088/2051-672X/2/4/045003

Siemens OEM (2017) CERA—Software for high-quality CT imaging. Available at: http://www.oem-products.siemens.com/software-components. Accessed 17th Aug 2017

Sire P, Rizo P, Martin M (1993) X-ray cone beam CT system calibration. In: Proceedings of SPIE, vol 2009, pp 229–239

Smekal L, Kachelrieß M, Stepina E, Kalender WA (2004) Geometric misalignment and calibration in cone-beam tomography. Med Phys 31(12):3242–3266. doi:10.1118/1.1803792

Stolfi A, De Chiffre L (2016) Selection of items for "InteraqCT Comparison on Assemblies". In: Proceedings of iCT 2016 in NDT.net, online: http://www.ndt.net/article/ctc2016/papers/ICT2016_paper_id70.pdf

VDI/VDE 2617-6.2:2005-10 (2005) Accuracy of coordinate measuring machines - Characteristics and their testing—guideline for the application of DIN EN ISO 10360 to coordinate measuring machines with optical distance sensors

VDI/VDE 2617-6.1:2007-05 (2007) Accuracy of coordinate measuring machines—characteristics and their testing—coordinate measuring machines with optical probing—code of practice for the application of DIN EN ISO 10360 to coordinate measuring machines with optical sensors for lateral structures

VDI/VDE 2630-1.3: 2011–12 (2011) Computed tomography in dimensional measurement—guideline for the application of DIN EN ISO 10360 for coordinate measuring machines with CT-sensors

Weiss D (2005) Verfahren und eine Anordnung zum Kalibrieren einer Messanordnung, European Patent, EP1760457 (A2)

Zanini F, Carmignato S (2017) Two-spheres method for evaluating the metrological structural resolution in dimensional computed tomography. Meas Sci Technol, in press

第7章 CT尺寸测量的可追溯性

Massimiliano Ferrucci

摘要: 若测量结果缺乏可证实的追溯性,则测量精度就无从讨论。可追溯性是一个基本性质,它保证了测量数据在国际单位制表达下具有可比性。要获得可追溯性,需要对测量的步骤有充分的认识,特别是测量仪器的操作规程(更为重要)。本章介绍尺寸测量中的可追溯性的概念。在介绍CT仪器如何进行校准的讨论之前,先介绍早期的坐标测量系统中,仪器校准在建立测量可追溯性方面的作用。最后讨论具体任务中测量不确定度的评估方法。

7.1 引言

作为一个强有力的工具,CT不仅在质量测试中发挥作用(如缺陷和结构损伤的检测),也在量化分析方面具有重要应用,也就是从采集到的数据中获取量化结果。CT在对扫描物体的尺寸测量方面具有重要作用。基于体素衰减分布的分割形成了物体的3D表面模型,通过采用表面采样算法可以将该模型转化为三维坐标点云。桌面坐标测量机是第一代坐标测量系统(Coordinate measurement system,CMS),便携式的CMS为第二代,CT系统可以兼获物体内部和外部表面信息,已经成为第三代CMS。尽管CT在坐标测量上被认为具有极高的潜力,但目前CT的新发展使其坐标测量的精度性能并不为大众所知。

在测量科学的计量学领域,对测量结果采用合理的单位进行表达,并且对测量的不确定度进行有效评估论证后,测量的准确性才可以被有效确认。测量的可追溯性概念可能看似比较平凡,然而在实际中,要获得测量的可追溯性却可能是一项艰巨的任务。可追溯性是一种重要的特性,特别是在制造业和商业领域,它有诸多经济和实用意义。基于该落脚点,在建立测量的可追溯性过程中,即使花费巨大精力也是十分有意义的。

本章在尺寸测量中介绍测量的可追溯性。CT系统的认证测试(第6章)十分重要,然而并不足以获得测量的可追溯性。仪器校准,即特定任务误差源的测量,以及特定任务测量的不确定度,是在实际中获得可追溯性的两个必须清晰认识的重要概念。基于CT可作为坐标测量系统,我们首先讨论其他坐标测量技术如何在测量中应用仪器校准概念。然后,本章介绍CT技术中的仪器校准的概念。

最后介绍特定任务下测量不确定度的评估方法。为表述简洁起见，本章围绕锥束CT系统开展讨论研究。

7.2 测量的可追溯性

国际计量学词汇（the International Vocabulary of Metrology，VIM）中定义可追溯性为："测量结果的一种特性，指测量结果可以通过记录完整的矫正链与参考标准相关联，矫正链中的每个部分都对测量结果的不确定度产生影响（BIPM，2012）。"

换句话说，测量的可追溯性为结果的有效性提供了一定程度的置信度。这种置信度是靠建立测量结果和常规参考标准之间的联系而获得的。对于可追溯性的历史管窥可以洞见对今时重要意义。

7.2.1 历史

可追溯性脱胎于对测量标准化的需求。测量技术的重大突破时值 18 和 19 世纪的工业革命，制造业的显著变化是可拆卸部件的（广泛）采用。曾经由熟练的工人逐个手工定制的单个制造过程而产生的产品，已变为独立并行化进行生产，最终的产品由不同的部件组装而成。制造业中的并行化大大提升了生产效率。并且，知道产品所有部件的生产方法的熟练手艺人不再是必须的了。每一个制造步骤都由技师完成，他们的唯一职责仅是不断生产同一个部件，同时这也意味着生产商的成本也随之下降。

可拆卸意味着从同一个生产步骤中任意取出的部件都可以适配产品的组装。然而，在这种转化的过程中会出现新的挑战：必须保证所有的部件确实都可以适配产品的最终组装。每一个技师都需要保证他所生产的部件必须符合技术规格。为了达成该目标，在生产过程的质量控制中，测量必须（坚持）统一（的标准）。也就是说，所有的测量过程都要与参照标准一致。可追溯性是为了标识这种测量一致性而引入的特性。

19 世纪不断发展的制造和贸易全球化进程，意味着可追溯性的问题不再限于单个工厂或者制造链了。来自各工业化生产地的代表对国际测量统一标准形成一致看法。1875 年的米制公约促使国际计量局（International Bureau of Weights and Measures，BIPM，缩写自法语对应词）的成立，其职责在于定义和推广国际单位制（International System of Unit，SI）（BIPM，2006）。每个用于测量的国际单位的定义，都是相应物理量可追溯性的最终参考。

7.2.2 长度的标准

尺寸测量的国际参考是国际单位制中的长度单位——米。米的定义和定义方法在历史上曾有多次变化。最初米的定义在 1889 年，采用一个物体的物理长度：

国际原型铂-铱米棒（图7.1）。

图 7.1　国际原型仪表棒（图片由 NIST 提供）

在 1960 年，1m 被新定义氪 - 86 原子的 2P10 和 5d1 能级之间跃迁的辐射在真空中波长的 1650763.73 倍。这种米的定义基于某种元素激发光波长度这一物理量。标准的 1m 的长度可以在实验室通过干涉仪的方法得到（NBS，1975）。最近一次的米制长度定义于 1983 年，并被广泛接受，1m 被定义为"光在真空中传播 1/299 792 458s 的长度（BIPM，2006）"。

这个定义将真空中的光速设定为一个常数，并将米的定义与国际单位制的时间单位——秒的定义联系起来。在实践中，这个定义意味着通过干涉法实现标准长度单位，不再局限于氪 - 86 发出的光。BIPM 给出了一个推荐的光源列表，它提供了一个窄带宽的稳定波长。氦氖激光器（氦 - 氖，波长 λ_{He-Ne} = 632.8nm）是激光干涉法的一个常用的光源。

7.2.3　实现尺寸测量的可追溯性

尺寸测量的可追溯性意味着结果中表示的单位与米的定义一致。测量结果通过一次或多次校准与仪表的物理实现相关联。虽然，测量仪器的性能验证（在第 6 章中讨论）有助于测量可追溯性的实现，但它本身是不够的。校准是通过与可追溯的参考进行比较，对一个物理量进行测量，如测试对象上特征的长度，或测试仪器上指示符之间的距离。将测量结果与米的定义联系起来的校准路径称为可追溯链。图 7.2 给出了 CT 测量追溯链的一个例子，包括如何实现各种校准步骤。每一个校准步骤都会导致最终测量具有不确定度，这些不确定度必须经过评估才能被认为是可追溯的测量。

测量的结果是被测量量的估计值，即被测量，测量不确定度是估计被测量的置信度与 VIM 的正式定义一致，测量量 Y 的不确定性 U 表示为一个分散对称测量的值 y，即 $Y = y \pm U$。有一个常见的误解，如果有更少的校准步骤能从单位分离出来，或者测量到不确定性相对较低，测量可以"更可追溯"。可追溯性是测量的一种标称属性（BIPM，2012），因此没有量级。无论将测量与国际单位制的定义，或其不确定度联系起来的校准步骤有多少，测量都是可追溯性或不可追溯的。

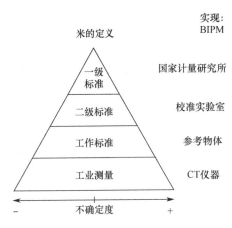

图 7.2　CT 尺寸测量的可追溯性链样例

　　测量仪是建立测量可追溯性的参考。这种参考标准通常用仪器的长度来标示，如游标卡尺和千分尺上长度的刻度。在这些简单的情况下，仪器校准是指用可追溯的参考标准与测量仪器的刻度的位置进行对比，以及评估这些对比过程中出现的不确定度。在对简单一维端到端测量仪器的校准中，常用的校准物体是标计块。更复杂的测量系统的校准，需要彻底了解仪器的测量过程是如何实现的。7.3 节专门讨论其他三维坐标测量系统的校准方法，7.4 节则讨论 CT 系统的校准过程。

　　测量是将被测量物件与统一标准的仪器进行比对的过程，结果是得到一个与被测量物件相联系的数量。对仪器的校准并不能确保测量结果具有可追溯性。与追溯链中的所有其他校准步骤类似，为了保证不确定性的可追溯性，仪器和被测量件比对的不确定度和测量得到的数值必须要进行评估。特定任务的不确定性的测量是有多种标准步骤，这在 7.5 节进行讨论。

7.3　坐标测量系统的校准

　　坐标测量领域属于广义的尺寸计量学。在讨论尺寸测量时，CT 系统的测量性能往往要与其他 CMS 系统进行比较（见第 6 章）。CMS 系统通过采集被测物体的表面点的集合而实现，每个点都包含在被测量体数据的三维坐标内。此外，物体的表面尺寸分析还包括如利用几何图元进行拟合或与参考的 CAD 模型进行比对。坐标测量可追溯性的建立，是通过把测得的三维点坐标（直角、球面或圆柱

179

坐标等）和已校准的测量仪对应起来（还包括坐标位置测量的不确定）。该仪器量程取定的方法依赖于测量原理，因此也随着测量技术的改变而变化。

7.3.1 接触式坐标测量机（Tactile CMM）

本节首先介绍第一代接触式 CMM。第一代接触式 CMM 的工作原理最为古老，是通过探针利用物理接触的方式提取物体表面坐标。利用三个相互正交机械导轨控制着探针的位置，并且框定了笛卡儿坐标轴的框架。不同配置的导轨能够适用于不同的测量任务（Pereira, 2012）。最常见的配置方式是移动桥式三坐标测量机，图 7.3 展示了它的基本构造。CMM 还可以使用旋转台以便对工件进行旋转测量，这可以有效测量圆柱形对称的工件。

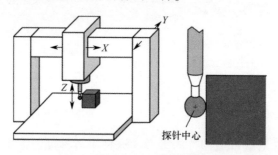

图 7.3　桥式 CMM 和接触式探头

每个导轨均配有定位传感器，如线性编码器或位移传感器，用来跟踪探针相对于参考位置的相对移动（Pereira, 2012）。探头通常安装有一个已知半径的球形物和低误差的触针。在更先进的 CMM 上，可以拆装多种不同类型的探针。工件表面点的收集由探针的多次物理接触实现。

当探针系统的接触力超过某个设定的值时，那么该接触点的测量位置就被记录了下来（Weckenmann 和 Hoffmann, 2012）。在设定接触力的大小时，要求可以确保对工件具有可重复性和非破坏性。探针中心坐标位置作为测量结果被记录和保存。一些测量任务要求探测表面的接触点的坐标位置与探针中心的坐标位置相对。在这些情况下，探针的接触方向可以用于补偿探针半径，并给出一个接触点坐标位置的估计值。更先进的探测系统，可以通过测量探针到接触点的偏离方向而估计探测点位置。

探针中心的坐标位置可以通过三个坐标定位传感器的读数而获得。理想情况下，坐标读数的变化就对应于实际中探针在测量物体上的位移。然而，三坐标测量机的制造误差和测量过程中机械导轨的误差，可能会导致实际探针位移和传感器读数之间产生偏差。

探针装置沿直线导轨运动时，位置读数会产生 6 种误差：沿轴运动的定位误差，2 个与坐标轴正交的直线度误差，和 3 个轴向的旋转误差（Schwenke 等，2008）。图 7.4 显示了 X 导轨 6 个自由度。此外，3 个直角度参数描述了轴之间的角度偏差。对于一个典型的直角坐标测量机，共有 21 个运动误差参数（每导轨 6 个自由度，外加 3 个直角度误差）可以用来描述导轨的可能误差。表 7.1 列出了一个典型的直角 CMM 中的这 21 个运动误差参数。

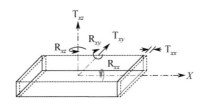

图 7.4　X 导轨的 6 个自由度，表 7.1 中描述了错误参数

表 7.1　三轴坐标测量机的运动误差参数

误差	导轨		
	X	Y	Z
X 方向平移	T_{XX}	T_{YX}	T_{ZX}
Y 方向平移	T_{XY}	T_{YY}	T_{ZY}
Z 方向平移	T_{XZ}	T_{YZ}	T_{ZZ}
X 轴旋转	R_{XX}	R_{YX}	R_{ZX}
Y 轴旋转	R_{XY}	R_{YY}	R_{ZY}
Z 轴旋转	R_{XZ}	R_{YZ}	R_{ZZ}
直角度误差			
X 轴和 Y 轴之间的直角度误差，S_{XY}			
X 轴和 Z 轴之间的直角度误差，S_{XZ}			
Y 轴和 Z 轴之间的直角度误差，S_{YZ}			

CMM 的校准包括作为坐标轴读数函数的 21 个运动误差参数的测量。此过程被称为三坐标测量机误差的映射，这通过使用参考仪器实现，如干涉仪或通过测量专门设计的参照物。通常情况下，参考仪器或参照物的选择需要满足其不确定性至少要小于预期的运动误差的量级。获得每一个轴的读数后，测得的运动误差参数就被用于确定探针中心的实际坐标。常用减小运动误差效应的方法是将运动误差融合到 CMM 的软件校准算法中，这个算法能够修正传感器输出结果，以获得已经纠正的探针中心的坐标位置（Hermann，2007）。

虽然三坐标测量机校准形成了仪器的可追溯性，但是其他误差源也必须考虑（Schwenke 等，2008）。表 7.2 列出了 CMM 接触探针在测量中还会遇到的重要误差源。请注意，采样策略和单个坐标的处理方法（几何图元的拟合方法）产生的不确定度不包括在内。另外，其他用于 CMM 中的探针类型（如非接触式探针）可进一步拓展 CMM 的测量任务的应用领域。

表 7.2　CMM 测量中的其他重要误差来源

由于探测力，探针和表面的弹性压缩（图 7.5）	校准探针半径出错
探针中心相对于仪器坐标系的位置误差	确定探针表面上的接触点时出错
由于探头尺寸有限，表面采样受到限制（图 7.6）	仪器和工件的热膨胀

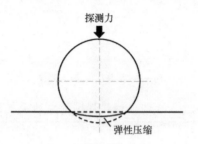

图 7.5　接触探针和测量表面在探测力下的弹性压缩。
图片来自 NIST Engineering Metrology Toolbox

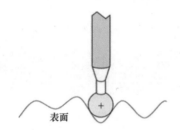

图 7.6　由于探头尺寸有限，表面采样受到限制

7.3.2　铰接臂 CMM

　　铰接臂 CMM（Articulated arm CMM，AACMM，也被称为铰接臂或机器人手臂）由 1 个底柱和至少 2 个固定长度轴连接的铰链接头构成。铰接臂比 CMM 更加轻便，使其成为接触式坐标测量机的便携替代方案。图 7.7 展示了一个有 2 个固定长度轴和 6 个铰链接头的 AACMM。接触探头被安装于铰接臂一端的接头处，而底柱被固定安装于另一端的平台上。每一个接头处都配有一个角度编码器，用于测量每个接头的旋转角度 θ_i。每个轴的长度给定，探针中心的坐标位置可以由一组角度的编码算得。此外，AACMM 也可以使用其他类型的探针（如非接触式探针），能进一步扩大对不同测量任务的应用范围。

　　每个旋转接头都有运动误差，并且角度编码器也会因如偏心旋转的存在而产生索引误差。此外，耦合的旋转轴之间也会产生偏差，这种偏差与 CMM 的线性轴的直角度误差类似。这些几何误差源的参数化通常要为每个接头指定局部笛卡儿坐标系。每个坐标框架具有 6 个自由度——3 个平移误差以及 3 个旋转误差（Santolaria 和 Aguilar，2010；Sladek 等，2013）。测量几何误差的常用方法为采用标准仪器去追踪探针系统的位置，如使用激光追踪器（Santolaria 等人，2014）。或者，几何误差也可以对已观察到的参考物几何测量误差模型的参数采用最小二乘拟合来确定。表 7.2 列出了带有接触探针的 AACMM 中的重要误差源。

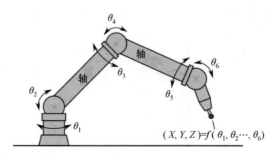

图 7.7　铰接臂 CMM

7.3.3　激光追踪器

激光追踪器利用激光测距仪和两个旋转轴协同测量目标的坐标位置（Muralikrishnan 等，2016）。镜面将激光定向于水平角（方位角）θ，同时旋转头可以旋转以控制激光沿垂直角的方向（顶点）φ（图 7.8）。角度编码器记录了每个旋转轴的旋转位置。协同目标是一个球形安装的反向反射器（Spherically-mounted retroreflector，SMR），它以平行于入射光束但与入射光束相偏离的方向反射光线（图 7.9）。反射光返回到跟踪器组件，通过分析以确定目标的距离 ρ。激光跟踪器的距离测量是通过干涉测量或绝对距离测量（Absolute distance measurement，ADM）技术来实现的，如飞行时间（time-of-flight）、调幅，或使用发射光的复合光学频率。

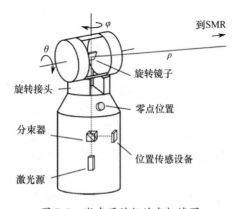

图 7.8　激光跟踪仪的光机械图

激光追踪器的名称来自于这个设备是用于测量或追踪 SMR 的位置。一部分返回光线被定向到位置传感设备（Position sensing device，PSD）。当激光器聚焦

于 SMR 上时，返回的光会聚焦于 PSD 上。当 SMR 移动时，测量到的光将偏离
PSD 的中心。激光追踪器对镜子和接头进行适当的旋转，能够使光束重新回到
PSD 的中心。在激光跟踪器体上使用一个磁"巢"（图 7.10）来确定仪器坐标系
的零点位置。当安装在理想的巢上时，目标中心的位置不会随 SMR 的方向而改
变。因此，磁巢可以在测量体积的其他地方（如用于参考测量）使用，并且对
目标测量具有可重复定位性。

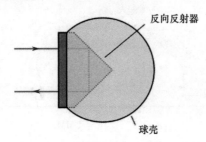

图 7.9 球面安装的后向反射器（SMR）

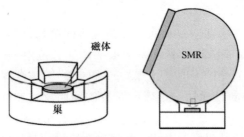

图 7.10 磁性嵌套（可重复 SMR 定位）

SMR 的坐标位置由角度编码器的角度读数 θ 和 φ 和测距仪读数 ρ 而确定。各
分量的偏差将会导致坐标测量产生误差。激光追踪器的光机械误差列表如表 7.3
所列。一套专用的测试步骤可以用于绘制激光追踪器的几何误差（Muralikrishnan
等，2009），这些步骤包括从一系列确定的激光追踪器的位置和方向来测量已校
准和非校准的长度。几何误差模型将每个误差源参数化，并与测量坐标误差建立
解析关系。利用试验过程中观测到的坐标误差，用最小二乘拟合方法求解几何模
型中的各种误差参数。

表 7.3 激光跟踪仪和扫描仪的光机械误差源

光束路径和传输轴之间的倾斜和偏移（从光源到镜像的光束路径理想地与传输轴重合）	镜子和运输轴之间的倾斜和偏移
角度编码器偏心（适用于垂直和水平编码器）	角度编码器二阶刻度误差（适用于垂直和水平编码器）
零范围偏移	零垂直角度偏移
站立轴和运输轴之间的倾斜和偏移	旋转部件的时变倾斜误差运动（摆动）

7.3.4 激光扫描仪

激光扫描仪在结构上类似于激光追踪器。可旋转的镜子沿垂直角度 θ 扫描激光器，而旋转的接头沿水平角度 φ 定向激光器（图 7.11）。激光扫描仪不需要协作目标，因为它是用于直接测量表面。仪器内部的光电探测器可以检测到来自被测表面的后向散射光。检测激光束所传播距离可采用多种方法。在相移法中，激光的光振幅在不同的时间频率下进行调制。返回仪器时调制信号的叠加产生了一个时间干扰信号，可用于确定光的传播路径（Petrov 等人，2011）。将光速乘以仪器发出的信号与返回时探测到的信号之间的时间差，能够确定光所传播的距离。

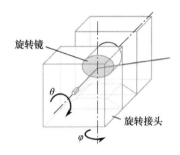

图 7.11　激光扫描仪

激光追踪器能够在任何旋转轴的角度位置"保持"光束，激光扫描仪中的镜子通常围绕一个水平传播轴连续旋转。垂直角度测量通过使用角度编码器实现，也可以通过计算旋转镜的转速和每个测量点的记录时间实现。系统磁头绕垂直立轴旋转，其位置由角度编码器记录。

仪器校准包括测量激光转向组件之间的偏差和偏移量（Muralikrishnan 等人，2015）。激光扫描仪的校准程序与激光跟踪器的校准程序类似。表 7.3 所列的光学机械误差源也适用于激光扫描仪。为了确保测量的可追溯性，应该考虑的其他误差来源包括激光束与测量表面的相互作用，例如在反射之前激光的穿透效应。

7.4　CT 仪器校准

CT 因建立一种新的坐标测量技术范式而闻名，具有利用辐射的穿透性实现无破坏地测量内、外表面坐标的能力（第 1 章）。为了解 CT 系统如何具备可追溯性，有必要了解如何实现仪器比例尺并将其作为一组表面坐标转移到被测对象上。CT 测量与其他测量系统的不同之处在于，表面点的坐标不是直接由仪器的运动轴的索引位置给出的。测量体积的断层重建和之后的将体积数据转换为表面坐标的阈值化过程，使射线数据采集步骤的成像性质更加复杂。本节将会讨论

CT 数据采集和断层重建，但不讨论 CT 体数据的后处理，感兴趣的读者可参看文献 Lifton 等（2015）、Stolfi 等（2016）、Moroni 和 Petrò（2016）。

测量体积的定义是以放大轴和旋转轴的交点为中心的体素的三维分布。体素的形状通常是长方体，但不一定必须是立方体。为了简单起见，本节讨论立方体素的体积测量。体素侧面的长度，即体素大小，一般是探测器像素大小和放大系数的函数，可表示为

$$\text{体素尺寸} = \frac{\text{像素尺寸}}{M} \tag{7.1}$$

式中：M 为光源到探测器距离（SDD）与光源到旋转中心距离（SRD）的比值，即

$$M = \frac{\text{SDD}}{\text{SRD}} \tag{7.2}$$

将式（7.2）代入式（7.1）中，得到

$$\text{体素尺寸} = \text{像素尺寸} \times \left(\frac{\text{SRD}}{\text{SDD}}\right) \tag{7.3}$$

需要指出的是，式（7.3）所提供的关系只是一个一般规律，在断层重建步骤中，体素物理上的大小和形状可以不同。CT 成像重建的目标是根据射线与物体的相作用而得到的数据计算每个体素的衰减系数，在这个计算过程中，探测器探测到的数据被线性地反投影到相应的物体体素位置。如图 7.12 所示，沿着射线源焦点与探测器像素的射线会穿过物体上的一系列体素。体素的衰减值是通过采集到的投影数据计算得到的，计算过程依靠扫描的几何位置关系通过反投影实现。高精度的重建依赖于扫描几何参数的准确性，以及探测器对射线的响应水平（也即成像系统的性能）。本节所介绍的仪器校准的概念同样适用于工业 CT 系统。对于 CT 几何参数的校准与成像系统整体的校准是分开介绍的。此外，应用到图像重建中的重建算法也会引入误差，本节也对该方面进行了简单的讨论。本节所展示的例子也是适用于锥束 CT 系统的。同时，经过适当的调整后，本节所讨论到的技术和方法也能够适用于其他 CT 成像架构中。

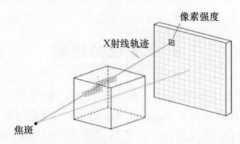

图 7.12　断层重建中的反投影步骤追踪光源到探测器像素这条射线上的每一个体素，
反投影与真实成像的几何误差会导致成像的重建体数据出现误差

7.4.1　CT 几何校准

几何校准的目的是通过与可参考的系统进行比较来测量实际 CT 采集几何参数，并对估计的几何参数的准确性进行评估。尽管设备生产商都有测量 CT 系统几何参数的方法，但实际上并没有标准的测量方法。应当注意，如通过调整物理组件或通过应用软件校正来补偿测量的几何误差不属于校准范围。可选的补偿方法能够用于对测量到的几何参数的误差进行校准。后续的校准将确认几何误差是否确实减小。如果没有对几何误差进行校正，那么对于 CT 测量的不确定度的分析中必须包含对几何误差的评估。

7.4.1.1　CT 采集几何

对于体素空间中给定扫描角度位置 α 的投影而言，典型锥束系统的 CT 采集几何可以用一组 10 个参数来描述（图 7.13）。该参数系统不考虑组件的漂移和误差运动，只能适用于"静态"CT 几何结构。应该注意的是，CT 系统的各种参数系统是可以有多种方式的，所以下面介绍的方法并不是唯一的方法。

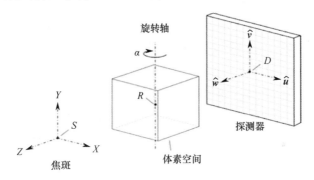

图 7.13　CT 几何结构的参数化

X 射线焦斑 S 被参数化为无穷小点源，并且是右手笛卡儿全局坐标系的原点，也即 $S = (0, 0, 0)$。全局坐标系中的 Y 轴与旋转轴是平行的，全局坐标系中的 Z 轴的定义为从源点出发并与转轴垂直的线。全局坐标系中的 X 轴由右手坐标规则确定。Z 轴与旋转轴的交点坐标位置为 $R = (0, 0, z_R)$，同时 R 点也是物体的体素中心位置。

探测器为理想平面的一部分，位置由中心点坐标确定，即 $D = (x_D, y_D, z_D)$。探测器的朝向由其像素行单位向量 $\hat{u} = (u_X, u_Y, u_Z)$ 以及列单位向量 $\hat{v} = (v_X, v_Y, v_Z)$ 确定。探测器的法向量 $\hat{w}$ 由列单位向量和行单位向量的交叉积确定，也即 $\hat{w} = \hat{u} \times \hat{v}$。许多关于几何校正的研究将探测器的方向分解成 3 个欧拉旋转角（Ferrucci 等，2015）。这种参数化引入了指定旋转约定的需要，即外在和内在以及旋转顺序。通过用行和列向量定义探测器的方向，不需要指定这些约定。

7.4.1.2　标称对齐

绝大多数的商用的断层成像算法都需要完全理想的几何关系，例如，图 7.14 所定义的典型的锥束 CT 系统。探测器的行向量 $\hat{\boldsymbol{u}}$ 与全局坐标系的 X 轴平行，而探测器的列向量 $\hat{\boldsymbol{v}}$ 与全局坐标系的 Y 轴平行。全局坐标系的 Z 轴与探测器的几何中心相交于 D，并且探测器的法向量与 Z 轴是重合的。成像的缩放轴被定义为与探测器正交的 X 射线的传播路径。缩放轴与探测器的交点称为主交点。因此，如果系统完全理想对齐，那么显然主交点与探测器中心点 D 是重合的。探测器的像素尺寸相同并在整个探测器面上等间距分布。静态情形（即处于某个固定旋转角度位置）下 CT 的几何参数，及其标准的值如表 7.4 所列。

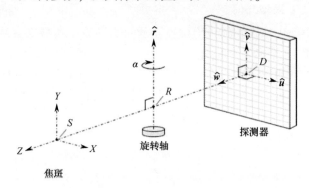

图 7.14　典型 CBCT 扫描系统的标准几何结构

表 7.4　CBCT 静态情形下的几何参数及其标准校准值

特征		参数	对齐后的取值
探测器	位置	$D = (x_D, y_D, z_D)$	$D = (0,0,\text{SDD})$
	方向	$\hat{\boldsymbol{u}} = (u_X, u_Y, u_Z)$	$\hat{\boldsymbol{u}} = (1,0,0)$
		$\hat{\boldsymbol{v}} = (v_X, v_Y, v_Z)$	$\hat{\boldsymbol{v}} = (0,1,0)$
		$\hat{\boldsymbol{w}} = \hat{\boldsymbol{u}} \times \hat{\boldsymbol{v}}$	$\hat{\boldsymbol{w}} = (0,0,1)$
旋转轴	位置	$\boldsymbol{R} = (0,0,z_R)$	$\boldsymbol{R} = (0,0,\text{SRD})$

7.4.1.3　CT 几何参数的测量

对测试系统进行几何参数的确定时，可以采用对参考标记物进行单角度或多角度位置 α 成像并对投影数据进行分析的方法。常采用的参考物体是对射线不透明的球体。每个小球的球心位置在局部坐标系内都是已知的，即 $\boldsymbol{C}_{\text{local}} = (x_C, y_C, z_C)$。可以通过应用适当的图像处理技术来估计每个投影球心的像素坐标位置 (u_c, v_c)。常见的用于计算投影中心的方法是将投影球面的边缘进行椭圆拟合。在一些研究中，对应于拟合椭圆中心的像素坐标被认为是投影球心的坐标（Clackdoyle 和 Mennessier，2011）。2015 年，Deng 等的一项研究提供了一个能够更加准确计算椭圆中心的计算方法，该方法结合拟合的椭圆中心和椭圆的支撑（即长轴、短轴和椭圆方向）。

CT 的几何参数可以通过求解前向投影算子来确定，该前向投影算子将全局帧 C_{global} 中的球心坐标（通过对 C_{local} 应用平移和旋转确定）与所有旋转位置 α 的 (u_C, v_C) 相关联。球体中心到探测器的前向投影首先需要对从光源 S 到球体中心 C_{global} 的直线进行参数化表示。沿由点 x_1 和 x_2 确定的直线上的点集 L 可以参数化表示为

$$L = x_1 + t(x_2 - x_1) \tag{7.4}$$

式中：t 为参数变量，代表该点与 x_1 的相对距离，当 $t = 1$ 时，$L = x_2$。用 S 代替 x_1，C_{global} 代替 x_2，则从源点到球体中心的直线方程可以参数化表示为

$$L = S + t(C_{global} - S) \tag{7.5}$$

球心到探测器的投影点即为该直线与探测器平面的交点，可以用下文的方法进行表示。给定探测器平面上的某点 P_0，以及与探测器平面正交的向量 $\hat{n}$，则探测器平面上的所有点 P 均可表示为

$$\hat{n} \cdot (P - P_0) = 0 \tag{7.6}$$

用探测器中心点 D 来代替式（7.6）中的 P_0 点，并用探测器的法向量 $\hat{w}$ 来代替 $\hat{n}$，则式（7.6）可以表示为

$$\hat{w} \cdot (P - D) = 0 \tag{7.7}$$

直线 L 与探测器平面 P 相交的条件为 $P = L$。将式（7.5）带入到式（7.7）中能够计算出交点在全局坐标系中的位置。注意到式（7.8）~（7.10）中的变量 C 对应于全局坐标系 C_{global} 中的球心的位置，为了易于分析，可以在公式中进行简化处理，即

$$\hat{w} \cdot (S + t(C - S) - D) = 0 \tag{7.8}$$

然后，参变量 t 可独立表示为

$$t = \frac{\hat{w} \cdot D - \hat{w} \cdot S}{\hat{w} \cdot (C - S)} \tag{7.9}$$

将式（7.9）代入到式（7.4）中，则可以计算出相交点 I_C 的位置为

$$I_C = S + \left(\frac{\hat{w} \cdot D - \hat{w} \cdot S}{\hat{w} \cdot (C - S)} \right)(C - S) \tag{7.10}$$

将交点 I_C 的全局坐标位置转化为以探测器中心为坐标原点的新坐标系中，即可以计算出球体中心在探测器上投影点的行列坐标 (u_C, v_C)，将 I_C 表达式中的 D 抽取出来，并用像素的行和列向量代替变换后坐标系的点积，有

$$u_C = (I_C - D) \cdot \hat{u} \tag{7.11}$$

$$v_C = (I_C - D) \cdot \hat{v} \tag{7.12}$$

在由 M 个球体组成的参考件中，每个小球在全局坐标系中的位置分别为 (x_m, y_m, z_m)，其中 $m = 1, 2, \cdots, M$。对该参考件作 N 个等角度间隔成像，每一个成像的角度位置 α_n 为

$$\alpha_n = n\left(\frac{360°}{N}\right) \quad\quad\quad (7.13)$$

式中：$n = 0,1,2,\cdots,N-1$。

对于每一个成像的角度位置 α_n，球体的中心都围绕旋转轴进行旋转，这产生了一系列新的全局坐标系下的位置集合 $(x_{m,n},y_{m,n},z_{m,n})$。对每一个位置上的投影进行分析和处理，可以得到一系列球体中心在探测器上的投影坐标 $(u_{m,n},v_{m,n})_{obs}$。如果获得了球体中心的全局坐标位置及其在探测器上的投影坐标，则可以采用两种方法对几何参数进行计算，分别为解析型的方法和最小化方法。

解析型的方法主要是求解关于球体全局坐标、球体在探测器上投影坐标和几何参数之间关系的离散型方程组。这种方法通常依赖于某些已知的几何参数，例如，已知参考件在全局坐标系中的位置信息。CT 系统的几何参数求解结果的精度通常也受制于已知信息的准确程度。这些初始参数的获取通常会需要一些单独的处理方法，例如，对正弦图进行分析或者采用一些测量参照仪器。

最小化方法包括比较模型和观察到的投影数据。一些初始的几何参数能够构造出前向投影计算过程，如果给定这些球体的中心点的全局坐标的话，在探测器上产生一系列的模拟坐标位置 $(u_{m,n},v_{m,n})_{mod}$。将模拟得到的坐标位置与观测到的坐标位置 $du_{m,n}$ 和 $dv_{m,n}$ 的误差进行重投影并进行评估，如

$$du_{m,n} = (u_{obs} - u_{mod})_{m,n} \quad\quad\quad (7.14)$$
$$dv_{m,n} = (v_{obs} - v_{mod})_{m,n} \quad\quad\quad (7.15)$$

然后，通过迭代修改模型前向投影算子的几何参数，应用优化技术使重投影误差最小化。在构造良好的最小化过程中，与全局最小化重投影误差相对应的几何参数应与测试系统的实际参数相对应。任何最小化过程的一个常见缺点是代价函数存在局部极小值。为了确保最小化收敛到全局最小值，用户可以采取一个或多个技术。为了得到模型中的初始几何参数的一个合理值和约束，可以应用单独的解析估计步骤来实现，或者可以使用全局最小化技术（Floudas 和 Gounaris，2009）。

迄今为止，本节描述的几何参数测量方法适用于给定的样品旋转台的位置。控制旋转轴位置的线性轴易受 CMM 中描述的 21 个运动误差的影响（表 7.1）。像干涉仪这样的参考仪器可用于将运动误差映射为相关参数的函数。

载荷对运动轴性能的影响是应当要考虑的因素。在没有对 CT 运动轴进行完全的误差映射情况下，采用参考对象成像的几何估计方法要对样品旋转台的每一个新位置进行重复定位测量。测量的运动误差必须以线性轴的"主"位置为参考，它的 10 个几何参数是用成像方法测量的。在旋转台给定一个新的运动位置的情况下，可以对主位置的 CT 几何参数进行相应的修正。假设测量到的运动误差是可重复的，这样一个系统的几何结构的综合映射可以避免对样品在旋转台的每一个新位置上估计几何参数。

虽然已经开发了计算 CT 几何参数的方法，但根据 VIM 中列出的计量要求对 CT 几何参数进行校准的方法还没有得到验证。研究的重点应该是利用可追踪的参考对象建立测量的几何参数的可追溯性。此外，还需要评估校准参数的不确定度，7.4.1.4 节简要讨论这个主题。

7.4.1.4 几何参数测量的不确定度

无论解析的方法还是最小化的方法，都会出现由于一些几何校准误差源而产生测量参数的不确定性。下面讨论一些更重要的误差源。

校正球体中心坐标的误差：参考物件特征坐标位置（如球体的中心）是 CT 几何参数测量可追踪的参考。球体的中心坐标位置可以通过如接触式 CMM 进行测量。这些坐标测量的不确定性是由多个因素造成的，包括测量仪器的误差，应用于获取球体中心的接触策略的不同（如测量表面点的数量和位置不同），还包括对测量得到的数据的分析方法不同。

投影球体中心像素坐标的估计误差：标记物特征投影的像素位置必须通过专用的方法来计算获得。球体作为椭圆盘投射到探测器上（在球体中心与放大轴重合的特殊情况下，它被投射为圆盘）。可以根据投影得到的椭圆盘来估计投影球心的位置，如采用投影盘的强度值的加权平均值，或根据拟合得到的椭圆来估计投影中心（Clackdoyle 和 Mennessier，2011）。最近，估算投影球体中心图像坐标的方法包括拟合椭圆中心和支撑（图 7.15）到解析表达式（Deng 等，2015）。每种方法都给出了投影球体中心坐标的估计值，并受固有误差的影响。投影球体的大小也会影响估计投影中心的精度，如微小的投影特征数字化误差。由于 X 射线源焦斑的有限尺寸，检测器中的噪声和模糊进一步加剧了估计误差。

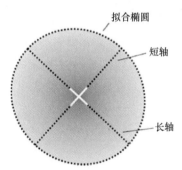

图 7.15　投影球心的像素坐标可以通过将椭圆拟合到投影球的边缘并提取椭圆中心来确定。最近的一项研究还将拟合椭圆支撑结合在一个解析表达式中，以估计投影球体中心的坐标

样品旋转台误差：在几何校准过程中，射线照相采集步骤中进行了若干假设。通常假设样品台理想地旋转，并且准确地知道射线照片之间物体的角位移。与任何运动系统一样，旋转台容易出现误差运动和角分度误差（图 7.16）。这些不一致性会引入误差，除非能够准确测量它们，例如，使用标准程序（ISO，

2015）并进行补偿。在没有补偿的情况下，可以将这些误差运动的影响结合到球心坐标的不确定性中，例如，作为旋转位置的函数 α。

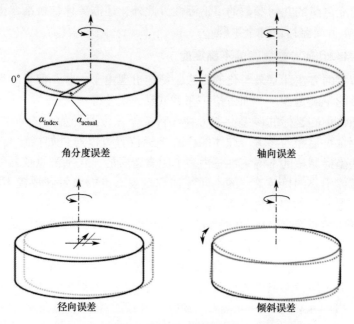

图 7.16　旋转台运动误差

焦斑漂移：焦斑的空间漂移导致射线照片之间的焦斑位置不一致，因此前向投影算子也具有不一致性。在可重复漂移的情况下，例如根据 X 射线枪温度和/或操作时间，可以将焦斑位置 S 建模为旋转角度 α 的函数。或者，扫描持续时间的最大漂移值可以包含在测量的几何参数的不确定性的计算中。

可以使用 GUM 方法评估分析测量的几何参数的不确定性（见 7.5.1 节）。鉴于最小化方法不使用离散方程，必须以不同方式确定求解的几何参数中的不确定性。蒙特卡罗方法（见 7.5.2 节）是一种可能的解决方案。在该技术中，重复最小化过程，每次改变输入量（如参考对象坐标、初始几何参数和投影球心的图像坐标）。观察到的结果分布可以提供测量不确定性的指示。

7.4.2　成像系统的校准

成像系统由检测器处的 X 射线强度的测量来定义。从典型的二极管源－灯丝阴极和目标阳极发出的信号是通过一个较宽的光子能量谱和特征峰进行刻画的，这是由韧致辐射和特征辐射峰辐射产生的（见第 2 章）。能量色散或光子计数探测器是专门设计通过能量来区分入射光子。测量 X 射线衰减的光谱分布的能力可用于更好地重建衰减物体的断层图像（Alvarez 和 Macovski，1976；Kanno 等，2012）。或者，采用能量积分探测器测量整个入射 X 射线光谱上的累积能量。关于这些检测技术的更详细信息可以在文献或其他地方找到（如参见

192

Gruner 等（2001））。工业 CT 系统通常采用能量积分探测器，因此，本节中讨论的话题主要是基于该检测技术的（关于 X 射线检测的更多细节可以在第 2 章和第 3 章中找到）。

理想情况下，探测器像素记录的强度图像与在曝光时间内入射在相应像素区域上的强度成比例。入射和探测强度之间的关系通常可以称为像素响应（其他术语包括检测效率或灵敏度）。理想情况下，对于所有测量的 X 射线强度，探测器响应应该是线性的。对于较低强度的测量，探测器响应显示为近似线性的（Williams 和 Shaddix，2007）；然而，对于更高的强度，线性程度通常会降低。另外，对于探测器中的所有像素，理想情况下，对入射 X 射线的响应应该是均匀的。也就是说，入射在任何给定像素上的相同 X 射线信号应该产生相同的强度输出。有几个因素会影响探测器输出的非线性和空间不均匀性。这些因素包括闪烁体的制造厚度的不一致、探测器中的能量依赖性和几何依赖性现象以及背景信号等。这些影响因素的更详细描述可以在文献 Barna 等（1999）、Gruner 等（2002）中找到。在本节中，将介绍一些更重要的因素，包括刻画和纠正的方法。

7.4.2.1 尖峰辐射（Zingers）

Zingers 是发射辐射的随机事件，例如，由于探测器材料中的放射性衰变，可以大约 0.8Hz 的频率发生（Tate 等，2005）。在射线照相图像中，zingers 表现为像素强度不可预测的尖峰。为了检测 zingers，在标称等效曝光下拍摄两个或更多图像。图像之间相同像素的强度差异超过特定阈值就被识别为 zingers。Barna 等（Barna 等，1999）提供了一种解析方程，用于定义测量强度函数的阈值，以应对由于发射光子的泊松分布引起的统计变化。根据 Gruner 等提出的方法（Gruner 等，2002），通过识别超过局部强度区域期望的泊松分布的像素值，也可以从单个图像确定 zingers。然而，该方法仅对没有锐利边缘投影的射线照片有效，例如，可预期相邻像素之间的强度变化超过泊松统计。

在识别出 zinger 的情况下，相应像素的强度值可以用相邻像素的平均值代替，或者从名义上相同的图像之间的较低值加上统计确定的偏移量来计算，以避免统计偏差（Barna 等，1999）。虽然在测量中检测和去除每个放射线图像的 zingers 可能是不切实际的，但强烈建议进行检测器偏移和平场校正。在这两个校正过程中，任何一个未校正的 zingers 将传播到应用校正的所有 X 射线照片中。

7.4.2.2 图像的几何畸变

理想情形下，射线照片像素存储的强度应对应于探测器区域的规则采样网格。由于探测器的多种部件可能存在缺陷，规则网格的响应可能存在偏差。可以根据以下方法测量和校正平滑变化的图像失真（Barna 等，1999）。具有规则间隔孔的衰减掩模（图 7.17）直接放置在探测器的前面，掩模中的每个孔位置由所在列和行索引的刻画，分别为 $c = 1, 2, \cdots, N_c$ 和 $r = 1, 2, \cdots, N_R$。

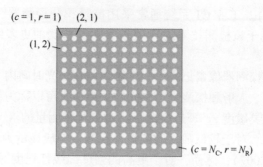

图 7.17　用于确定几何图像失真的衰减掩模

掩模在光线的照射下，将形成由亮点网格组成的射线照相图像。对于每个投影点，像素列坐标 $u_{wm}(c,r)$ 和像素行坐标 $v_{wm}(c,r)$ 的值由亮点强度值的加权平均值获得。等效网格计数的理想方格是最小二乘拟合加权平均位置的集合。从观察位置到理想位置的像素列和行失真矢量分别表示为 $\Delta u(c,r)$ 和 $\Delta v(c,r)$，可表示为

$$\Delta u(c,r) = u_{\text{fit}}(c,r) - u_{wm}(c,r) \tag{7.16}$$

$$\Delta v(c,r) = v_{\text{fit}}(c,r) - v_{wm}(c,r) \tag{7.17}$$

式中：$u_{\text{fit}}(c,r)$ 和 $v_{\text{fit}}(c,r)$ 为经过最小二乘拟合之后理想方格的坐标位置。因此，理想方格的坐标由 $(u_{wm}(c,r) + \Delta u(c,r), v_{wm}(c,r) + \Delta v(c,r))$ 表示。通过从观察到的投影点位置的失真进行插值来生成逐像素失真图。在 Barna 等（Barna 等，1999）提出的方法中，在两个步骤中构造一维三次样条来实现插值。

第一个样条曲线分别沿着每一行 r 构造，采用函数 $u_{wm}(c,r)$ 沿像素列 i 进行插值。结果为一组插值坐标 $v(i,r)$ 和插值失真映射 $\{\Delta u(i,r), \Delta v(i,r)\}$。第二个样条分别沿着每一列 i 构造，采用 $v(i,r)$ 的函数沿每一像素行进行插值。结果是逐像素的失真映射 $\{\Delta u(i,j), \Delta v(i,j)\}$，可以用来对后续的射线照相图像进行像素重排，以校正图像失真。鉴于失真很少（如果有的话），将像素强度进行重排得到理想像素图并不是轻而易举的。Barna 等（Barna 等，1999）对有效重排需要考虑的因素做了详细讨论。

掩模板的厚度和材料将取决于用于成像的 X 射线能量。例如，在 Barna 等的研究中（Barna 等，1999），将 $50\mu m$ 钨箔板用于低于 20keV 的 X 射线能量。板孔的直径应略大于探测器像素的大小，$75\mu m$ 孔用于 $50\mu m$ 像素的探测器。孔之间的间距应对应于平滑变化的畸变的期望尺度，这取决于图像增强器的类型，以及用于将测量信号从闪烁体传输到 CCD 的部件。对于具有 $50\mu m$ 像素的 1024×1024 光纤耦合探测器，预期失真将平滑到几毫米内（Barna 等，1999）。对于该特定探测器的畸变测量，沿水平和垂直方向的孔间距均为 $1mm$。具有精确间距的小特征可以通过光刻法制作，并随后在视觉 CMM 上进行校准。然后可以使用校准的特征位置，来实现可追踪的测量并估计几何失真中的不确定程度。

7.4.2.3　探测器偏置

由于元器件的加热效应，探测器会出现电子噪声（暗场电流），这会导致像素强度产生偏移。由于温度的依赖性，探测器可能会发生偏置的漂移。因此，应该定期逐像素测量探测器的偏置（Hsieh，2015）。

探测器偏置的测量，包括在没有 X 射线照射的情况下获取几个原始射线照相图像 DO_{raw}，并计算平均偏置图像 DO_{mean}。这里使用的符号遵循文献 Williams 和 Shaddix（2007）中采用的形式。对于数量为 N_{DO} 的一组原始图像，平均偏置射线照相图像 $DO_{mean}(u,v)$ 中的每个像素 (u,v) 的强度可表示为

$$DO_{mean}(u,v) = \frac{1}{N_{DO}} \sum_{j=1}^{N_{DO}} DO_{raw}(j:u,v) \tag{7.18}$$

式中：$j = 1,2,\cdots,N_{DO}$ 为原始数据中的像素索引。

确保用于获取偏置图像的曝光时间，与用于测试射线照片 I_{raw} 的曝光时间一致是很重要的。可以从测试射线照片中逐个减去 $DO_{mean}(u,v)$ 中的像素值，以获得偏置校正的测试图像 I_{DO}，此过程也称为背景减法，即

$$I_{DO}(u,v) = I_{raw}(u,v) - DO_{mean}(u,v) \tag{7.19}$$

7.4.2.4　增益校正

增益校正是用于测量和校正检测器响应不均匀性的过程。在均匀 X 射线照射的情形，理想情况下，所有探测器像素应产生相同的强度输出。即使入射 X 射线是均匀的，但是不均匀的探测器响应会导致像素强度输出出现变化；可以从观察到的响应的变化中，得到归一化增益校正映射。这里生成增益校正映射图的过程遵循 Williams 和 Shaddix 提出的方法（Williams 和 Shaddix，2007）中类似的符号约定。在执行增益校正过程中，确保使用相同的管电压，滤光片（如果有的话）和探测器曝光量作为测试测量是很重要的。

在全光场条件下，成像视野中没有遮挡物对 X 射线产生衰减，获取射线照片 GC_{raw}。对原始射线照片 DO_{raw} 进行探测器偏置校正，然后将其平均到 GC 中，即

$$GC(u,v) = \frac{1}{N_{GC}} \sum_{i=1}^{N_{GC}} \{ GC_{raw}(i:u,v) - DO_{mean}(u,v) \} \tag{7.20}$$

式中：$i = 1,2,\cdots,N_{GC}$ 为增益校正图像的索引。图像的均值 μ 可表示为

$$\mu = \frac{1}{Nu \times Nv} \sum_{u=1}^{Nu} \sum_{v=1}^{Nv} GC(u,v) \tag{7.21}$$

式中：Nu、Nv 为图像中列和行的数量。标准化的平均增益为

$$GC_{normal}(u,v) = \frac{GC(u,v)}{\mu} \tag{7.22}$$

增益校正的实现，是通过将已经偏置校正的测试图像 I_{DO} 与归一化增益校正图像对应像素位置 (u,v) 中的因子相除得到：

$$I_{GC}(u,v) = \frac{I_{DO}(u,v)}{GC_{normal}(u,v)} \tag{7.23}$$

可以对像素响应中的非线性特性进行如下方式校正。在预期范围内，以一系列发射的 X 射线强度水平计算多个增益校正图。通过改变 X 射线源电流，可以产生不同的 X 射线强度，同时保持加速电压恒定，以保持相同的发射光谱（Kwan 等，2006；Schmidgunst 等，2007）。在各种增益校正图之间进行插值，可以实现对整个测量的 X 射线强度范围的增益校正。因此，可以获得对于测量中预期的整个强度范围进行增益校正的解析增益校正函数（例如，对于 16 位成像系统 0～65535）。在 Seibert 等（Seibert 等，1998）的研究中，在插值步骤中使用了线性曲线，而在 Kwan 等（Kwan 等，2006）的工作中应用了多项式拟合。文献Schmidgunst 等（2007）指出对多个强度增益校正数据，采用分段线性拟合技术，能够达到比线性和多项式拟合更有效的插值效果。

增益校正的有效性基于以下假设：入射 X 射线强度对于泛光场图像中的所有像素是相等的。足跟效应是发射光谱产生空间不均匀性的一个已知因素（Braun 等，2010）。阳极处的 X 射线光子的发射不限于靶的外表面。电子可以穿透到靶材料中，导致光子从特定深度处发射出来。当光子朝向出射孔传播时，在靶材料一定深度处产生的较低能量光子将会被衰减。阳极处光束的硬化是光子通过靶的路径长度的函数，随着光束出射角而变化。结果会产生具有空间不均匀光谱分布的 X 射线束。虽然能量积分探测器不能通过能量来区分光子，但是精确表征和校正若干与能量有关的效应（如射束硬化、散射和探测器响应）取决于准确知道整个生成的射束中的 X 射线谱。

足跟效应以及像素响应的能量依赖性，可能在增益校正图的生成中引入不准确性。Davidson 等（Davidson 等，2003）以及 Yu 和 Wang 等（Yu 和 Wang 等，2012）初步研究了解决光谱变化影响的方案。该方法在具有不同程度射束硬化的 X 射线信号的情况下，产生增益校正图，例如，通过在光源出射口处应用各种滤光片。或者，采用具有已知响应特性的检测器，可用于提供入射强度的参考测量值，作为窄光子能量间隔的函数，与测试探测器输出进行比较。该方法还可以实现探测器强度测量的可追溯性的方法（Haugh 等，2012）。或者，可以开发 X 射线发射过程的综合模型，由此测量 X 射线源特征组（如有效电压和电流、电子束聚焦行为、阳极靶材料成分和入射几何形状），用于计算光束轮廓上的光谱和光通量分布。发射光束的空间不均匀性，对仪器校准和特定任务不确定性的影响是一个值得进一步研究的课题。

7.4.2.5 仪器漂移

CT 成像系统随着时间的推移表现出不稳定性，这些不稳定性主要是由于热效应、但也包括由于不稳定的磁聚焦引起的 X 射线源内的加速电子束的空间波动。在存在这些时间不稳定性的情况下，建议定期监测成像系统。例如，在测试采集之前和之后，执行增益校正以确定增益校正图中的波动，并且随扫描时间进行插值计算，可以提升热效应漂移下的成像准确度。

7.4.3 断层重建步骤的校准

断层成像重建是逆 Radon 变换的近似解（见第 2 章）。给定一组"理想的"射线照片，即没有噪声并在理想扫描条件下获得的投影，重建算法引入了各种固有误差。这些误差包括锥束伪影、数字化误差以及由反射投影之前的射线投影滤波引起的误差。虽然一般工作原理在可用的各种算法之间通用，但对同一投影数据集采用不同算法，将产生不完全相同的体数据。此外，即使采用相同算法实现重建，体数据也会随着算法参数的变化而产生差异，如图像滤波器（斜坡滤波器、Hanning 滤波器等）的选择和反投影步骤中的体素内插方法。不管重建算法如何，其对测量的影响都应该进行刻画，并且如果可能的话，应减少其影响。

断层重建算法应该在一组给定的参考射线投影图像的情况下进行测试，算法类型和应用于参考投影图像的特定参数应与用于测试数据的算法一致。由断层重建算法引起的误差通常取决于测量对象，也就是说，采用不同的射线照相数据集来刻画重建算法的效果，可能无法获得对测试数据集的等效影响。因此，在类似于实验数据集的参考数据集上进行刻画是至关重要的。

7.5 评估特定任务的 CT 测量不确定度

特定任务测量不确定度的评估需要来自仪器校准步骤的输入、测量对象的空间和材料信息、测量期间的环境条件，以及优选地用于评估测量结果的统计变化的重复测量。下面讨论常用的评估测量不确定度的方法。应该注意的是，目前，只有比较方法能够可靠地应用于评估 CT 测量的不确定性。

7.5.1 GUM 方法

"测量不确定度表达指南"（GUM）是一份标准文件，概述了评估测量不确定度的分析方法（BIPM，2008a）。该方法通常由首字母缩略词形式引用，也即 GUM 方法。GUM 方法的基础是可以通过模型描述测量，换句话说，求解模型是执行测量的数学等价。该模型由函数 f 组成，函数 f 将观测集 Y 与输入集 X 相关联，即

$$Y = f(X) \tag{7.24}$$

式中：$X = [X_1, X_2, \cdots, X_N]$ 和 N 为模型输入的总数。在实际测量中，用户仅具有每个输入 X_i 的估计 x_i。因此，测量结果是观测量 Y 的估计 y，并且是多个输入估计 x_i 的函数，即

$$y = f(X_1 = x_1, X_2 = x_2, \cdots, X_N = x_N) \tag{7.25}$$

输入估计值 $u(x_i)$ 的不确定性将导致估计的被测量 $u(y)$ 的不确定性。这些不确定性通过评估它们的方法进行分类。"A 类"不确定性，由多次观测导致的输入估计值的变化给出。"B 类"不确定性，是在仪器规范中提供，或者根据输入估计的统计分布的先验知识确定。假设输入之间没有相关性，估计的测量 $u(y)$ 的不确定性可表示为

$$u^2(y) = \sum_{i=1}^{N} \left(\frac{\partial f}{\partial x_i}\right)^2 u^2(x_i) \tag{7.26}$$

式中：$\partial f/\partial x_i$ 为 f 对于 $X_i = x_i$ 的偏微分。在一些输入的估计具有相关性的情形下，需要在平方根下加入互相关项（见 7.5.2 节）。式（7.26）以及对应的互相关项体现了不确定度传播定律，这构成了不确定度分析的主要框架。GUM 方法应用的范式如图 7.18 所示。

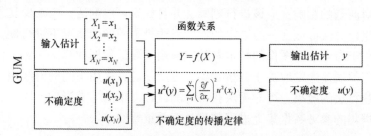

图 7.18 采用 GUM 方法评估不确定度的范式（从 JCGM101 获得）。
该图展示了输入变量没有互相关时的不确定度传播定律

不确定性的传播定律要求函数关系 f 对于所有输入是连续可微的，特别是对于估计 x_i 附近的 X_i 值。在 f 不满足该条件的情况下，GUM 方法在评估不确定性方面的应用是有限的。并且目前没有用于 CT 测量的分析模型。因此，通过分析手段应用 GUM 方法也是不可行的。

7.5.2 蒙特卡罗模拟

在不确定性传播定律不适用的情况下，蒙特卡罗模拟方法（Monte Carlo Simulation，MCS）是 GUM 方法的有效替代方法。这种情况的一个例子：函数 f 不连续可微或者偏导数计算太复杂。采用蒙特卡罗方法估计测量不确定度的一般原则为：重复求解测量模型，每次对测量值分布内随机改变输入量。在重复观测的结果中，用观察结果分布来评估测量不确定性。GUM 的补充 1（以下称为"JCGM 101"）提供了采用数学模型全面描述蒙特卡罗方法（BIPM，2008b）。蒙特卡罗的原理可以应用于模拟测量，本节介绍了 JCGM 101 中讨论的相关问题。

考虑方程式（7.24）中观测模型的定义。模型输出 Y 是一组 N 个输入 X 的函数，其中 $X = [X_1, X_2, \cdots, X_N]$。每个输入 X_i 的概率分布函数为 $g_{X_i}(\xi_i)$，其中 ξ_i 是表示 X_i 的可能值的变量。高斯概率分布函数如图 7.19 所示。每个分布函数的形状和范围，由输入估计的试验测量的不确定性或专家知识确定。

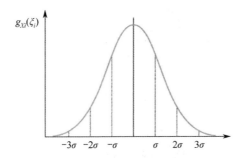

图 7.19　在蒙特卡罗方法中，观测模型的每个输入 ξ_i 的概率估计为 $g_{X_i}(\xi_i)$

对测量模型进行 M 次求解，对于模拟测量的每次迭代 $r = [1,2,\cdots,M]$ 过程，则从相应的分布函数 $g_{X_i}(\xi_i)$ 中随机采样作为每个输入 X_i 的量 x_i。也就是说，对于第 r 次模拟过程，输入估计的集合 x_r 为

$$x_r = [x_{1,r}, x_{2,r}, \cdots, x_{3,r}] \tag{7.27}$$

因此，模拟测量的相应输出量 y_r 可表示为

$$y_r = f(x_r) \tag{7.28}$$

M 组重复试验得到一组 Y 的输出量为

$$Y = [y_1, y_2, \cdots, y_M] \tag{7.29}$$

也可以通过分布函数 $g_Y(\eta)$ 表示，其中 η 是描述输出量值的变量（图 7.20）。

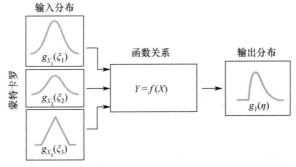

图 7.20　评估测量不确定度的蒙特卡罗方法图示（改编自 JCGM 101）。
图中，输出 Y 是 3 个输入变量的函数

测量结果的估计值由 Y 的平均值 $\tilde{y}$ 给出，即

$$\tilde{y} = \frac{1}{M} \sum_{r=1}^{M} y_r \tag{7.30}$$

估计 $u(\tilde{y})$ 的标准不确定度，由 Y 的标准差给出（假设 $g_Y(\eta)$ 是正态分布的）

$$u(\tilde{y}) = \sqrt{\frac{1}{M-1} \sum_{r=1}^{M} (y_r - \tilde{y})^2} \tag{7.31}$$

模拟实验的次数 M 应足够大，以确保满足估计不确定度的数值容差能够满

足条件（见 JCGM 101 中的 7.9.2 节）。在大多数情况下，M 取值为 10^6 时将提供 95% 的覆盖间隔。

在过去 10 年中，CT 的模拟已经取得了显著进展。然而，想要更全面地模拟物理现象还需要做更多工作。此外，（采用 MCS 进行）CT 模拟非常耗时。应开发类似于虚拟 CMM 的专用解决方案（Trapet 和 Wäldele，1996），处理 MCS 中的大量迭代计算过程。因此，MCS 在评估 CT 测量不确定性方面的应用存在局限性。

7.5.3 比较器方法

测量块比较器方法（也称为替换方法）是一种常用方法，该方法的命名来源于将可追溯性从参考对象传递到测试对象的仪器。典型的测量块比较器及其结构图如图 7.21 所示。两个测量针在测量面上接触测量块，每个触针的位置，通过位移测量装置单独测量，在这种情况下是差动传感器。因此，仪器的输出不是绝对长度，而是由两个传感器测量的长度的累积变化。比较器与其他测量仪器的独特之处在于，绝对长度不是由仪器提供的，而是由校准的参考仪表测量块提供的。仪器输出用于测量测试和参考长度之间的差异，因此，仪器输出的线性对于精确的比较测量至关重要。测量的不确定度是通过重复测量测试和校准块、测量块材料的已知差异（因为受接触点接触力产生的弹性压缩，如图 7.5 所示）和环境条件（Beers 和 Tucker，1976；Doiron 和 Beers，1995）计算得出的。

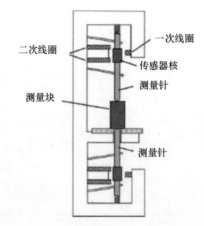

图 7.21　测量块比较器及图示（图片由 NIST 提供）

评估比较器测量不确定性的方法是经过改进的，以便通过其他仪器评估不确定性。这对于复杂的仪器特别有用，如坐标测量系统，因为在 GUM 方法中并不需要综合测量模型。国际标准 ISO 15530-3 描述了坐标测量机的不确定性评估的比较器方法（ISO，2011）。VDI/VDE 2630 第 2.1 部分（以下简称"指南"）是通过比较法评估 CT 测量不确定度的指南，内容如下所述（VDI/VDE，2015）。

通过比较器方法估计测量不确定度，需要获取一个或多个校准的参考对象，需要与测试对象相似（如果不完全相同的话）。相似性的标准包括形状、尺寸和材料。该指南强调，对 X 射线具有强衰减性质的物体，校准和测试对象之间的传输长度和衰减系数的差异，可能会导致不确定性评估中产生新的差异。应用于参考和测试对象的测量计算步骤应保持一致，包括物体安装、测量点的数量和分布、扫描设置和环境条件。在不确定性评估中，应该尽可能考虑更多的不同之处。

参考物体的校准通常采用接触式 CMM，接触式 CMM 的某些功能特性可能无法进行分析，如内部功能。在没有替代的非破坏性校准技术的情况下，可以对参考对象进行物理分割，使内部特征可由接触式 CMM 或其他 CMS 访问。对参考对象的校准可以在 CT 测量之前或之后执行。如果之前进行校准，则应对分割的参考物体先进行重新组装，进行 CT 测量；在校准不确定度的估计中，应考虑到由于分割导致物体的材料和尺寸完整性的变化。

通过比较器方法测量的扩展不确定度 U_{MP} 可表示为

$$U_{\mathrm{MP}} = k \sqrt{u_{\mathrm{cal}}^2 + u_{\mathrm{drift}}^2 + u_p^2 + u_w^2 + u_b^2} \qquad (7.32)$$

式中：径向部分对应于标准不确定性的平方。式（7.32）中每个量由下表列出。

k	基于表示不确定性的置信区间而选择的覆盖因子。置信区间随覆盖因子而增加，$k=2$ 时的覆盖因子对应于 95% 置信区间
u_{cal}	u_{cal} 值对应于校准值的标准不确定度。如果校准证书提供扩展的不确定度 U_{cal}，那么标准不确定度 u_{cal} 可以计算为 $$u_{\mathrm{cal}} = \frac{U_{\mathrm{cal}}}{k_{\mathrm{cal}}}$$ 式中：k_{cal} 为用于表示校准值的不确定性的覆盖因子，应该在校准证书中提供
u_{drift}	由于变形、辐射、环境条件和某些材料的不稳定性等因素，参考物体尺寸的漂移可能随着时间的推移而发生。连续校准之间的差异，可用于估计 CT 测量时的预期漂移。在没有多次校准的情况下，可以采用基于物体行为和对象的专家知识，来估计该组件
u_p	对参考物体的多次 CT 测量，将产生统计变化（由测量步骤、测量策略和仪器的不稳定性等因素引起）。在参考对象与测试对象具有相似性的情况下，u_p 由参考对象的 N 次测量的标准偏差给出，即 $$u_p = \sqrt{\frac{1}{N-1} \sum_{i=1}^{N} (y_i - \bar{y})^2}$$ 式中：y_i 为单独测量得到的结果；$\bar{y}$ 为 N 次测量结果的均值。如果参考对象和测试对象之间存在显著差异，则应采用单独的程序来评估对不确定性的贡献。为确保统计估计值的稳定有效，建议至少进行 20（即 $N=20$）次测量

u_w	该项估计测试对象之间的差异对不确定性的贡献。至少有两个子组件 u_{w1} 和 u_{w2} 对正交的 u_w 有贡献，即 $$u_w^2 = u_{w1}^2 + u_{w2}^2 + \cdots$$ 式中：u_{w1} 为多个测试对象产生过程中的变化。如果只需要一个测试对象的不确定性，那么 u_{w1} 可以忽略不计。否则，可以根据已知的制造公差来确定 u_{w1}。或者，可以通过对 $j = 1,2,\cdots,M$ 个测试对象，执行重复测量来获取生产的变化。在这种情况下，新的 u_p 可以根据测试对象上的重复测量的标准偏差 $u_{p,j}$ 进行计算，即 $$u_p = \sqrt{\frac{1}{M}\sum_{j=1}^{M} u_{p,j}^2}$$ 式中：u_{w2} 为测试对象之间材料成分的可能变化，如材料供应商，以及随后的热膨胀不确定性。该组件计算为 $$u_p = (t - 20{}^\circ C) \cdot u_\alpha \cdot l$$ 式中：t 为测量期间的平均温度；u_α 为物体材料的热膨胀系数的标准不确定度；l 为测量的尺寸。（$u_{w3}, u_{w4}, \cdots$）用于迄今未考虑到的其他因素
u_b	参考物体的 CT 测量值与校准值之间可能存在偏差。偏差计算为 $$b = \bar{y} - y_{cal}$$ 式中：$\bar{y}$ 为参考物体上 N 次 CT 测量值的平均值。建议在随后的测试对象测量中对偏差进行校正。在这种情况下，必须在偏差 u_b 的计算中考虑不确定性。VDI/VDE 2630 第 2.1 部分建议，u_b 应至少包括由于校准参考物体的热膨胀系数的不确定性而产生的影响，即 $$u_b = (t - 20{}^\circ C) \cdot u_{\alpha b} \cdot l$$ 式中：t 为重复 CT 测量期间的平均温度；$u_{\alpha b}$ 为参考物体材料的热膨胀系数的标准不确定度；l 为测量的尺寸

Müller 等（Müller 等，2014）已经证实了比较器法在 CT 测量中的应用，包括胰岛素笔的镀镍黄铜组件制造中的平面到平面长度（L_F 和 L_T）、内径和外径（分别为 d_{1-3} 和 D_{1-3}）、形状（圆度 R_{1-2}）和对称性（S_{1-2}）的几个尺寸。组件和测量特征如图 7.22 所示。

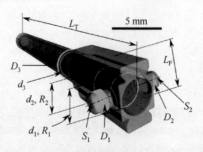

图 7.22　胰岛素笔镀镍铜组件上测量各种特征示意。不确定性是采用比较器法
进行估计的。图片经 Müller 等（Müller 等，2014）许可转载

不确定性计算的结果包括对参考物体的 CT 测量值与 CMM 校准值之间偏差的校正，如表7.5 所列。在这项研究中，u_{drift}组件被忽略了。鉴于 CT 测量可能相对耗时，Muller 等估计 u_p 从 9 次重复测量开始（而不是建议的最小值 20 次），9 次测量结果的标准偏差随后乘以安全系数 1.2，以补偿减少的测量次数。

表 7.5　测量胰岛素笔组件的各种特征的结果和相应的不确定性值

		测量值/mm		不确定度贡献/μm				
		CMM	CT	u_{cal}	u_p	u_w	u_b	$U_{CT}(k=2)$
被测量	d_1	3.3991	3.850	0.90	1.60	0.01	0.44	3.8
	d_2	3.4020	3.3850	0.86	1.05	0.01	0.29	2.8
	d_3	3.4082	3.3914	0.87	0.60	0.01	0.35	3.5
	D_1	1.9077	1.9072	1.13	1.26	0.01	0.35	3.5
	D_2	1.9063	1.9106	0.50	1.54	0.01	0.43	3.4
	D_3	4.1174	4.1167	0.42	0.61	0.01	0.17	1.5
	L_F	6.2866	6.2843	1.34	1.06	0.02	0.29	3.5
	L_T	46.3990	46.3997	0.88	2.01	0.14	0.58	4.6
	R_1	0.0017	0.0561	0.63	6.33	0.00	1.76	13.2
	R_2	0.0010	0.0194	0.61	3.19	0.00	0.89	6.7
	S_1	0.0319	0.0421	1.58	0.56	0.00	0.15	3.4
	S_2	0.0487	0.0445	1.46	1.18	0.00	0.33	3.8

注：表格经 Müller 等（Müller 等，2014）许可转载

7.6　讨论

学术界不断的努力将 CT 测量技术推向成熟阶段。工业 CT 系统是功能强大的多功能测量仪器，允许用户测量多种尺寸、材料和复杂几何结构的物体。然而，在测量仪器中，这种多功能性的代价是测量精度具有高度的复杂性。第 7.4.1 节已表明，重新定位旋转台的能力，使几何校准的工作量远远超过成像过程。运动误差必须与几何参数相结合以获取系统的完整几何误差映射。第 7.4.2 节表明，发射 X 光谱和探测器的能量相关现象的不均匀性，使成像系统的校准成为一项非平凡的工作。

整个 CT 测量过程的建模难以达到完备程度（包括如 X 射线散射和射束硬化的物理现象的影响）。此外，断层成像重建对测量误差的影响也值得进行更多的研究。由于这些原因，基于仿真模拟的 GUM 和蒙特卡罗方法，在评估不确定性时是存在局限性的。迄今为止，比较器方法是唯一能够提供对 CT 测量不确定度可靠估计的方法。

致谢：作者要感谢（英国）国家物理实验室的 Claudiu Giusca 博士对本章结构的知识性讨论。

参考文献

Alvarez RE, Macovski A (1976) Energy-selective reconstructions in X-ray computerized tomography. Phys Med Biol 21(5):733–744

Barna SL, Tate MW, Gruner SM, Eikenberry EF (1999) Calibration procedures for charge-coupled device x-ray detectors. Rev Sci Instrum 70(7):2927–2934

Beers JS, Tucker CD (1976) Intercomparison procedures for gage blocks using electromechanical comparators. National Bureau of Standards Interagency Report NBSIR, pp 76–979

BIPM (2006) The International system of units (SI), 8th edn. International Organisation for Standardisation, Geneva

BIPM JCGM 100 (2008a) Evaluation of measurement data—guide to the expression of uncertainty in measurement. International Organisation for Standardisation, Geneva

BIPM JCGM 101 (2008b) Evaluation of measurement data—supplement 1 to the "Guide to the expression of uncertainty in measurement"—propagation of distributions using a Monte Carlo method. International Organisation for Standardisation, Geneva

BIPM JCGM 200 (2012) International vocabulary of metrology—basic and general concepts and associated terms (VIM), 3rd edn. International Organisation for Standardisation, Geneva

Braun H, Kyriakou Y, Kachelrieß M, Kalender WA (2010) The influence of the heel effect in cone-beam computed tomography: artifacts in standard and novel geometries and their correction. Phys Med Biol 55:6005–6021

Clackdoyle R, Mennessier C (2011) Centers and centroids of the cone-beam projection of a ball. Phys Med Biol 56:7371–7391

Davidson DW, Fröjdh C, O'Shea V, Nilsson H-E, Rahman M (2003) Limitations to flat-field correction methods when using an X-ray spectrum. Nucl Instrum Methods Phys Res A 509:146–150

Deng L, Xi X, Li L, Han Y, Yan B (2015) A method to determine the detector locations of the cone-beam projection of the balls' centers. Phys Med Biol 60:9295–9311

Doiron T, Beers J (1995) The gauge block handbook. NIST Monograph 180

Ferrucci M, Leach RK, Giusca C, Carmignato S, Dewulf W (2015) Towards geometrical calibration of X-ray computed tomography systems—a review. Meas Sci Technol 26:092003. doi:10.1088/0957-0233/26/9/092003

Floudas CA, Gounaris CE (2009) A review of recent advances in global optimization. J Glob Optim 45:3–38

Gruner SM, Eikenberry EF, Tate MW (2001) Comparison of X-ray detectors. In: International tables for crystallography, vol F, pp 143–147

Gruner SM, Tate MW, Eikenberry EF (2002) Charge-coupled device area X-ray detectors. Rev Sci Instrum 73(8):2815–2843

Haugh MJ, Charest MR, Ross PW, Lee JJ, Schneider MB, Palmer NE, Teruya AT (2012) Calibration of X-ray imaging devices for accurate intensity measurement. Powder Diffr 27(2):79–86

Hermann G (2007) Geometric error correction in coordinate measurement. Acta Polytechnica Hungarica 4(1):47–61

Hsieh J (2015) Computed tomography: principles, design, artifacts, and recent advances, 3rd edn. SPIE Press, Bellingham

ISO 15530–3 (2011) Geometrical product specifications (GPS)—coordinate measuring machines (CMM): technique for determining the uncertainty of measurement Part 3 : Use of calibrated workpieces or measurement standards. International Organisation for Standardisation, Geneva

ISO 230-7 (2015) Test code for machine tools—Part 7: Geometric accuracy of axes of rotation. International Organisation for Standardisation, Geneva

Kanno I, Imamura R, Minami Y, Ohtaka M, Hashimoto M, Ara K, Onabe H (2012) Third-generation computed tomography with energy information of X-rays using a CdTe flat panel detector. Nucl Instrum Methods Phys Res A 695:268–271

Kwan ALC, Seibert JA, Boone JM (2006) An improved method for flat-field correction of flat panel x-ray detector. Med Phys 33(2):391–393

Lifton JJ, Malcolm AA, McBride JW (2015) On the uncertainty of surface determination in x-ray computed tomography for dimensional metrology. Meas Sci Technol 26:035003

Moroni G, Petrò S (2016) Impact of the threshold on the performance verification of computerized tomography scanners. Procedia CIRP 43:345–350

Muller P, Hiller J, Dai Y, Andreasen JL, Hansen HN, De Chiffre L (2014) Estimation of measurement uncertainties in X-ray computed tomography metrology using the substitution method. CIRP J Manufact Sci Technol 7:222–232

Muralikrishnan B, Sawyer DS, Blackburn CJ, Phillips SD, Borchardt BR, Estler WT (2009) ASME B89.4.19 performance evaluation tests and geometric misalignments in laser trackers. J Res Natl Inst Stand Technol 114:21–35

Muralikrishnan B, Ferrucci M, Sawyer DS, Gerner G, Lee V, Blackburn C, Phillips S, Petrov P, Yakovlev Y, Astrelin A, Milligan S, Palmateer J (2015) Volumetric performance evaluation of a laser scanner based on geometric error model. Prec Eng 40:139–150

Muralikrishnan B, Phillips S, Sawyer D (2016) Laser trackers for large-scale dimensional metrology: a review. Prec Eng 44:13–28

NBS (1975) The International Bureau of Weights and Measures 1875–1975, translation of the BIPM centennial volume, vol 420. NBS Special Publication, pp 77–85

Pereira PH (2012) Cartesian coordinate measuring machines. In: Hocken RJ, Pereira PH (eds) Coordinate measuring machines and systems, 2nd edn. CRC Press, Boca Raton, pp 61–67

Petrov P, Yakovlev Y, Grigorievsky V, Astrelin A, Sherstuk A (2011) Binary modulation rangefinder. US Patent US 7,973,912 B2

Santolaria J, Aguilar JJ (2010) Kinematic calibration of articulated arm coordinate measuring machines and robot arms using passive and active self-centering probes and multipose optimization algorithm based in point and length constraints. In: Lazinica A, Kawai H (eds) Robot manipulators new achievements. Intech, Vukovar

Santolaria J, Majarena AC, Samper D, Brau A, Velázquez J (2014) Articulated arm coordinate measuring machine calibration by laser tracker multilateration. Sci World J 2014:681853

Schmidgunst C, Ritter D, Lang E (2007) Calibration model of a dual gain flat panel detector for 2D and 3D X-ray imaging. Med Phys 34(9):3649–3664

Schwenke H, Knapp W, Haitjema H, Weckenmann A, Schmitt R, Delbressine F (2008) Geometric error measurement and compensation of machines—an update. CIRP Ann Manuf Technol 57:660–675

Seibert JA, Boone JM, Lindfors KK (1998) Flat-field correction technique for digital detectors. Proc SPIE 3336:348–354

Sładek J, Ostrowska K, Gąska A (2013) Modeling and identification of errors of coordinate measuring arms with the use of a metrological model. Measurement 46:667–679

Stolfi A, Thompson MK, Carli L, De Chiffre L (2016) Quantifying the contribution of post-processing in computed tomography measurement uncertainty. Procedia CIRP 43:297–302

Tate MW, Chamberlain D, Gruner SM (2005) Area X-ray detector based on a lens-coupled charge-coupled device. Rev Sci Instrum 76:081301

Trapet E, Wäldele F (1996) The virtual CMM concept. Advanced mathematical tools in metrology. World Scientific Publishing Company, pp 238–247

VDI/VDE 2630 Part 2.1 (2015) Computed tomography in dimensional measurement: determination of the uncertainty of measurement and the test process suitability of coordinate measurement systems with CT sensors. Verein Deutscher Ingenieure e.V., Dusseldorf

Weckenmann A, Hoffmann J (2012) Probing systems for coordinate measuring machines. In: Hocken RJ, Pereira PH (eds) Coordinate measuring machines and systems, 2nd edn. CRC Press, Boca Raton, pp 100–105

Williams TC, Shaddix CR (2007) Simultaneous correction of flat field and nonlinearity response of intensified charge-coupled devices. Rev Sci Instrum 78:123702

Yu Y, Wang J (2012) Beam hardening-respecting flat field correction of digital X-ray detectors. IEEE International Conference on Image Processing, pp 2085–2088

第 8 章　CT 在无损检测和材料表征中的应用

Martine Wevers, Bart Nicolaï, Pieter Verboven, Rudy Swennen, Staf Roels, Els Verstrynge, Stepan Lomov, Greet Kerckhofs, Bart Van Meerbeek, Athina M. Mavridou, Lars Bergmans, Paul Lambrechts, Jeroen Soete, Steven Claes, Hannes Claes

摘要：CT 是一种持续发展的无损检测产品，有助于研究材料内部精细结构和变化，这对于了解材料行为或者深入了解材料内部变化过程起着至关重要的作用。对于医生、材料学家、地质学家、生物学家、土木工程师、生物工程师、牙医和质量工程师等需要和材料打交道的人来说，CT 已经成为一种非常重要的工具。微米级和亚微米级分辨率 CT 已在多个学科中得到了广泛应用。本章后续将讨论 CT 在各领域的具体应用，并展示 CT 如何应用于质量控制、特定环境条件下的材料行为和功能特性研究、生产以及材料优化等。

一些重要的技术和经济趋势正在引领无损检测技术的发展。包括日益精进的计算机技术和自动化技术、不同无损检测方式的融合、新市场的拓展、作为过程控制工具的技术应用，以及合资企业兼并和整合的激增。新材料的发展、民用航空航天和汽车领域的安全需求以及工厂维护意识，这些因素都大大增加了用户对无损检测设备和检测服务的购买力度。先进的计算机技术还能够使终端用户量化缺陷大小，以便更好地评估缺陷带来的危害。终端用户愿意采用更有效的无损检测技术作为节省成本和提高质量的措施，而不再是为了满足安全标准而被迫采用无损检测技术。

现代显微镜的一个重要问题是如何获取三维信息。大多数用户试图通过二维显微照片来识别物体内部的三维结构。大部分现有显微镜可以通过薄片观察物体表面或透视图像，再由表面图像或若干薄片的组合来获得三维结构。然而这两种情况下的信息都是不可靠的，且需要通过有损的方式研究物体内部三维结构。现代显微镜的另一个重要问题是如何根据物体的微观结构对图像进行定量解释。虽然大多数显微镜包含强大的图像处理系统或者能与其相结合，但对图像对比度的解释仍然是主要问题。例如，由于缺少第三维信息，由一张物体表面的二维显微图像将无法推导出精确的形态特征。此外，除物体形态外，图像对比度还由成分等其他因素决定。通过对同一目标区域的多个信号进行独立检测，比如在扫描电镜中将二次电子图像与 X 射线显微分析相结合，可以提高解释效果。但即便如此，对比度解释仍然非常复杂。另一方面，可以很容易地从一组仅显示密度信息的薄切片中获得可靠的微观形态信息，从而计算出内部微观结构精确的二维和三维数值参数。

X 射线 CT 是一种无需任何事先准备即可无损重建物体三维内部结构的技术。CT 图像对比度由密度和成分信息综合决定。近年来使用同步辐射源的 X 射线显微镜得到了较快发展，但由于此类设备相当复杂且昂贵，大多数研究者都没有机会使用。因此，随着最新无损检测技术的发展，具有纳米或亚微米分辨率的 CT 系统应运而生，目前已广泛应用于材料研发等多个领域中。此类 CT 系统的分辨率为 500nm ~ 50μm 或者更高，能够提供高质量的 CT 图像，并可从中检索定量数据，在人们长期致力于揭示材料的内部结构、形态、微观结构变化或损伤发展等方面发挥着重要作用。

8.1 CT 用于生物材料内部质量检测

本节主要以苹果果实为例，研究具有高含水量和细胞微观结构的复杂生物材料，其色泽、质地和营养品质将对生鲜消费带来直接经济影响。与其他植物器官一样，苹果果实由不同的组织组成，包括表皮（有角质层）、皮层薄壁组织和维管束组织等，并且每种组织都有不同的微观结构。细胞的微观结构决定了果实的物理性质。通常较软的水果具有许多细胞间隙，比如苹果，有利于促进与环境的代谢气体交换。商业上这与苹果的贮藏尤其相关，即经常通过控制环境来保持苹果品质。环境的气体成分至关重要，需要通过实验手段事先确定，而此类实验成本高昂，考虑到季节性差异通常持续几年。因此，CT 的使用将有助于设计和优化贮藏条件。

宏观层面上，内部缺陷，如苹果和梨的内部褐变，往往与它们的微观结构以及采前、采后的变化有关。每年因内部疾病造成的损失都不相同，在某些年份，最大损失甚至占到总产量的 25%。通过在线分类去除有缺陷的水果或蔬菜，可以增加市场上一等品的供应量。然而，迄今为止，还没有可靠的商用内部质量缺陷在线检测技术。目前，已经将无损检测技术（如近红外光谱技术、核磁共振技术或 X 射线 CT）引入到新鲜农产品质量评价中（Nicolaï 等，2014）。宏观上，使用这些技术将在一定程度上检测出部分疾病。CT 作为该领域的最新技术，在质量评估方面具有很好的前景。

8.1.1 生物材料 CT 系统

表 8.1 概述了用于不同生物材料成像的 CT 系统。机架式 CT 系统是众所周知的具有医疗诊断功能的设备，其优点在于射线源和探测器围绕病人（或物体）高速旋转，同时通过机架系统进行平移，以实现螺旋扫描（见第 1.2.1 节）。此外，该系统还可由多个射线源和探测器构建，可在几秒钟内记录完整的 3D 图像（Hsieh，2009）。然而，用于精确控制移动的机械和电子部件需要付出高昂的制造成本（Donis – Gonzale 等，2012）。该系统的另一优点是适用于大物体，但却无法实现高分辨率。该系统也已应用于医疗领域之外，例如开发板栗内部质量自动分类的图像处理算法（Donis-Gonzalez 等，2014）。

表 8.1 用于研究生物材料的典型 CT 系统

系 统	 机架式 CT	 大视野显微 CT	 小视野显微 CT	 同步加速器纳米 CT
电压范围/kV	70，80，100，120，140	25 ~ 160	20 ~ 100	6 ~ 250
最大功率	2 ×100 kW（双源）	60W	10W	20kW
最小焦点尺寸/μm	700	3	< 5	< 0.1
最小体素尺寸/μm	200	1	0.3	0.2
探测器	2 ×20bit，1000 ×64（双探测器）	12bit，1024 ×1024	12bit，4000 ×2300	14bit，2048 ×2048
最大样本直径/cm	78	22	2.7	12
典型应用	全身、多样本、快速扫描	器官	组织样本、显微分辨率	组织样本、亚微米分辨率、相衬成像
苹果实实例图像	 箱子中杂乱放置的苹果横截面	 苹果赤道截面（条1cm）	 苹果皮层组织（条200μm）	 苹果细胞和细胞壁
参考文献	Donis-González 等（2014）	Herremans 等（2015a）	Herremans 等（2013）	Verboven 等（2008）

大视野显微 CT 系统（如表 8.1 所示）是一种全尺寸显微 CT 设备，可自行组装或通过专业供应商购买整机。该类系统的射线源和探测器固定，样本可在由计算机控制的载物台上旋转。由于可以控制样本与探测器的位置，且可手动更换多种滤光片，因此这种系统非常灵活，即使较大的样本也可以在该系统中扫描。此外，载物台和各种支架（比如固定样本）还可以直接安装在检测室中。此类系统可用于扫描单个样本（如水果），用以探索其组织结构和内部质量（Herremans 等，2014；2015a）。

小视野显微 CT 系统可以作为桌面系统购买，由于样本室是封闭的，样本尺寸会受到限制。该系统具有可移动的探测器和样本支架，可进行最佳几何设置，由于其探测器较大，具有高空间分辨率。先对样本进行局部扫描，随后移动样品或探测器再进行一次扫描，之后合并图像，即可实现偏置扫描和超视野扫描。在更换部件方面，这种商业系统通常灵活性有限，但对于组织的显微3D成像效果较好（Herremans 等，2013，2015b）。

与传统的X射线管产生的X射线不同，一些大型设备可通过不同的物理原理产生X射线，在同步加速器光源中产生了电磁同步辐射。同步辐射的X射线几乎是平行的、单色的、高亮和相干的，这些特性在X射线纳米CT的成像质量方面具有独特优势。由于同步辐射X射线为平行束，因此相对于锥形束和扇束，其重建图像更为精确。高X射线通量可实现以出色的信噪比进行相对快速的成像，并且使用光学放大镜可以实现高分辨率。强相干性可使相衬成像用于组织细胞的细胞壁检测，从而改善图像处理效果（Verboven 等，2008）。然而，这些大型设备的可访问性有限。

8.1.2　认识生物材料的结构

图8.1显示了不同CT系统在不同像素分辨率下获得的整个苹果果实和立方体肉质皮层组织样本的CT图像。其中：（a）为完整苹果的CT切片图像，显示了苹果核和维管束（像素为47μm）；（b）为立方体苹果皮层组织样本的CT切片图像，显示了细胞簇和细胞间隙（像素为5μm）。（c）为完整苹果的三维可视化图像；（d）为立方体苹果皮层组织样本的三维可视化图像；（e）为维管束的网

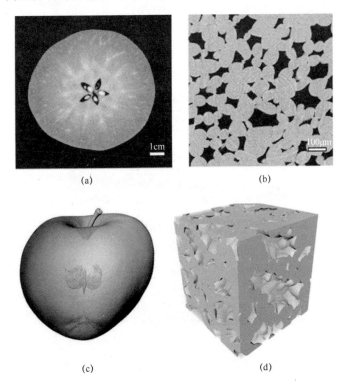

(a)

(b)

(c)

(d)

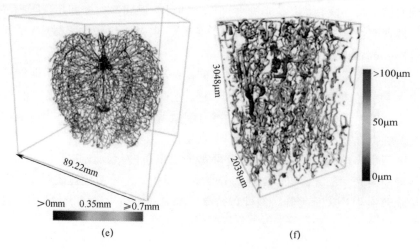

>0mm 0.35mm ≥0.7mm

(e)   (f)

图 8.1 完整苹果的 X 射线 CT 切片和三维可视化图像 (见彩插)

格；(f) 为组织中气隙的网格。维管束和气隙都是重要的运输结构，都可以通过 CT 成像与特定地处理来解析，3D 图像分析已成为更好地认识这些结构在果实生长过程中的发展 (Herremans 等，2015a)、探讨基因型差异 (Herremans 等，2015b) 以及开发果实结构 CAD 模型 (Abera 等，2014；Rogge 等，2015 年) 的基础。进一步，CAD 模型还可用于计算机模拟，以量化结构中的重要过程，如流体流动、气体交换和组织力学 (Ho 等，2011；Aregawi 等，2013；Fanta 等，2014；Ho 等，2015)。

  图 8.2 展示了 CT 无损检测水果各种内部疾病的能力，其中：(a) 为 "Brae-burn" 苹果在次优控制的大气中长期贮藏所形成的褐变与空洞；(b) 为与 (a)

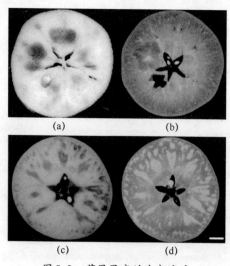

(a)   (b)

(c)   (d)

图 8.2 苹果果实的内部疾病

对应的 CT 图像；（c）为"Rebellon"苹果的水心病；（d）为与（c）对应的 CT 图像。比例尺尺寸为 10mm，像素为 50μm。这些疾病来源不同，如物理损伤（如瘀伤）、生理变化（如褐变）或病害、感染等。而内部疾病会影响多孔组织结构，从而改变 CT 图像中的衰减（Lammertyn 等，2003；Herreman 等，2014年）。

图 8.3 展示了苹果组织在疾病发展过程中的 X 射线显微 CT 成像结果。如图所示：健康组织有完整的细胞结构；褐变是由细胞膜损伤和细胞间液体渗入细胞间隙引起的；在后期阶段，游离水从果实中流出，导致细胞壁的残留物之间产生空腔。图 8.3 的微观结构分析证明：组织破裂始于由膜损伤引起的膨胀细胞破裂，然后细胞间液体渗入到间隙中。游离水最终从组织中扩散出来，只留下空腔和细胞壁残留物。不同类型的疾病与不同水果品种中针对不同种类的采后问题（包括成熟）所证明的相同行为有关（Herremans 等，2013；Cantre 等，2014）。

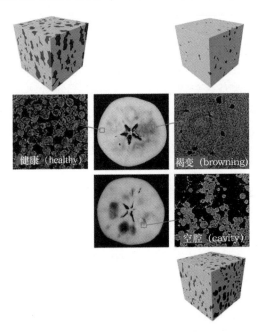

图 8.3　苹果组织在疾病发展过程中的 X 射线显微 CT 成像结果

8.1.3　生物材料 CT 成像的其他应用

生物材料 CT 成像在造影剂和相衬成像中也得到了应用。造影剂在 X 射线成像中的应用主要来自临床和生物医学应用（Lusic 和 Grinsta，2013），但在其他以生物学为导向的学科中却应用不多。应用造影剂以在组织的不同成分之间提供更大的衰减差异，通过它们增强对比度。造影剂与靶组织发生物理、化学或生物化学相互作用。另外，含有重金属（如金、铋或碘）的造影剂主要用于 X 射线 CT

（Dhondt 等，2010）。造影剂种类繁多，既有天然的，也有人造的。近年来，造影剂通常基于纳米颗粒。典型的合成纳米颗粒有胶束、脂质体、金纳米颗粒、二氧化硅或纳米管（Shilo 等，2012；Ahn 等，2013；Hwang 等，2014；Cole 等，2015），典型的天然纳米颗粒有脂蛋白、病毒或铁蛋白（Cormode 等，2010），这两种类型的纳米颗粒都可以针对所研究的病例进行专门设计，并且可以用靶向分子修饰以改变靶位点。虽然造影剂尚未广泛应用于植物材料或食物的显微 CT 扫描中，但其可能具有从原本不可见的样本中提取微结构信息的良好潜力。然而与临床应用不同，通常难以将造影剂应用到体内组织（如植物或果实的维管系统）中（Drazeta 等，2004；Hwang 等，2014）。通常，造影剂通常是离体应用的（Dhondt 等，2010）。对于每种组织类型，必须设计合适的技术将造影剂注入组织中，例如通过将样本浸泡在造影剂溶液中或通过真空浸渍的方式（Panarese 等，2013）。

相衬成像利用结构中不同成分的折射率差异来实现微观结构中小细节的可视化。虽然在同步辐射 X 射线成像系统中，无需专用光学元件，通过所谓的基于传播成像即可实现相衬成像，然而现在出现了利用光栅进行成像的显微 CT 系统。与基于光栅的系统相比，同步加速器相衬成像应用范围更广泛，且更易实现。在生物材料科学中，相衬成像已经成功应用于分离动物软组织中的肌肉、脂肪和结缔组织（Bech 等，2009；Jensen 等，2011；Miklo 等，2014；Rousseau 等，2015），以及区分致密植物组织中的单细胞（Verboven 等，2008；Lauridsen 等，2014）。

8.2　油气储层表征 CT 技术

利用 CT 可以无损地获得储层岩石的三维图像。基于获得的数据，可进一步将孔隙与固体材料进行区分，尤其在使用双能 CT 时，岩石的矿物学特征也可以被量化。另外，图像分割后，孔隙度能够被量化，其不仅可用作体积参数，还可在 3D 中评估单个孔隙形状。然而，CT 的固有问题是体素 $< 1\,\mu m^3$ 的高分辨率图像只能从非常小的样本中获取，但这些小样本通常不能表征所研究的储层岩石，而取自较大样本的 CT 图像，虽然可被视为表征单元体积，但其图像细节信息较少。多点地质统计学（MPS）的最新发展使人们能够在获取训练图像的基础上，将高分辨率下获得的详细信息与具有代表性的低分辨率下的数据有机结合。基于此，由 CT 获取的数据将更好地描述储层系统的某些岩石物理特性（如渗透率、迂曲度和声学等），并且有助于监测流体流动（如虫洞形成和二氧化碳固存）。

CT 能够对岩石样本内部进行成像，已被广泛应用于地球科学领域（Ketcham 和 Carlson，2001；Mees 等，2003），特别是在储层地质学（Carlson，2006a，b）、建筑石材表征（Dewanckele 等，2012）、火山岩表征（Shea 等，2010；Vonlathen

等，2015）、古生物学（Lukeneder 等，2014）和其他相关地理科学研究领域。

在储层研究（特别是孔隙的分布和非均质性的研究）中，最初的重点是内部结构的可视化（Ketcham 和 Carlson，2001；Ketcham，2005）。多相流实验早在20世纪80年代末已经实现可视化（Vinegar 和 Wellington，1986）。然而，随着时间推移，不仅在重建孔隙网络方面，而且在使用双能方法演绎矿物学方面，一种更加定量的方法即 CT 技术应运而生（Long 等，2009；Remeysen 和 Swennen 2008）。

下面将重点介绍使用 CT 数据进行储层研究的最新进展，包括孔隙度分类和孔隙形状与声学和其他岩石物理测量的联系，以及流体流动监测和二氧化碳固存。

8.2.1　数据采集与处理

在利用 CT 图像对储层进行数据分析时，伪影抑制（如射束硬化伪影和环状伪影）、空间分辨率和样本大小都起着至关重要的作用。由于 CT 成像依赖的变量较多，所以通常用分辨率来描述重建体素的大小（Van Marcke，2008；Cnudde 和 Boone，2013），这是一个缺点。由于扫描样本的边界或样本中成分（如孔隙度）的边界可能与探测器像素边界不一致，所以另一个缺点与体积效应有关。然而，在储层研究中，当与周围成分的密度差异足够大时，仍然可以推断出小于体素大小的对象，因此，这些影响不一定总是负面的。例如，仍然可以通过 CT 检测到小于分辨率的微孔隙度和裂缝（Ketcham，2006）。

CT 成像的关键是创建感兴趣的特征图像，这些特征需要具有良好的对比度，且尽可能不受伪影影响。在数据处理前，可使用图像增强技术（即去噪、滤波或增强图像对比度）使图像更利于分析。另外，为了区分孔隙和基质，需要进行图像分割。在储层研究中，进行图像分割的目的是将固相（如岩石成分）从孔隙中分离出来。常用的分割算法有简单阈值分割、边缘检测和主动轮廓分割等（现有方法详见 Wirjadi（2007））。然而，采用双阈值算法更为合适，它利用直方图的两个区间来确定分割，与第一"强"阈值对应的体素被归类为前景体素，而第二阈值选择的体素只有与"强"阈值所选择的体素相连接时，才被认为是前景体素。图 8.4 为双阈值分割结果，其中：（a）为原始切片；（b）为衰减系数的直方图（强阈值用红色表示，弱阈值用绿色表示）；（c）为只使用强阈值的岩石切片结果；（d）为使用强阈值和弱阈值的切片结果。该算法的优点是降低了对数据集中残余噪声的敏感性，并选择了较少区间的前景体素。

二值图像中识别的孔隙构成了进一步计算的基础。在三维图像分析中，分割过程至关重要，因此要特别注意分割步骤，通过将从数据集中获得的孔隙度值和氦气法孔隙度测量值进行比较来实现分割。图 8.5 为医学 CT 扫描的多个 10cm 直径的岩芯数据，以及由 GE Phoenix Nanotom CT 扫描的 1.5 英寸（3.8cm）直径的插头（体素分辨率为 15.8μm³）大陆碳酸盐数据（为了获得足够数量的数据点

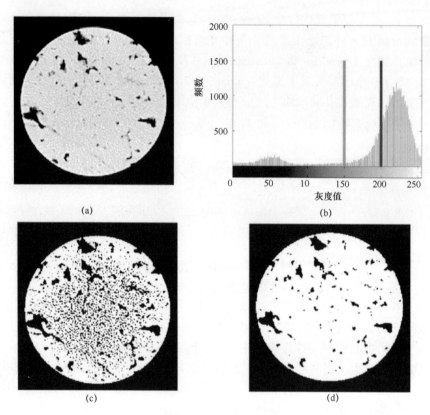

(a)

(b)

(c)

(d)

图 8.4　双阈值分割结果

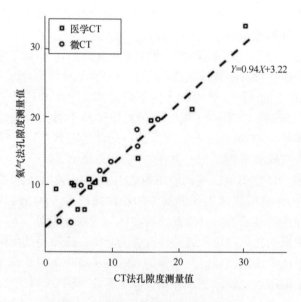

图 8.5　氦气法与 CT 法孔隙度测量值对比

而加入）。其中，回归曲线 r_2 值为 0.91，表明两种方法得到的孔隙度值之间存在良好的相关性。由于医用 CT 和纳米 CT 的分辨率不足而无法检测到微孔隙度，其拟合曲线不会像理论上那样过零点。但至少在评估均质储层系统时，拟合曲线的截距可以表示为微孔隙度数量。

图像二值化（即将体素识别为双组分系统中的前景和背景）是孔隙空间表征的下一步。从数据集中可以直接计算出总体数量，如总孔隙度，以及视觉上相互连同的孔隙体积。

通常情况下，获取的三维数据集被保存为体数据或二维切片的堆栈。这两种方法都会产生大量的数据集，而这些数据集需要专用软件进行可视化，包括 Avizo、VG studio、Paraview、Osirix、CTAn、Morpho + 和 Matlab 等商业和开源软件，并且可视化需要大量的计算资源。

为了正确评估孔隙形状，还需要在三维数据集中确定孔喉，从而将复杂的孔隙分割成基本的孔隙体。孔喉是指孔径达到局部最小的区域，使用"分水岭变换"方法进行孔喉识别（Beucher 和 Meyer，1992）。分水岭算法可模拟三维图像中一组标记区域的洪水，在图像处理中有广泛应用。这些区域根据距离图进行扩展，直到到达分水岭为止。因此，此过程可看作是对地形的逐渐浸没。该算法分为 3 个步骤：①计算二值图像的距离图；②确定新数据集中的局部极大值；③基于三维的 26 连通性计算不同孔隙体（由局部极大值定义）之间的分水岭（Meyer，1994）。

8.2.2　油气储层表征

同步加速器 X 射线源具有高强度、单色性和能量可调性等特点，可用于提供质量较好的 CT 图像。其系统优点是能够以更好的空间分辨率和较少的射束伪影更快地生成图像。此外，在某些情况下，可以通过元素灵敏度获取图像。储层研究的主要目的是区分岩石和孔隙度，以重建孔隙网络，或区分孔隙堵塞矿物。CT 图像的重建与分析提供了组成矿物的 X 射线衰减信息，这主要取决于它们的固有密度和原子序数，而分辨率则取决于样本大小、X 射线源焦点大小以及 X 射线探测器的分辨率。本节后续将讨论孔隙表面形状、表征单元体积（REV）和放大等。随后讨论 CT 重建的另一个特别应用，即将流体流动与岩石物理属性相关联。基于此，CT 可用于评价储层质量（Carlson，2006a，b）。目前该方法主要应用于常规储层（Berg 等，2014；Andrew 等，2015），但最新进展也对页岩等非常规储层进行了研究（Akbarabadi 等，2014；Fogden 等，2015）。

8.2.2.1　孔隙度和矿物学表征

随着 X 射线源与探测器的不断优化，开发了灵活、多功能、高分辨率的 X 射线 CT，它能够在（亚）微米尺度上进行三维量化，有助于研究孔隙结构和测定基质特性。尤其在储层地质中，虽然 $1\mu m$ 通常被认为是流体流动中的渗流阈值，但微孔隙度 < 1μm 在某些储层研究（如页岩气）中仍具有重要意义。由 CT 成像过程中生成的大量数据集，也可得出定量结论（Remeysen 和 Swennen，2008）。

此外，生成的数据集也可作为流体流动分析的基础（Blunt 等，2013；Youssef 等，2013）。基于模型提供的关于孔隙度、水力传导率和扩散率等参数的重要信息（Van Marcke，2008），可对储层岩石产能进行真实表征。另外，基于 CT 数据集，还可对样本组成结构进行定量分析，包括不同组分的体积数据、表面和其他形态参数（Brabant 等，2011）。

X 射线 CT 成像也在砂岩储层表征中得到应用，并用于演绎矿物学，如区分石英、锆石、金红石包裹体、方解石和铁白云石胶结物（Long 等，2009）。X 射线衰减系数是原子序数和材料密度的函数，在双能 CT 的基础上，可以进行材料分解。而当材料密度变化时，长石与石英颗粒将不易区分。此外，由于相的晶粒尺寸小，加之部分体积效应，在大多数情况下无法对碎屑和自生黏土矿物进行识别。尽管如此，从高分辨率的 CT 图像中仍然可以演绎出平均晶粒尺寸、球度和堆积度。除此之外，还可以量化孔隙度、孔径分布、孔隙连通性、表面积、水力半径和纵横比等关键孔隙结构参数。更详细的孔隙形态特征突出了储层的非均质性，并且可以计算孔隙网络、量化不连通的孔隙神经节点（Schmitt 等，2016）。然而，高分辨率 CT 图像的固有问题是其样本量本身较小，这会影响采集数据的代表性。但如果扫描一个较大的样本，那么一些细节的成像质量就会下降。因此，选择合适的分辨率是解决问题的关键，即应是特定属性或感兴趣区域孔隙大小和表征单元体积之间的折中（Peng 等，2012；Cnudde 等，2011）。因而实际中，通常需要将中等分辨率 CT 图像与高分辨率（甚至是同步加速器 CT）结合使用。据此获得的参数将易于与岩石物理测量相比较，如氦气法孔隙度测量、压汞法测量（MIP）、核磁共振（NMR）弛豫测量等。另外，孔隙形状表征还有助于解释储层岩石的岩石物理属性，如渗透率、表面积、表面积的分形维数和复杂的电性能。虽然利用同步加速器 CT 生成的可调谐能量的单色光束可以实现亚微米分辨率（Nico 等，2010），但对于大多数研究人员来说，日常使用这些设备并不是件易事。

石油地质学家最常用的碳酸盐岩孔隙度分类是由 Choquette 和 Pray（1970）提出的。这种分类方法主要基于样本的沉积特征，因而与所研究的碳酸盐的沉积环境、成岩历史、压裂及成因密切相关。Archie（1952）和 Lucia（1995）提出了更多基于岩石物理的孔隙度分类方法，旨在建立孔隙类型与流体流动特性之间的联系。然而，所有这些分类方法均是主观地描述孔隙的丰度和形状，并不能对孔隙度参数做出正确客观的解释。2006 年，Lønøy 提出了一种基于孔隙特征与尺寸的分类方法，第一次在分类中引入了处理孔隙度分布度量的方法。该方法将样本划分为均匀分布和零散分布，但所有参数仍然可描述且相关。该方法中的岩石是通过孔隙类型的信息（如晶间孔隙或颗粒间孔隙）进行表征的，而不是孔隙本身。如何通过由样本的二维（薄）截面信息推导出的参数对孔隙度分布进行正确评估，仍然是一个问题。而3D数据集对获取有关孔隙度分布的充分、正确的信息至关重要。实际上，孔隙度是一个三维参数，为了将其与渗透率值和其他岩石参数（如声学测量和动态剪切模量）联系起来，必须了解三维孔隙的连通性（Weger等，2009），而该类数据采集可通过CT获得。

尽管形状是物体最基本的属性之一，但对于形状的客观描述与量化仍然很困难。在地质学中，通常使用形状描述子对颗粒和岩石碎片的外部形状进行刻画（例如Goudie等，2003；Evans和Benn，2014）。例如，形状参数主要用于描述和预测沉积物颗粒的水力特性（Janke，1966；Dobkins Jr. 和Folk，1970），并分析火山颗粒的大小和形状（Riley，2003；Ersoy等，2008）。形状描述子是一种可以客观描述形状的强大工具，目前已有的描述形状的方法包括参数化（Klette，1996）、分析不变特征（Sharp等，2002）和傅里叶变换等（Vranic和Saupe，2001）。

形状描述子需要表达所考虑样本形态的广泛与中等尺度方面。在储层研究中，重点是将形态描述为孔隙的三维特征。因此，为了量化物体形状，需要先定义物体尺寸。常用的标准方法是基于指定孔隙内的投影椭球体，使用最长（L）、中间（I）和最短（S）孔维数的比值对孔隙形状进行分类。具体方法为先计算最长维数 L，而后确定中间轴 I，即垂直于 L 的最长维数，最后确定垂直于 L 和 I 的最小轴 S。根据 I/L 和 S/I 的比值，定义如图8.6所示的5种形状类别，即杆、刃、板、长方体和立方体。由此，基于孔隙形状参数的岩石类型即可量化。另外，这种分类中，数据提供了关于孔隙方向的信息，可用以评估孔隙度参数的各向异性。

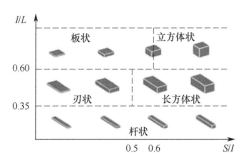

图8.6　孔隙形状类别

三维分类可以更好地反映孔隙度参数对其它岩石物理参数的影响（Claes等，2016）。孔隙网络之间的差异如图8.7所示，图中还展示了图8.6中定义的各形状的体积分数。样本A以近水平方向的孔隙为主，孔隙呈板状或长方体状。而样本B具有更多的非均匀孔隙网络，其杆状的孔隙更加丰富。因此，孔隙形状分布将对样本的岩石物理属性（如渗透率和声响应）产生重要影响。

	样品A	样品B
杆	0.08	0.26
刃	0.09	0.10
长方体	0.32	0.30
板	0.20	0.16
立方体	0.32	0.19

图 8.7　大陆碳酸盐岩孔隙网络的三维渲染图

8.2.2.2　孔隙表面形状

　　形状的随机曲面量化并非易事，针对这一问题，已有不同技术描述形态特征，例如：球形谐波（Brechbühler 等，1995）、超四次曲面（Hanson，1988）和超二次曲面（Terzopoulos 和 Metaxas 1990）。在很多地质研究中，表面积对于建立精确计算和模拟起着重要作用，其中包括对流体 – 岩石相互作用的模拟。Brosse 等在 2005 年的报告中指出，反应表面积是决定模型精度的一个关键参数。研究中大多通过计算 Brunauer-Emmett-Teller （BET） 表面积来估计表面积（Brunauer 等，1938），然而，由于其并未考虑空间因素，因此导致整个球体被认为是反应表面。此外，反应表面的非球形特征和粗糙度也无法量化（Peysson 2012；Elkhoury 等，2013）。

　　在渗透率模拟中，流体 – 流体和流体 – 固体界面面积是测定水力传导率的重要参数（Mostaghimi 等，2013；Bultreys 等，2015）。在最新的算法中，每个孔隙的接触面面积均可单独测量。而在多相流模拟中，接触表面可能更为复杂，将导致因数字化效应而高估表面积。

　　图 8.8 为使用球面调和函数描述曲面的示例。这些函数是傅里叶级数的三维扩展，尤其适用于对形状进行建模（Chung 等，2008）。

　　为了评估数字化对表面积计算的影响，将生成不同半径的球体，计算表面积并与表面积的解析值进行比较。在图 8.9 中，比较了 3 种不同的方法：简单体素面计数法、步进立方体算法和球面谐波近似生成表面法。如图所示，若表面积被低估，则会观察到负误差值。简单体素面计数法会导致表面积高估约 50%；使用步进立方体算法时，即使是精细的数字化球体，其误差也约为8%（Dalla 等，2002）；使用球面谐波函数法计算表面积的误差在最小球体的 −6% 和最大球体的 0.1% 之间。对于一个半径为 10 像素的球体，误差小于 1%，对于较大的球体，误差仍小于 1%。

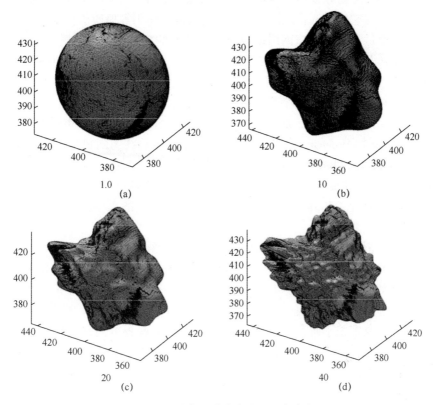

图 8.8　孔隙表面的球波协调函数表征

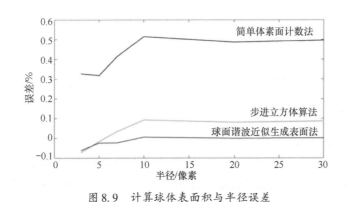

图 8.9　计算球体表面积与半径误差

使用球面谐波函数法计算表面积的另一优势是可以在表面的每个点上计算曲率。根据曲率定义，曲率在不可微的特征上（如锐利的边缘和角）是无定义的。

Lai 等在 2014 年证明，曲率计算图是一种定义露头模型表面粗糙度的好方法，该方法也可用于更小的空间尺度。

8.2.2.3 表征单元体积

颗粒大小、生物和异体化学成分以及孔隙分布的不均匀性是碳酸盐储层岩的普遍特征，并与它们的沉积成因、埋藏历史和成岩作用等地质历史演变有关，而这些地质演变过程将对孔隙网络的复杂性造成影响。然而，当观测尺度变大时，材料可以看作是具有足够代表性的非均匀信息的均匀连续体。针对这一问题，Bear 在 1972 年首先提出了表征单元体积的概念，即可表征整个样本面积（或体积）而不受体积或位置等微小变化影响的最小值。

表征单元体积（REV）是储层岩石类型等多个研究领域中的重要参数。1999 年，Clausnitzer 和 Hopmans 确定了 REV 立方体的边长约为随机填充球体直径的 5.15 倍。2002 年，Baveye 等在土壤样本中使用了与 Clausnitzer 和 Hopmans (1999) 相同的工作流程估计 REV 的大小，但并没有成功建立关于 REV 大小的经验规则。2007 年，Razavi 等估计长颗粒砂岩中 REV 的大小是颗粒最长维数的 5 ~ 11 倍。

基于 CT 储层研究，提出了两种不同的 REV 计算方法。第一种方法基于 Bear (1972) 的原始定义，使用卡方统计检验将该方法客观化。第二种方法利用地质统计技术（如方差函数模型）评估 REV 的大小。两种方法方式不同并生成互补信息：第一种方法更加通用，并且能够推导出 REV 大小的 95% 置信区间；第二种方法提供了更多关于研究参数的空间分布和 REV 临界方向（各向异性）的信息。因此，这两种方法的结合可以更为详尽地分析 REV 的大小（Claes 等，2016）。

8.2.2.4 多点地质统计学

近年来，多点地质统计学（MPS）在不同空间尺度（从微米到米）的地质构造建模中发挥了重要作用。例如，在地下水流建模领域，允许以十米级尺度建立模型（Mariethoz 等，2015）。Okabe 和 Blunt (2004) 使用这种技术在微米级上模拟硅质碎屑样本的孔隙空间。与碳酸盐岩相比，这些样本具有更均匀的孔隙尺寸和形状分布，因此更容易建模。基于 MPS 可人工生成"数值岩石"样本，用于研究岩石非均匀性（岩石类型）对渗透率及流体流动的影响。此外，该技术还可以缩小不同分辨率数据集之间的差距，并量化使用训练图像从一个分辨率尺度跳转到另一个分辨率尺度的效果。此外，Soete 等还对该技术进行了开发升级。

MPS 通过直接从训练图像（TI）推断模式来建模异质性。通常使用 TI 作为最详细的数据集，该数据集具有最佳分辨率，并以最低分辨率从数据集中导出条件数据。

图 8.10 提供了工作流的示意图，图像用彩色编码是为了描述连通性，即连通的孔隙体积具有相同的颜色。左边的图像是用显微 CT 获得的图像，为高分辨

率训练图像。该数据集的体素分辨率为 $4 \times 4 \times 4\mu m^3$，包含了此特定岩性类型中存在的小孔隙度的详细信息。右边图像来自同一样本的医学 CT 数据集，该数据集通常包含更大的样本容量（注意图 8.10 中的比例尺差异）。该数据集在更大空间尺度上提供了孔隙网络信息，并在仿真中作为条件数据。因此，TI 作为医用 CT 矩阵的表征（= REV），将仿真低于医用 CT 分辨率的基质微孔隙度。这种方法可在更大的空间尺度上保持孔隙网络的连通性，从而产生更可靠的渗透率模拟。

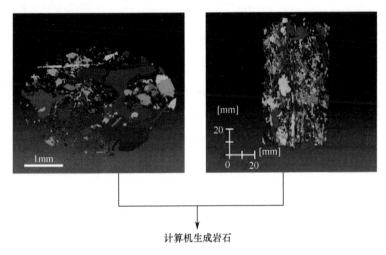

计算机生成岩石

图 8.10　多点工作流输入示意图

8.2.2.5　μCT 和岩石学

在对大陆碳酸盐声速的研究中，Soete 等（2015 年）能够根据对相关孔隙形状的 μCT 研究来解释某些异常值。图 8.11 为大陆碳酸盐样本中 7 种主要孔隙类型的纵波速度（V_p）与孔隙度关系，绘制了整个数据集的回归线。如图所示：以杆状和/或长方体状孔隙形状为主的样本（> 55 vol. %，Al08、AL09 和 BU11）会增加 V_p，这些样本绘制于回归线上方；扁平的孔隙形状，即板状和叶片状孔隙，降低了声波在石灰华中的传播（> 50 vol. %，样本 Al18 和 SU18）；等维立方孔隙形状不会显著增加或减少纵波的传播，因此在回归线附近绘制；不同孔隙形状的体积份额进一步控制声速，此外还影响孔隙类型。

如图 8.11 所示，Al09 和 Al18 样本的显微 CT 成像结果显示，它们的孔隙度相当相似（分别为 19.7% 和 20.2%)），V_p 值却差异很大（分别为 5253 m/s 和 4703 m/s），表明它们的孔隙网络有显著差异。在 Al09 样品中以较大（毫米大小）的椭圆形孔隙为主，而在 Al18 中则以更均匀分布的扁平（微）孔（10 ~ 100μm）为主，因此，两种样本的孔隙度分布有明显差异，分别是片状和均匀的，这意味着体波将以不同的方式传播（Anselmetti 和 Eberli，1993；Brigaud 等，

2010；Verwer 等，2008 年）。经分析可知，大陆碳酸盐中的声速与孔隙度呈一阶反线性关系；二阶速度偏差与孔隙尺寸和形状复杂性相关；小而复杂的孔隙与负声速偏差有关；大、简单且坚硬的孔隙会导致速度增加。

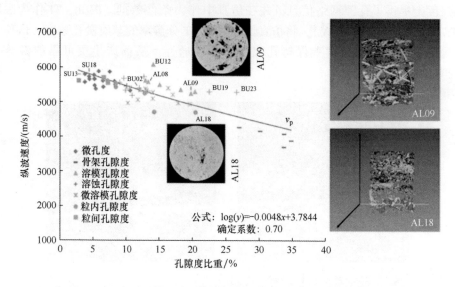

图 8.11　大陆碳酸盐样本孔隙类型的纵波速度与孔隙度关系（见彩插）

Soete 等基于 μCT 重建孔隙网络模拟了渗透率（如图 8.12 所示），并计算了碳酸盐储层系统（更具体地说是大陆碳酸盐样本）中的总孔隙度（$\emptyset$）和 z 方向（$\emptyset_{c,z}$）上的连通孔隙度。

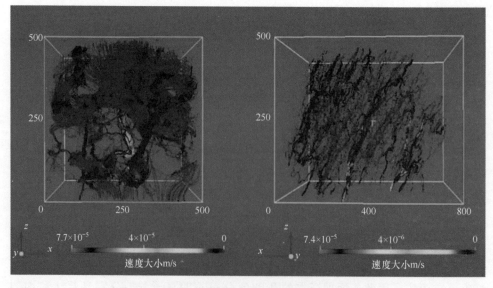

图 8.12　大陆碳酸盐样本中三维流线速度分布示例

连通孔隙度总是小于总孔隙度。对于一些样本，两者差异有限，这意味着μCT 扫描中记录的大多数孔隙物体有助于连通性。而其他样本在总孔隙度和连通孔隙度之间存在很大差异，如模拟样本 14（12.4% 对 1.4%），这体现了孔隙网络的异质性，以及在模拟方向和获得的 CT 图像分辨率上存在孤立的孔隙。在图 8.13 中，样品沿 z 轴（$K_{\text{sim},z}$）方向模拟的渗透率是针对总体孔隙度（ϕ）和连通孔隙度（$\phi_{\text{c},z}$）绘制，孔隙度被绘制在图表的垂直轴上，以清楚地显示从 ϕ 到 $\phi_{\text{c},z}$ 的下降。从图中观测到 $K_{\text{sim},z}$ 和 $\phi_{\text{c},z}$ 之间的幂律关系，其确定系数为 0.75，这意味着，从 16μm 分辨率下的 μCT 孔隙度计算中获得了较好的渗透率估计值。然而，必须注意 <16μm 分辨率的孔隙可能会影响碳酸盐的流动特性，但在计算渗透率估计时并没有考虑这一点。此外，请注意，图中出现了两个具有高渗透率但孔隙度相对较低的异常值。

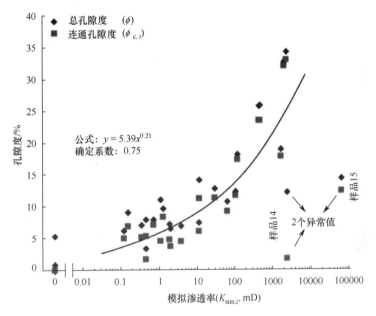

图 8.13　总孔隙度、连通孔隙度与渗透率关系图（见彩插）

Soete 等也计算了迂曲度（S），并绘制了它与渗透率的关系曲线，如图 8.14 所示。观察到的 S_z 与 $K_{\text{sim},z}$ 之间的幂律关系与火山岩中的研究结果一致，在火山岩中，迂曲度增大导致渗透率降低（Bouvet de Maisonneuve 等，2009；Degruyter 等，2010a，2010b）。孔隙网络的迂曲度能够使人们更好地理解孔隙度和渗透率之间的差异。孔隙度 – 模拟渗透率回归线（图 8.13 中的样本 14 和 15）中的两个异常值也在迂曲度 – 模拟渗透率关系图中得到了突出显示（图 8.14）。这两个样本都是以杆状溶模孔隙为主的储集系统的一部分，其中，$\phi_{\text{c},z}$ 仅由几个垂直的杆状模具组成。尽管孔隙度有限，但这两个样本都具有低迂曲度的特点，这表明杆状模具提供通过样本的直线、高速流动路径。

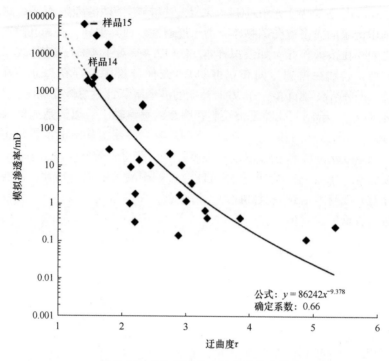

图 8.14　模拟渗透率 – 迂曲度关系图

8.2.2.6　CT 用于流体流动表征

流体流动模拟可以从静态 CT 重建推导出的岩石物理特性开始，通过增加从流动分析实验中获得的数据，断层成像的流体流动表征得到了极大改善（例如，Coles 等，1994，1998；Dvorkin 等，2009；Karpyn 等，2009）。流体流动分析实验存在一些实际挑战，如耦合流体装置和流线所需的空间，以及使流体流线能够随样品旋转的可能性，而带有旋转源的设备可以解决这些问题。此外，主要的挑战与图像质量有关，在扫描时流体过程应是缓慢或稳定的，并需要足够的曝光时间才能获得良好的信噪比（Cnudde 和 Boone，2013）。因此，大多数实验仅限于缓慢的流体流动，从而限制了该技术的适用性。然而，新的迭代 CT 重建算法能够使流体流动实验具有更快的动力学特性（Van Eyndhoven 等，2015；Kazantsev 等，2016）。例如，通过将静态（固体物质）与动态区域（流体流动）分离，可以利用时域信息的冗余来提高空间分辨率（Kazantsev 等，2016）；根据实际推进的流体/空气边界，动态区域内特定体素的衰减曲线可以通过随时间变化的分段常数函数进行建模。这样，可以通过大大减少旋转的投影量来进行重建而不损失图像质量，提高了时间分辨率，从而实现了更快的无反应流体流动实验（Van Eyndhoven 等，2015；Kazantsev 等，2016）。

流体流动实验为常规储层岩石或沿裂缝的孔隙网络重建带来了重大进展（Alajmi 和 Grader，2009；Karpyn 等，2009）。但是，对于复杂的孔隙网络，如碳酸盐（Soete 等，2015），孔径范围大，很难收集模拟所需的实验数据，并带来了巨大的计算挑战，通过放大可以在一定程度上解决这一问题，Bultreys 等（2015）基于双孔网络模型使用 MPS 进行孔隙度放大。此外，通过在流体注入过程对孔隙尺度位移过程进行成像，利用可量化的非润湿相团簇尺寸重新分布（例如，Georgiadis 等，2013）可以研究一些基本机制，如排水的侵入渗流等，并能够通过实验数据进行验证。

CT 也被用于进行二氧化碳固存相关研究。在研究中，对所涉及的基本力学和化学过程的理解，不仅限于从纳米尺度到储层尺度的真实孔隙几何重建，还涉及流体流动模拟和反应运移模拟。在 CT 生成的三维数据上应用计算流体动力学求解器，可以验证现有的固存模型，并研究所涉及的动态沉淀和溶解过程。因此，CT 还可应用于碳储存的许多子领域。例如，高分辨率 X 射线 CT（HRXCT）被用于可视化超临界二氧化碳残留捕获的差异（Chaudhary 等，2013；Altman 等，2014）。此外，Aminzadeh 等（2013）和 Altman 等（2014）利用 CT 来演示如何在原位盐水中添加纳米颗粒来增加前端后面的 CO_2 饱和度，并消除重力分离；应用延时 CT 成像、流体模拟和反应运移模拟来研究孔区域的环境变化；通过可视化示踪剂在岩石中的位移或模拟方解石胶结引起的孔隙堵塞，有助于重建流动路径及其因二氧化碳注入而发生的变化（Fourar 等，2005；Nico 等，2010；Mehmani 等，2012；Altman 等，2014；Van Stappen 等，2014）。此外，同步加速器的优点是配备了相干、高通量、可调谐的单色 X 射线源，可在多相系统中进行相位对比成像和化学敏感成像，而化学敏感成像可以预测整个多孔网络中的二氧化碳分布（Nico 等，2010）。正如文献（Altman 等，2014）所述，分子动力学模拟、孔隙尺度实验、孔隙尺度模拟和天然模拟位点研究的结合，为研究毛细管效应、溶解度、溶解和矿物捕获对二氧化碳封存的功效提供了有用的见解。

8.2.3 结论

CT 是油气储层表征的有力工具，它不仅可以量化总孔隙度，而且可以根据所获得的数据量化储层单元之间的孔隙形状特征；在三维图像中，它可以实现孔隙分类，这对于图像分割后的渗透率模拟、孔隙形状特征的关联以及它与岩石物理测量（如声学、迁曲度等）的联系是必要的。孔隙网络重建是认识流体流动（含二氧化碳固存）的关键，是储层分析的重要组成部分，但需注意，基于采集的 CT 数据能否表征单元体积。此外，利用高分辨率 CT 图像和不太详细的 CT 图像作为条件数据，通过多点地质统计学分析，可以实现放大。目前，虽然这些方法的结合（尤其是多相流体流动实验与模拟的结合）主要存在计算上的局限性，但将来算法开发和计算机技术的进步将增加其适用性。

8.3　CT 用于表征材料的力学行为

在讨论 X 射线 CT 在建筑材料研究中的应用时,重点放在砖、砂浆、石头和混凝土等多孔、易脆的建筑材料的力学行为上。CT 可用于对材料内部结构进行可视化和表征,分析材料在荷载作用下的力学行为,并表征建筑材料中的水分传输。

8.3.1　可视化和表征

对建筑材料的大量研究都得益于材料内部结构的可视化和表征。虽然建筑材料的孔径通常从纳米到毫米不等,使得目前的 CT 设备仍不足以探测最小的孔隙。但是,对(较大)孔隙、裂缝(Roels 等,2003)和纤维可视化的各种研究表明,CT 对于微观尺度现象的可视化是有意义的。

在图 8.15 所示的实例中,应用 X 射线显微 CT 对钢纤维自密实高强混凝土(SFRSCC)中的纤维取向进行了可视化(Andries 等,2015)。Andries 等对两种SFRSCC 混合物进行了研究,以确定流动距离对纤维分布和取向的影响。他们对浇注及固化后梁单元上切下的 $150 \times 150 \times 600 \text{mm}^3$ 标准棱柱进行三点弯曲测试,以确定开裂后行为与流动长度的关系。此外,还通过手动计数和图像分析测量了纤维的空间分布和方向,将结果与通过显微 CT(在尼康计量系统 XTH450 上获得了的 $81 \mu \text{m}$ 的分辨率,应用的 X 射线源参数是 360kV 和 0.205mA)在直径100mm 的岩芯样本上获得的 2D(图 8.15)和 3D 表征进行比较,不同测量方法测得的取向系数能够彼此较好地吻合,表明混凝土的剪切流诱导了纤维的择优,与混合料的黏度无关。

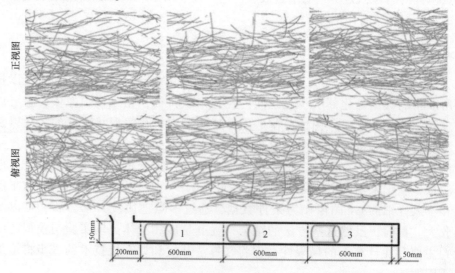

图 8.15　3 个岩芯样本显微 CT 图像的正视图与俯视图

8.3.2 力学行为

在研究脆性建筑材料的力学行为时，应用显微 CT 对材料内部结构和微观尺度下的裂缝扩展进行分析。这可以通过在测试过程中施加原位加载（在 X 射线室内或室外）、通过感应电流等方式加速钢筋混凝土中钢筋的腐蚀来实现。目的是在随后加载阶段可视化微裂纹与孔隙塌陷的萌生和扩展，将损伤成核区与材料微观结构中的异常（如气孔和夹杂物）联系起来，并将微观力学行为与宏观尺度上观察到的本构关系联系起来（Verstrynge 等，2016）。

第一个示例，使用显微 CT 结合原位压力机研究了水泥和石灰砂浆砖砌样本在压缩载荷作用下的破坏机制（Hendrickx 等，2010）。对大小为 29 × 48mm² （直径 × 高度）的砂浆砖圆柱体进行试验，选择 4 种砂浆，每种具有两种不同的固化方法。对于每种砂浆，测试了 7 个圆柱形试样，其中 4 个被压在液压机中以估计其抗压强度（在 X 射线室外），另外 3 个被压在 X 射线室内，加载其估计强度的固定百分比并对中间部位进行扫描。应用的 X 射线源参数为 100kV 和 0.35mA，放大倍数为 3.8，像素大小为 45.6μm。显微 CT 可以显示扩展裂纹的空间分布（图 8.16），但由于分辨率还不够高，无法看到裂纹的萌生这一微观尺度现象，只有较大的中观裂纹和宏观裂纹可见，因此可以粗略区分不同的失效机制。

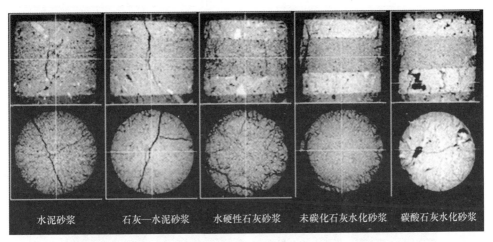

水泥砂浆　　石灰—水泥砂浆　　水硬性石灰砂浆　　未碳化石灰水化砂浆　　碳酸石灰水化砂浆

图 8.16　样本失效后裂纹可视化的垂直和水平切片

第二个示例侧重于胶结程度和水分对铁质砂岩力学行为的影响（Verstrynge 等，2014a，b）。显微 CT 分析是测试过程的一部分，该测试过程侧重于不同的尺度（微观（砂岩内部结构）、中观（砂岩块）和宏观（砌体））（Verstrynge 等，2014a，b）。铁质砂岩有 3 种：低质量、高质量的 Diestian 铁质砂岩和 Brusselian 铁质砂岩，它们均起源于比利时，在众多历史遗迹中用作建筑石材。在微观层面上，对干砂岩与饱和砂岩样本（直径 50mm，高度 60mm）进行了持续荷载的压缩试验，在压缩实验的不同阶段使用显微 CT 对小圆柱砂岩样本（直径 ±10mm，高度 14 ~ 15mm）进行扫描，在 SkyScan 1172 系统上获得了 7.8μm 的分辨率，应用的 X 射线源参数为 100kV 和 0.1mA。由于系统没有原位加载台，为了在扫描过程中施加应力，在聚醚酰亚胺（PEI）中制备了一个小的透明压缩单元，以便在扫描时施加恒定的压缩变形。

通过显微 CT 实验，得到铁质砂岩样本在逐步压缩试验过程中的水平切片，显示了铁质砂岩样本的内部结构，这些 CT 图像可以与应力 - 应变曲线的结果进行比较（如图 8.17 所示），图 8.17 为逐步加载铁质砂岩的显微 CT 结果，其中：（a）为干燥 Brusselian 样本的应力应变图；（b）为饱和低质量 Diestian 样本的应力应变图。下边为分别对应（a）和（b）的二维孔隙度的水平切片。据观察，由于饱和样本的内摩擦及脆性降低，因此在压缩试验的早期阶段可以观察到饱和样本中的裂纹萌生。一般来说，虽然扫描分辨率不足以观察微裂纹的萌生和黏土矿物的力学行为，但是可以清楚地区分裂纹扩展、石英增益（0.1 ~ 1mm）、凝结黏土碎片和相对较大的孔隙。

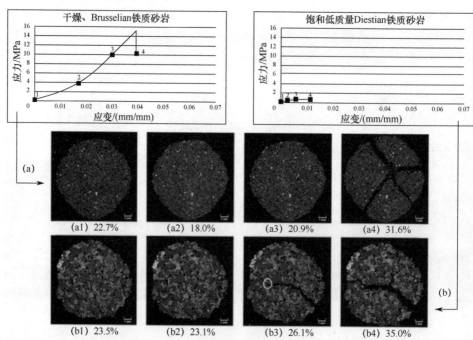

图 8.17　逐步加载铁质砂岩的显微 CT 结果

8.3.3　水分传输

建筑材料中的水分传输是建筑结构耐久性和可持续性的关键因素。为了量化多孔材料中的水分传输，可以采用微焦点 X 射线投影法（Roels 和 Carmeliet，2006），该方法以材料衰减为基础，通过水分传输过程中采集图像（也称"湿"图像）的对数减去干燥参考样本图像的对数，来量化每个位置的含水量 w（kg/m^3）：

$$w = -\frac{\rho_w}{\mu_w}(\ln(I_{wet}) - \ln(I_{dry}))\tag{8.1}$$

式中：ρ_w 为液相密度（水为 1000 kg/m^3）；μ_w 为水（或一般液体）的衰减系数；I_{dry} 和 I_{wet} 分别为干燥样本和湿样本的衰减强度。

第一个例子（图 8.18a）说明了该方法在分析断裂砖样本中程的适用性（Roels 等，2003）。该研究在 Tomohawk AEA 系统上进行，采用的 X 射线管为 Philips HOMX 161，射线源参数为 115 kV 和 0.04 mA。如图 8.18（a）所示，砖基质中的水分剖面和断裂处的滨水区清晰可见，两者均与模拟吸水率较好吻合。因此，基于 X 射线投影方法得到的结果可以作为模拟模型的验证。

第二个例子（图 8.18（b））涉及内部绝缘墙组件中间质凝结的检测，以及这些内部绝热系统工作机理的研究。在这项研究中，3cm 厚的测试墙放置在一个冷热箱中，首次暴露在冬季条件下（Vereecken Roels，2014），6 周后从冷热箱中取出测试墙，测量衰减强度（I_{wet}），并与实验开始前的参考图像（I_{dry}）进行比较。这项研究也是在 Tomohawk AEA 系统上进行的。因为以下原因：①实验期间 X 射线谱的改变；②测试墙极薄（仅 3cm）导致一维水分传输的偏差；③水蒸气扩散传输引起的衰减变化不大，该研究仅限于定性分析。如图 8.18（b）所示，为绝热系统的工作机理提供了充分信息。对于有纤维素绝热层的墙体，间质凝结生成的水分部分储存在胶泥中，部分通过纤维素绝热层向内重新分布。

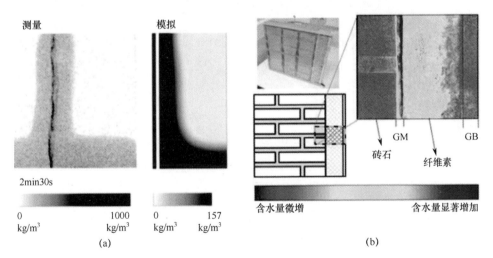

图 8.18　水分传递实验 X 射线成像结果

请注意本节示例仅限于 X 射线投影；但与材料中的水分流动相比，如果 CT 扫描的速度足够快，投影法也可用于三维量化。

8.3.4　结论

CT 是探索多孔建筑材料的一种有价值的无损检测技术。本节介绍了一些 CT 用于内部结构原位可视化和表征的典型研究，并简要说明了 CT 在分析建筑材料力学行为和水分传输方面的价值。

8.4　复合材料、泡沫材料和纤维材料的 CT 研究

纤维增强复合材料和一般的纤维组件具有独特的内部结构，这种结构可以是随机的（特别是在短纤维复合材料中）或者是周期性的（如在纺织品或纺织复合材料中）。纤维增强复合材料的力学行为很大程度上取决于其结构，以及纤维和基体的力学行为。显微 CT 是表征纤维内部结构以及创建用于预测复合材料力学行为的模型的有效工具。除了纤维结构之外，多胞材料（如泡沫、轻木）也是重要的结构材料，用作复合材料轻质夹层结构的核心。

8.4.1　多胞材料（泡沫）的 CT 研究

图 8.19 为多胞材料显微 CT 成像结果。多胞材料可以定义为"由相互连接的固体支柱或板组成的网络，形成细胞的边缘和表面"的材料（Gibson 和 Ashby，1997）。"细胞壁"是指泡沫，它是由细胞面、边和顶点组成的总称。

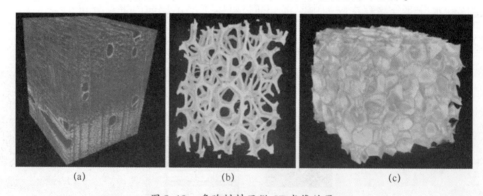

(a)　　　　　　　　　　(b)　　　　　　　　　　(c)

图 8.19　多胞材料显微 CT 成像结果

基于显微 CT 成像的泡沫表征方法如下（Pinto 等，2013）：

步骤 1：图像二值化。增强图像对比度，使用中值滤波来降低图像噪声，保持图像边缘，然后采用卷积滤波器来获得边缘被显示的图像。

步骤 2：细胞识别。这是一个交互式的步骤。用户选择/验证没有二值化/边界缺陷的单元格，之后将对其进行测量。

步骤 3：测量。自动测量每个选定单元的大小和各向异性比。

步骤 4：细胞分布参数的计算，如细胞大小分布的均匀性、不对称系数和平

均三维细胞尺寸。

图 8.20 显示了 PVC 泡沫中局部细胞壁厚度分布和细胞直径分布（Shishkina，2014），其中，插图为泡沫的显微 CT 图像，Hxx 表示泡沫的平均密度为 xx × 10^{-3}g/cm^3。

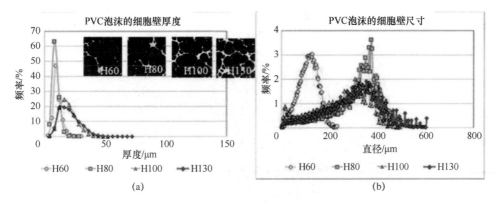

图 8.20　PVC 泡沫中局部细胞壁厚度分布与细胞直径分布

8.4.2　随机纤维复合材料的 CT 研究

随机纤维复合材料由不连续纤维增强而成，其特征在于它们的取向分布（或取向张量）、长度分布和波纹度。而随机纤维复合材料的显微 CT 图像处理旨在测量这些特征，或者重建纤维的详细几何结构。

大多数已发表的工作和软件工具都涉及直纤维组件，这是最实际相关的案例。例如，基于直接识别单个纤维取向的方法可以采用为物理样品切片（Mlekusch，1999）和测量切片上的椭圆纤维截面而开发的方法（Thi 等，2015）。如果纤维增强体具有平面纤维排列，则可以使用 2D 图像分析算法来识别类似纤维的物体（Graupner 等，2014；Fliegener 等，2014）。

对于 3D 纤维排列，通用的显微 CT 分析软件 VG Studio MAX 有一个附加模块，可以使用 CT 数据对复合构件进行无损分析。利用纤维复合材料分析模块，可以计算下列参数：局部和全局纤维取向、局部和全局纤维浓度、偏离预定义参考取向、平面投影中的局部纤维取向和其他统计参数（如纤维分布），而这种计算基于对灰度图像领域局部变化的分析，如使用 Hessian 矩阵或 Hough 变换。

最先进的工具可以将显微 CT 图像分割成单个纤维、纤维方向和长度的识别以及纤维和纤维区域的分类结合起来，如 FibreScout（Weissenbock 等，2014）（图 8.21）。此外，与纤维元数据的可视化相结合，还可以直观地检查纤维组的位置并计算纤维参数统计数据，这可以进一步用于复合材料力学性能的建模。

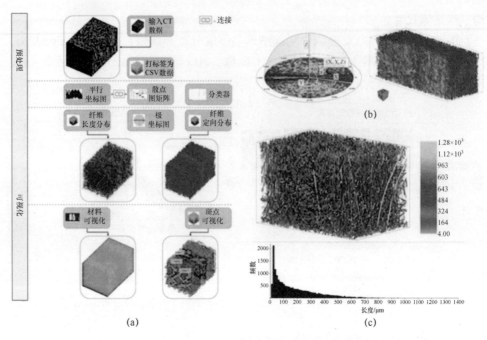

图 8.21　基于工具 FibreScout 的随机纤维复合材料分析

　　长不连续波状纤维增强复合材料与无纺布纺织材料的显微 CT 图像分析，面临着波状纤维形状识别问题，可以使用如下表达式来解决（Abdin 等，2014）：

$$r(s) = A\left(r_1\sin\left(n_1\frac{\pi s}{L}+\psi_1\right)+r_2\sin\left(n_2\frac{\pi s}{L}+\psi_2\right)\right) \tag{8.2}$$

式中：$r(s)$ 为相对于某一轴的径向位置；s 为沿弯曲纤维轴的坐标；其他参数是随机生成的描述纤维形状的两个谐波的振幅、周期和相位。在显微 CT 图像分割的基础上，利用 Mimics 软件可实现参数识别（Abdin 等，2014），并且可以使用已识别出的参数创建纤维组件随机实例，从而真实地表示显微 CT 观测结果，如图 8.22 所示，其中：（a）为用 Mimics 处理的显微 CT 图像，（b）为单个纤维、纤维弦长 L_0 和纤维长度 L_f 的识别；（c）为显微 CT 图像测量与模型模拟的纤维伸直度比较（ $= L_0/Lf$，如图 8.22（b）所示）。

8.4.3　纺织品和纺织品复合材料的 CT 研究

　　过去 10 年，显微 CT 在纺织品和纺织品复合材料的应用迅速增长（Desplentere 等，2005；Blacklock 等，2012；Harjkova 等，2014；Naouar 等，2014；Pazmin 等，2014；Barburski 等，2015），而这种增长与显微 CT 硬件的快速发展是一致的。

　　从桌面级到基于同步加速器的 X 射线 CT 设备，都可以用亚微米和微米分辨率进行三维图像配准，其对比度足以区分有机材料和碳基材料（如聚合物基体和碳纤维），并且图像后处理在消除成像伪影方面是有效的。图 8.23 展示了一系列

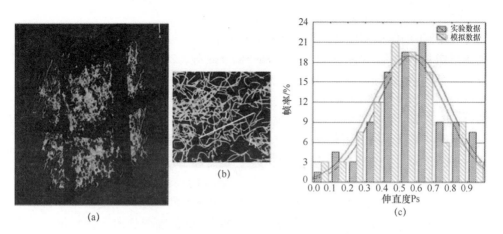

图 8.22　随机波浪钢纤维增强复合材料的内部几何模型

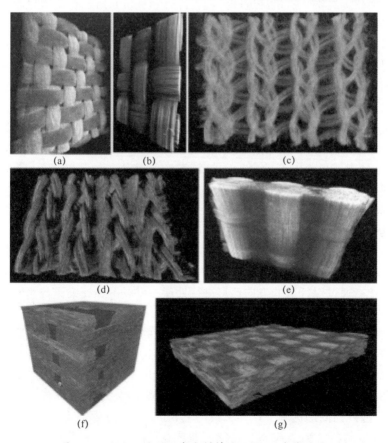

图 8.23　纺织品和纺织复合材料的显微 CT 成像结果

不同的纺织品和纺织品复合材料的显微 CT 图像，其中：（a）为亚麻，（b）为玻璃纤维织物，（c）为玻璃，（d）为钢纤维针织物，（e）为玻璃，（f）为碳纤维

3D 机织物，（g）为氧化铝纤维编织层压板。

显微 CT 图像被用作纺织物结构物理横截面的虚拟对应物，被用作制作切片和测量组织内部结构特征的工具（Desplentere 等，2005；Harjkova 等，2014），包括纺织变形后的变化（Naouar 等，2014；Pazmino 等，2014；Barburski 等，2015）。显微 CT 配准的精度可以表征纱线位置变化的统计参数（Blacklock 等，2012；Bale 等，2012；Vanaerschot 等，2016）。

然而，漂亮的三维图像并不能完全作为纺织品和纺织复合材料内部结构的虚拟表示，因为图像的体素结构缺乏方向性，但这却是纤维增强复合材料和纤维组件的最重要的局部特征。方向性定义了各向异性的局部坐标轴，从而导致干燥/浸渍的纤维束/纤维层的各向异性特性（如局部渗透性和局部刚度张量）。此外，方向性的另一个重要用途在于它（或者更确切地说是局部各向异性）提供了用于分割的附加图像特征，以及图像体素的灰度值。灰度的分割或阈值容易产生不确定性，由于碳纤维、有机纤维或纤维素纤维和有机基质的密度和化学成分的相似性，不确定性变得更严重。添加第二个特征——各向异性，可以使用基于聚类分析的强大分割方法，从而显著提高分割精度。此外，通过对局部方向性的识别，可以实现不同方向纱线的识别（机织物的经纱与纬纱、编织与编织中的轴向纱线等）以及局部纤维错位的分析。

VoxTex 软件（KU Leuven）采用 3D 图像处理方法，充分利用局部方向性信息，通过分析局部结构张量来检索（Straumit 等，2015）。VoxTex 软件处理的结果是一个体素三维阵列（体素尺寸可以与初始显微 CT 图像中的尺寸相同或是更大），每个体素都包含以下信息：①材料类型（基体；纱线/股线，带有加固结构中纱线/股线的标识；空隙）；②纤维纱线/股线的纤维方向；③纤维体积分数。这种基本的体素模型建立后，可以进一步用于不同类型的材料分析，如图 8.24 所示，其中：（a）为 VoxTex 内部的数据流，显微 CT 图像，（b）为分割，（c）为分割后图像和体素方向，（d）为有限元模型，（f）为解决方案。图像分割可以给出材料孔隙度和空洞定位的直接值，而分割后体素模型可以通过 Para – View 进行可视化。通过对纤维的方向信息进行处理，可以得到纤维错位角度的直方图和纱线与标称方向的偏差。

代表纱线空间（基体和空隙）和纱线体积的体素完成图像分割后，体素模型可以转移到 CFD 软件，通过求解 Navier – Stokes 或 Stokes 方程来计算均匀渗透率。通过使用均质公式（Gebart 1992；Endruweit 等，2014）以及体素中纤维体积分数和纤维方向信息，将局部渗透率分配给属于纱线/股线体积的体素，从而考虑纱线/股线的内渗透率，这样求解出了 Brinkmann 方程，VoxTex 与 KU Leuven 的 FlowTex 求解器（Verleye 等，2008）集成在一起可以进行此类计算。以碳纤维无卷曲编织物为例，证明了基于纺织品内部结构的 X 射线显微 CT 扫描配准能够正确计算纺织品增强渗透性的可行性（Straumit 等，2016）。

复合材料力学性能的计算可以通过两种途径进行。第一种，考虑到复合材料的表征体积，并根据体素纤维体积分数和纤维方向或基体性质，将其力学性能分配给体素，这是一套均质化程序（iso-strain，Mori-Tanaka…），可用于计算复合材料的均质化刚度，这些功能集成在 VoxTex 中。第二种，体素模型具有每个体素的符号材料特性，可以转换到有限元软件中。具有每个体素指定材料属性的体素模型首先被传输到 FE 软件，接着 VoxTex 为体素模型生成一个 ABAQUS 输入文件，或者调用它自己的 FE 解算器，最后利用单向纤维增强材料的连续损伤模型，计算损伤的萌生和生长过程，并模拟随着损伤进展复合材料承载能力的降低。

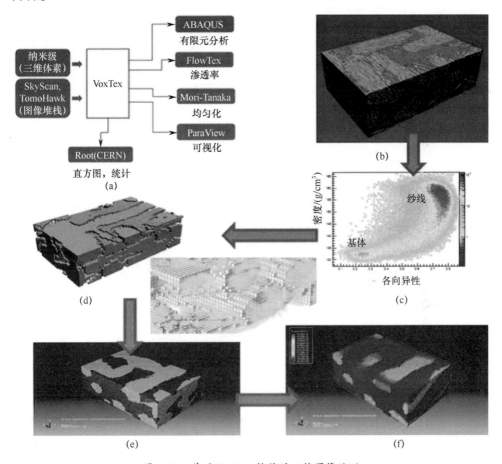

图 8.24　基于 VoxTex 软件的三维图像处理

8.5　CT 优化下一代生物材料

针对大型骨损伤的治疗，骨组织工程（bone tissue engineering，TE）强调使用组织再生（Langer 和 Vacanti1993）方法，而不是像 Ilizarov 固定器（Fabry 等，

1988）的传统的重建骨方法。将开放式多孔生物材料（又称为骨组织工程支架）与成骨细胞和（或）生长因子相结合，经过细胞播种和（或）生物反应器培养后，可植入大骨缺损处以进行愈合（Janssen 等，2006；Timmins 等，2007；Bakker 等，2008；Cancedda 等，2007；Kruyt 等，2008；Salgado 等，2004）。要使骨愈合成功，骨组织工程支架需要满足一定的要求，如生物相容性、良好的细胞－材料间的相互作用、最佳的孔隙结构和孔径、合适的表面宏观和微观结构、合适的化学成分和溶解/降解行为、与骨等效的力学性能等（Plac 等，2009；Barrada 等，2011；Habraken 等，2016；Habibovic 和 de Groot 2007）。以上是支架在理想情况下需要满足的要求，但在实际大多数情况下，必须在不同的要求之间做出妥协。因此，由于这些要求大部分是耦合的，支架的设计、生产、表征和转化到临床应用仍然是一项具有挑战性的任务（Place 等，2009；Barradas 等，2011）。此外，现有骨 TE 策略仍然受到结果可重复性的限制，并且缺乏抵抗外部扰动的鲁棒性，这主要是由于生产工艺的不一致所导致材料特性发生巨大变化。为了提高当前骨 TE 策略结果的可预测性，减少材料的可变性是至关重要的，可以因此避免反复实验的方法，使得临床转化更加可靠。

因此，生物材料筛选和质量控制的适当表征是必要的，能够为优化骨 TE 支架的设计和制造提供输入，以提高可重复性和鲁棒性，避免反复试验。显微 CT 可以提供一种解决方案，因为它是一种无损的三维成像技术，可以确定大量的形态学参数。显微 CT 作为表征支架三维形貌和骨形成（Guldberg 等，2008；Papadimitropoulos 等，2007；Chai 等，2012；Jones 等，2004；Jones 等，2007）的重要工具，在文献中得到了广泛的报道（van Lenthe 等，2007；Peyrin 等，2007；Jungreuthmayer 等，2009）。下面的例子展示了显微 CT 相比于标准表征技术的附加价值，并着重对比增强显微 CT（contrast – enhanced micro – CT，CE – CT）在评价生物材料中软组织形成方面的潜力。

8.5.1 材料表征

8.5.1.1 形态分析

显微 CT 图像分析除了可以对多孔生物材料的内部结构进行无损可视化外，还可以量化这些材料的形态特性。最近的一项研究表明，将显微 CT 形态学表征和经验模型相结合，作为一种创新且稳健的筛选方法，可以减少基于细胞的骨 TE 支架设计的材料特异性变异（Kerckhofs 等，2016）。通过显微 CT 表征，6 个 CE 认证的基于 CaP 的支架（CopiOs®，BioOss™，Integra Mozaik™，chronOS Vivify，MBCP™ 和 ReproBone™—图 8.25（白色箭头表示支架内的胶原网络，比例尺 = 1 毫米）和 8.26（n = 12，"&" 为非显著性差异，p > 0.05））及其成骨能力（参见 8.5.3 段），以及评估其与人骨膜衍生细胞（hPDC）联合使用的体内支架降解情况构成了定量支架库的形态和组成特性。基于显微 CT 支架库的经验模型，能够识别驱动优化骨形成的构造特点，即：（a）b–TCP 和磷酸氢二钙的百分比，（b）CaP 结构的凹度，（c）CaP 结构的平均厚度，（d）种子细胞的数量（考虑到播种效率）。此外，该模型可以定量预测不同 hPDC-CaP 支架组合的骨形成反应，从更稳健的优化结构设计提供输入，避免反复试验。

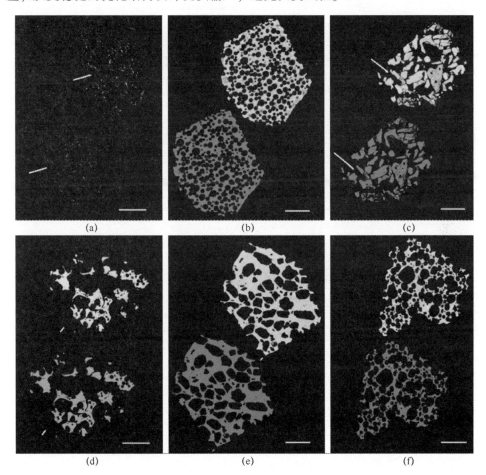

图 8.25　ReBoneTM 支架及其分割图像

8.5.1.2　表面性能

研究表明，生物材料的表面粗糙度和拓扑结构对细胞增殖和分化也有重要影响，从而影响支架的骨诱导能力（Salgado 等，2004；Habibovic 等，2006；Habibovic 和 de Groot 2007；Mustafa 等，2001；Galli 等，2005）。

然而，在确定多孔材料表面粗糙度时，市售的分析系统失效了。高分辨率显微 CT 为这一问题提供了一种解决方案，因为它能够以无损的方式量化三维多孔结构的表面粗糙度（Kerckhofs 等，2012）。更详细地说，多孔结构的二维横截面显微 CT 图像已经被用来提取生物材料表面的轮廓线，如图 8.27 所示，其中，

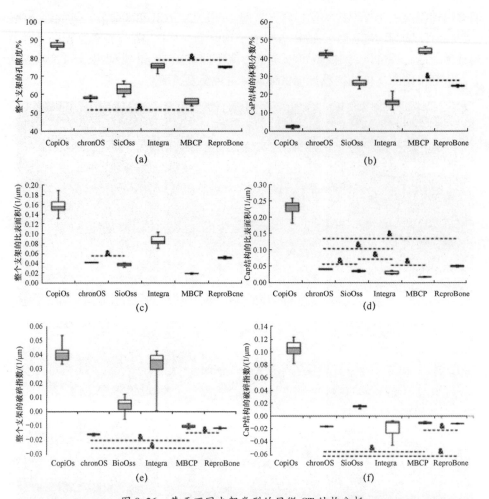

图 8.26 基于不同支架类型的显微 CT 结构分析

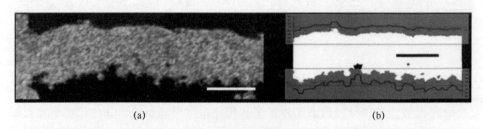

图 8.27 单一支柱的多孔 Ti6Al4 V 生物材料的高分辨率二维显微 CT 切片图像

（a）是单一支柱的多孔 Ti6Al4 V 生物材料的典型高分辨率（体素尺寸为 1.5μm）二维显微 CT 横截面图像，（b）是具有相应轮廓线的（a）段的二值化部分，比例尺 =200μm。无论是在外表面还是在结构内部，然后使用 MatLab 工具利用这些轮廓线计算表面粗糙度参数。通过市售（光学和接触式）分析系统和基于显微 CT 的粗糙度测量系统对确定的平面基板的粗糙度参数的进行比较，表明显微 CT 技术可以准确、稳健地应用于显微尺度下的三维复杂多孔材料的表面粗糙度的量化。该工具可以确定表面拓扑结构对支架细胞行为和骨形成能力的影响。

8.5.2　体外评价

为了进一步推进骨 TE 领域的发展，另一个重要方面就是确定最优的生物反应器工艺参数。要做到这一点，重要的是对生长的新组织（即细胞和细胞外基质）可视化并量化到三维生物材料中。目前使用的大多数标准技术，如组织学切片和活/死试验，只允许在二维方向上评估新组织的分布，存在深度分辨率有限或信息丢失，在此，显微 CT 也可以发挥重要作用。然而，当在标准吸收模式下使用桌面显微 CT 时，如果不使用造影剂，则无法可视化三维支架中的非矿化组织。对比增强 CT 提供了一种有价值的解决方案，因为它可以在生物反应器培养后，在 TE 支架中进行三维工程新组织形成的可视化（Sonnaert 等，2015）。在生物反应器的细胞培养过程中，使用造影剂对新组织进行染色，结合显微 CT 图像分析，可以对新组织的数量及其在整个 TE 支架中的分布进行三维定量读取（图 8.28），从而优化生物工艺参数。开发可靠的工具和方法，如 CE-CT，以评估 TE 构造（即具有细胞/基质的生物材料）的重要和潜在的关键质量特性，如新组织的数量和均匀性，可以促进 "TE 结构" 在充分表征的 "TE 产品" 中的逐步转变。

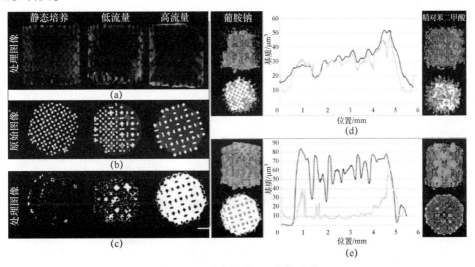

图 8.28　对比增强 CT 成像结果

8.5.3　体内评价

为了评估生物材料的潜力，通常会将其植入一个啮齿动物模型中，并对其内部的组织形成进行评估。然而，与器官一样，生物材料在体内植入后形成的组织具有空间异质性。因此，二维测量，如组织学切片，仅能部分地显示发育过程中引起的变化程度。成像技术的创新是充分理解组织形成过程中复杂三维事件的基础。如前所述，显微 CT 经常用于量化生物材料内的骨形成（Guldberg 等，2008；Papadimitropoulos 等，2007；Chai 等，2012；Jones 等，2004；Jones 等，2007；Kerckhofs 等，2016）。然而，软组织的对比度本来就很差，如前所述，显微 CT 成像最近的转变主要侧重于使用 X 射线不透明造影剂来观察软组织，如新组织（Sonnaert 等，2015），软骨（Kerckhofs 等，2013，2014；Bansal 等，2011；Xie 等，2010），血管（Lusic 和 Grinstaff，2013；Fei 等，2010）和结缔组织（Wong 等，2012；Metscher 2009）。然而，对于其他软组织，目前还没有针对组织的 X 射线不透明造影剂。通过反复实验，几个小组已经评估了不同的化学物质对这些组织进行染色，取得了不同程度的成功，但没有深入验证或充分了解组织特异性结合的机制（Metscher，2009；Pauwels 等，2013）。此外，这些造影剂大多数具有侵入性或毒性（Buytaert 等，2014），阻碍了后续的组织学处理。最近，新型造影剂（金属取代的多金属氧酸盐 POM）已被开发出来，能够以无创的方式显示骨髓腔室中的脂肪细胞和血管网络，并可进行后续的免疫染色（Kerckhofs 等，2016），如图 8.29 所示，其中：（a）为 TE 外植体（含有 CaP 的支架涂有生长因子，并在裸鼠模型异位植入 6 周后接种 hPDC）的典型横截面 CE-CT 图像（使用 POM 染色，浅灰色为骨，暗灰色为骨髓，黑色箭头表示血管和脂肪细胞）；（b）为相应的组织切片（苏木精和伊红染色，粉红色为骨，蓝色为骨髓，白色区域为血管或脂肪细胞）；（c）为外植体骨髓中血管网络（红色）的三维表示。在灰度图中，显示了由 Erwan Plougonven-ULg 博士提供的外植体的横切面（灰度图与（a）相反）。这些造影剂与显微 CT 成像结合，可以用一种成像方式同时对多个组织进行可视化和量化，比组织学更快、侵入性更小和更量化。因此，使用 CE-CT 可以对 TE 结构进行更深入的三维定量筛选。

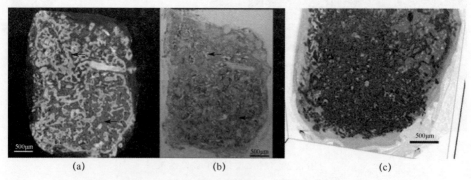

图 8.29　基于新型造影剂的 X 射线成像结果

8.5.4　结论

综上所述，显微 CT 是一种很有前途的成像技术，不仅可以用于骨组织工程生物材料的形态学表征，还可以用于其表面拓扑结构，以及在动物模型体内植入后在生物材料内形成的骨和其他软组织等的表征。因此，它是推进和优化现有TE疗法的理想工具，并进一步促进更可靠的临床转化。

8.6　CT 用于牙齿修复优化及种植体评价

在牙科专业和口腔健康研究领域，人们一直希望开发出具有更好的机械性能且易于放置的修复体。尽管通常规定临床研究是牙科修复的最终测试，但实验室测试是认识和改善基本问题的重要工具。在这方面，微型计算机断层成像的出现极大地增加了检测牙科材料的可能性，它可以在微观层面上对表面结构和内部结构进行了无损的三维评估；由于高辐射量和扫描物体尺寸的固有限制，无法通过体内成像技术实现。由于最近商用桌面扫描仪（Kampschulte 等，2016）的分辨率和图像处理技术的改进，应用的数量大大增加。这里将讨论几个应用的概述，以及它们可能的优点和缺陷。

8.6.1　有限元分析

修复后的牙齿复合体内的应力和应变是主要关注的问题，因为它们与修复体、剩余牙齿组织或两种基材之间界面内的裂纹和断裂有关，可能最终导致临床失败（Ferracane，2008；Schneider 等，2010；Zhang 等，2013）。由于牙齿的解剖形状和分层结构，应力场和张量场非常复杂，且无法简化，因此通常采用有限元分析对应力分布进行可视化和解释。显微 CT 图像的实现极大地促进了有限元模型的几何获取和修改（Verdonschot 等，2001；Magne，2007；Kato 和 Ohno，2008；Rodrigues 等，2009）。根据图像密度阈值，可以对天然牙齿和修复体的显微 CT 图像进行分割。通常需要对图像进行滤波和平滑处理，以减少噪声和扫描伪影，并优化啮合过程（Magne 2007；Rodrigues 等，2009）。采用基于显微 CT 的模型，研究了树脂基复合材料在聚合过程中的收缩（Kuijs 等，2003）、复合材料和陶瓷材料的弹性（Della Bona，等，2013；Duan 和 Griggs，2015）及几何设计对不同材料性能的影响（Rodrigues 等，2012）。

8.6.2　空洞、间隙和微渗漏的量化

牙齿与修复体之间的间隙形成和边缘适应是非常重要的，因为它可能导致龋齿的复发和牙髓并发症（Roulet，1994）。另一方面，修复体或黏合剂内部的气泡、空隙和其他缺陷可能会成为关键缺陷，导致发生裂缝和破裂。各种方法已经被用于评估边缘适应和微渗漏（Roulet，1994；Heintze，2007；Heintze 和 Zimmerli，2011）。在体内，这些评估严重限制了接触表面，基本上限制在咬合面，前庭面和舌面。然后通过视觉检查进行评估，无论是否借助探测仪的帮助（Hickel 等，2007，2010a，b），或通过硅胶印模和树脂复合进行间接评估

（Contrepois 等，2013）。在大多数体外研究中，对标本进行切片，并在检索到的切片上（Neves 等，2014）对有色染料的间隙或（微）渗漏进行量化。有人提出了合理的批评，认为通过这种方式检索的测量数量有限，并且结果高度依赖于可以制作部分的位置和数量（Neves 等，2014），因为微泄露已被证明是高度均匀的（Sun 等，2009）。此外，该技术不可避免地会破坏样品，它有两个主要缺点：第一，过程不能重复；其次，切片本身会导致在切片过程中产生样本加工伪影，这些伪影会被误认为是原始样本存在的缺陷。

当用显微 CT 研究微泄漏时，示踪剂必须是不透射线的。硝酸银已在各种研究中被用作示踪剂，取得了不同程度的成功（（Neves 等，2014；Han 等，2015；Jacker Guhr 等，2015；Kim 和 Park，2014；Eden 等，2008）。然而，另一些作者则认为，可以通过计算界面间隙来预测微泄露，而无须事先使用示踪剂（Sun 等，2009）。微泄漏实验通常与机械加载方案相结合，以确定它们对微泄漏模式的影响。基于大量不同的应用，显微 CT 已被证明是评价内部和边缘适应性的通用工具。

然而，显微 CT 的使用也存在一些缺点：空间分辨率不仅取决于设备规格，还取决于样品尺寸。在大多数研究中，使用的体素尺寸在 $10 \sim 20 \mu m$ 之间变化，这比使用 SEM 或 TEM 可以得到的精度低得多。对比分辨率也取决于所使用材料的密度和线性衰减，大多数黏合剂都是半透明的，接近空气的值，因此扫描时无法区分（Carrera 等，2015）。另一方面，在具有更不透射线的修复材料（主要是金属和氧化锆陶瓷）上，可能会产生严重的射束硬化、散射和衍射噪声（Tan 等，2011）。由于直方图上物质峰值的大量重叠，不同物质、噪声和人工制品之间的低对比度可能会使自动阈值处理变得非常困难。研究人员往往依赖于人工分割方法（Borba 等，2011），这些方法十分容易受到解释偏差的影响。使用单色束可以避免射束硬化，如同步辐射显微 CT（De Santis 等，2005），然而这种设备的可用性是有限的。当使用多色光束时，使用滤光片（通常是氧化铝或铜）可以减少射束硬化效应。

8.6.3　图像关联和图像配准

如前所述，聚合应力和机械载荷引起的应力和应变得到了广泛研究。显微 CT 的无损特性允许在聚合前后（Hirata 等，2014；Chiang 等，2010；Cho 等，2011；Zeiger 等，2009）或机械加载前后（Kim 和 Park，2014）扫描含有树脂复合材料的样品，并且具有可以在实验环境中验证收缩或加载效果的特有优势。使用三维技术不仅可以计算体积收缩，还可以验证收缩的位置（Hirata 等，2014），这可能是更重要的优势。如果样本在两次扫描之间移动了，移动前后的图像可以对齐，并且可以相互比较。在图像配准中，使用算法自动对齐两个图像。对齐后，两个图像可以相减（Hirata 等，2014），或计算出表示发生变形的张量场（Chiang 等，2010；Cho 等，2011；Van Ende 等，2013）。

8.6.4 结论

随着图像分辨率和图像处理技术的不断提高，显微 CT 在优化牙齿修复中的应用越来越多。最具价值的是在微观层面上以无损的方式对样本内部进行评估的能力。

8.7 牙齿硬组织的 CT 研究

近年来，显微 CT 在牙科领域有着广泛的应用，尤其是在分析不透射线的结构时（Swain 和 Xue，2009；Zou 等，2011；Davis 等，2013）。特别是，显微 CT 成像可以对牙齿内外的形态和病理进行二维和三维观察，从而使得定量和定性分析密度或矿物浓度分布（矿物含量）是可行的（Davis 等，2013）。下面给出了显微 CT 在牙齿硬组织研究中的一些应用实例。

8.7.1 牙齿结构的形态可视化及分析

显微 CT 是一种很好的分析牙齿结构的工具，因为它有助于区分牙釉质、结石、牙本质、牙骨质和牙髓（图 8.30，牙釉质（白色）的矿物质浓度高于牙本质（灰色），观察牙本质冠状部（箭头）与牙骨质、牙釉质（E）、牙本质（D）、牙髓（P）的矿物成分差异）。此外，通过对获得的牙齿二维切片进行三维重建和分析，可以得到有关牙髓腔和根管形态的重要信息（图 8.31，牙釉质（白色）、牙本质（灰色）和根管（红色）可分别分割，以突出牙齿的形态和根管的复杂性，观察根间吻合（白色箭头）和根尖周三角（绿色箭头））。根管形态的

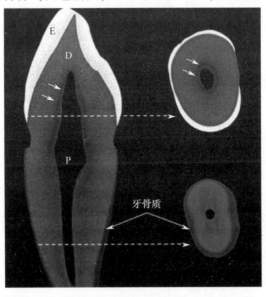

图 8.30 牙齿切片成像结果

详细信息对牙医来说是必要的，从而可以提供成功的根管治疗。重建后的切片可以在所有定向平面上可视化，从而可以深入了解正常和复杂的根管形态变化（分支、峡部、C 形等）。根管和根管弯曲度，以及根管的直径和形态均可以直观地显示和测量。（Peters 等，2000；Oi 等，2004）。

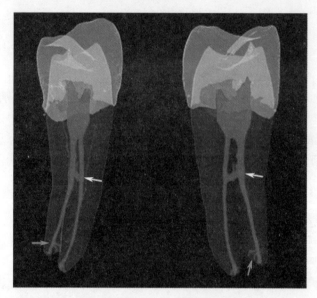

图 8.31　牙齿的三维体数据绘制

此外，通过使用三维数据还可以显示由牙髓器械（增加根管体积）所造成的组织损失。可以从治疗前的体积中减去治疗后的体积，得到去除的牙齿结构。这样就可以比较和对比不同的根管塑形和清洁技术，以评估每种技术的有效性和侵袭性（Bergmans 等，2001，2002a，2003）。

8.7.2　牙体吸收的可视化与分析

显微 CT 对于认识牙科学中的复杂现象非常有用，例如牙体吸收（Bergmans 等，2002b；Luso 和 Luder，2012；Gunst 等，2013；Mavridou 等，2016a）。牙体吸收有不同的类型，其中最复杂的是颈外吸收。通过在显微 CT 分辨率范围内使用具有先进技术性能的 CT 扫描仪，可以根据像素灰度值或矿物密度将牙釉质、牙本质、牙髓和骨分割成不同的部分（Mavridou 等，2016a）。二维组织学图像与显微断层图像完全吻合，如图 8.32 所示，其中，（a）为牙齿的二维断层横切片，（b）为与（a）相匹配的组织学图像，牙釉质（E）、牙本质（D）、牙髓（P）、牙骨质（C）、牙周吸收阻力片（PRRS）、Heithersay 吸收通道（H）、腔内钙化（CC）。然而，利用三维图像可以得到重要的结构信息，这无法仅通过使用常规的组织形态测量法来评估。另外，高空间分辨率和图像质量也使以下方面的评估成为可能：吸收的起始点（入口），在牙本质和牙釉质内的 Heithersay 吸收通道，牙髓钙化反应，围绕根管的牙周吸收阻力片（Pericanalar Resorption Resistant Sheet，PRRS），牙齿内的类骨组织形成的程度以及与外部根面的相互联系，如图8.33所示，外齿面形态与内齿结构密切相关，E为牙釉质、D为牙本质、P为牙髓。PRRS的三维厚度可以通过选择感兴趣的区域和使用专用软件的结构分析程序来测量（Mavridou等，2016b）。这种情况的精确模型可以用来更好地了解不断变化的现象，并能极大地帮助牙科研究人员和临床医生认识这种情况的复杂性。

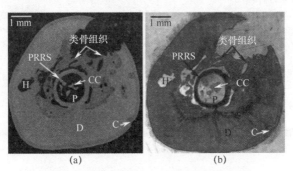

图8.32 二维组织学图像与显微CT成像结果

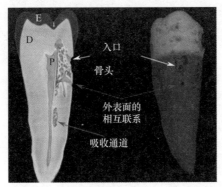

图8.33 牙齿内类骨组织形成程度以及与外部根面相互联系

8.7.3 龋齿的可视化与分析

显微CT由于其无损性和可测量牙齿硬组织中矿物质浓度的特性而引起了人们对龋齿研究的兴趣（Huang等，2010；Neves等，2010；Taylor等，2010）。

早期发现龋齿和精确的龋齿诊断方法是重要的，以便在牙釉质表层仍然完整的情况下，及早发现龋病，并确定是否需要预防性护理（修复受损组织的再矿化）或手术护理（去除龋组织）。

利用显微CT技术，可以从良好的牙齿组织中鉴别出脱矿组织，如图8.34所示，牙釉质脱矿（黑色箭头），完整的表层（绿色箭头）和牙本质脱矿（白色箭头），牙髓钙化（红色箭头），牙结石（黄色箭头）。此外，还可以研究牙齿结构的去矿化/再矿化，这与龋齿的发生、发展和逆转有关。通过这种方法，显微CT可以有效地验证龋齿扩展评估的诊断实验结果。此外，利用三维数据，可以研究龋齿挖掘过程中移除组织的体积。通过这种方式，可以在有效性和微创潜力方面评估不同的龋病挖掘技术（Neves 等，2011）。

尽管显微 CT 在矿物密度测定中具有较高的适用性，但若能进一步优化扫描和重建过程，则可获得更好的结果。通过对矿物密度的适当标定、扫描过程中的光束过滤和重建过程中的射束硬化校正，可以达到优化的目的（Zou 等，2009，2011）。

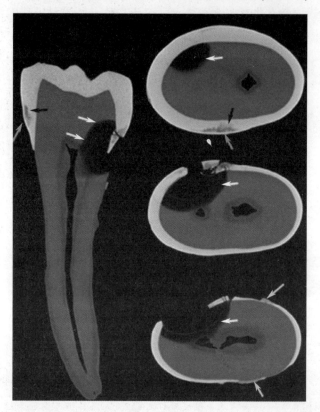

图 8.34　基于显微 CT 的牙釉质脱矿组织分析

8.7.4　微裂纹的可视化与分析

新的无损检测方法可以直观地观察牙齿微裂纹的发展。在牙本质（Shemesh 2016；Versiani 等，2015）或牙冠上可以看到这种微裂纹的一些典型的可视化例子，如图 8.35 所示，微裂纹（黑色箭头）、牙釉质（E）、牙本质（D）、牙髓（P）、修复体（R）。第一例是由根管器械和填充技术诱发裂纹，第二例是由修复力或咬合力引起裂纹。显微 CT 的使用被认为是必不可少的，因为它可以帮助临床医生选择微创的器械和封闭技术，并了解其形成的病因。

8.7.5　牙齿发育异常的可视化——牙釉质内陷与外翻

牙齿内陷以不同的临床和影像学形式出现。锥形束 CT 有助于确定内陷类型和程度以及与牙髓组织的关系（Neves，2013）。牙外翻是一种罕见的畸形，表现为后牙咬合面和前牙舌面的突出结节。它主要发生在亚洲人群（6.3%）。显微 CT 揭示了这些异常的复杂性，并有助于制定新的治疗策略（图 8.36，牙釉质（白色）和牙本质（灰色）向牙髓内陷造成三维复杂的临床和牙髓问题，红色箭头为内陷）。

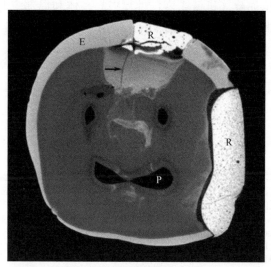

图 8.35　齿冠微裂纹形成示例

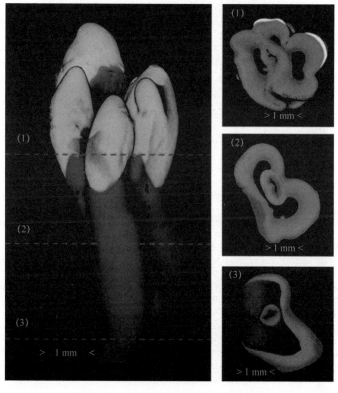

图 8.36　牙内陷成像结果（见彩插）

8.8 结论

无论是探索复杂材料系统的层次结构，还是使用高级图像分析来确定纳米和微米 CT 材料在原位加载（机械或热）过程中的整体和局部应变，这些信息都是通过 CT 来研究和揭示力学行为和故障的先决条件，也是用于建模的先决条件。

本章介绍了水果、牙科复合材料、建筑材料、放射性废物、开放式多孔结构和生物材料等方面的研究成果，无论是用于质量控制、材料行为，还是材料优化，都突出了 CT 对众多科学领域研究的必要性和优势，在这些领域中，科学家们也有机会相互学习。

参考文献

Abdin Y, Lomov SV, Jain A, Van Lenthe H, Verpoest I (2014) Geometrical characterization and micro-structural modelling of short steel fiber composites. Compos A 67:171–180

Abera MK, Verboven P, Herremans E et al (2014) 3D virtual pome fruit tissue generation based on cell growth modeling. Food Bioprocess Technol 7:542–555. doi:10.1007/s11947-013-1127-3

Ahn S, Jung SY, Lee SJ (2013) Gold nanoparticle contrast agents in advanced X-ray imaging technologies. Molecules 18:5858–5890. doi:10.3390/molecules18055858

Akbarabadi M, Saraji S, Piri M (2014) High-resolution three-dimensional characterization of pore networks in shale reservoir rocks. In: Unconventional Resources Technology Conference (URTeC), p 1870621

Alajmi AF, Grader A (2009) Influence of fracture tip on fluid flow displacements. J Porous Media 12(5):435–447

Altman SJ, Aminzadeh B, Balhoff MT, Bennett PC, Bryant SL, Cardenas MB, Chaudhary K, Cygan RT, Deng W, Dewers T, DiCarlo DA, Eichhubl P, Hesse MA, Huh C, Matteo EN, Mehmani Y, Tenney CM, Yoon H (2014) Chemical and hydrodynamic mechanisms for long-term geological carbon storage. J Phys Chem C 118:15103–15113

Aminzadeh B, Chung DH, Bryant SL, Huh C, DiCarlo DA (2013) CO_2 leakage prevention by introducing engineered nanoparticles to the in-situ brine. Energy Procedia 37:5290–5297

Andrew M, Bijeljic B, Blunt M (2015) Reservoir condition pore-scale imaging of multiple fluid phases using X-ray microtomography. J Visualized Exp 96:52440. doi:10.3791/52440

Andries J, Van Itterbeeck P, Vandewalle L, Van Geysel A (2015) Influence of concrete flow on spatial distribution and orientation of fibres in steel fibre reinforced self-compacting concrete. Paper presented at the fib symposium, Copenhagen, Denmark

Anselmetti FS, Eberli GP (1993) Controls on sonic velocity in carbonates. Pure Appl Geophys 141 (2–4):287–323

Archie GE (1952) Classification of carbonate reservoir rocks and petrophysical considerations. AAPG Bull 36(2):278–298

Aregawi W, Defraeye T, Verboven P et al (2013) Modeling of coupled water transport and large deformation during dehydration of apple tissue. Food Bioprocess Technol 6:1963–1978. doi:10.1007/s11947-012-0862-1

Bakker A et al (2008) Quantitative screening of engineered implants in a long bone defect model in Rabbits. Tissue Eng Part C 14(3):251–260

Bale H, Blacklock M, Begley MR, Marshall DB, Cox BN, Ritchie RO (2012) Characterizing three-dimensional textile ceramic composites using synchrotron X-ray micro-computed-tomography. J Am Ceram Soc 95(1):392–402. doi:10.1111/j.1551-2916.2011.04802.x

Bansal PN et al (2011) Cationic contrast agents improve quantification of glycosaminoglycan (GAG) content by contrast enhanced CT imaging of cartilage. J Orthop Res 29(5):704–709

Barburski M, Straumit I, Zhang X, Wevers M, Lomov SV (2015) Micro-CT analysis of internal structure of sheared textile composite reinforcement. Compos A 73:45–54. doi:10.1016/j.compositesa.2015.03.008

Barradas AM et al (2011) Osteoinductive biomaterials: current knowledge of properties, experimental models and biological mechanisms. Eur Cell Mater 21:407–429 (Discussion 429)

Baveye P, Rogasik H, Wendroth O, Onasch I, Crawford JW (2002) Effect of sampling volume on the measurement of soil physical properties: simulation with X-ray tomography data. Meas Sci Technol 13(5):775–784

Bear J (1972) Dynamics of fluids in porous media. Courier Corporation

Bech M, Jensen TH, Feidenhans R et al (2009) Soft-tissue phase-contrast tomography with an X-ray tube source. Phys Med Biol 54:2747–53. doi:10.1088/0031-9155/54/9/010

Berg S, Armstrong R, Ott H, Georgiadis A, Klapp SA, Schwing A (2014) Multiphase flow in porous rock imaged under dynamic flow conditions with fast X-ray computed micro-tomography. Petrophysics 55(4):304–312

Bergmans L, Van Cleynenbreugel J, Beullens M, Wevers M, Van Meerbeek B, Lambrechts P (2002a) Smooth flexible versus active tapered shaft design using NiTi rotary instruments. Int Endod J 35(10):820–828

Bergmans L, Van Cleynenbreugel J, Beullens M, Wevers M, Van Meerbeek B, Lambrechts P (2003) Progressive versus constant tapered shaft design using NiTi rotary instruments. Int Endod J 36(4):288–295

Bergmans L, Van Cleynenbreugel J, Verbeken E, Wevers M, Van Meerbeek B, Lambrechts P (2002b) Cervical external root resorption in vital teeth. J Clin Periodontol 29(6):580–585

Bergmans L, Van Cleynenbreugel J, Wevers M, Lambrechts P (2001) A methodology for quantitative evaluation of root canal instrumentation using microcomputed tomography. Int Endod J 34(5):390–398

Beucher S, Meyer F (1992) The morphological approach to segmentation: the watershed transformation. Optical Engineering-New York-Marcel Dekker Incorporated 34:433–433

Blacklock M, Bale H, Begley M, Cox B (2012) Generating virtual textile compo-site specimens using statistical data from micro-computed tomography: 1D tow representations for the Binary Model. J Mech Phys Solids 60(3):451–470. doi:10.1016/j.jmps.2011.11.010

Blunt MJ, Bijeljic B, Dong H, Gharbi O, Iglauer S, Mostaghimi P, Paluszny A, Pentland C (2013) Pore-scale imaging and modelling. Adv Water Resour 51:197–216

Bouvet de Maisonneuve C, Bachmann O, Burgisser A (2009) Characterization of juvenile pyroclasts from the Kos Plateau Tuff (Aegean Arc): Insights into the eruptive dynamics of a large rhyolitic eruption. Bull Volc 71(6):643–658

Borba M, Cesar PF, Griggs JA, Della Bona Á (2011) Adaptation of all-ceramic fixed partial dentures. Dent Mater 27:1119–1126. doi:10.1016/j.dental.2011.08.004

Brabant L, Vlassenbroeck J, De Witte Y, Cnudde V, Boone MN, Dewanckele J, Van Hoorebeke L (2011) Three-dimensional analysis of high-resolution X-ray computed tomography data with Morpho+. Microsc Microanal 17:252–263

Brechbühler C, Gerig G, Kübler O (1995) Parametrization of closed surfaces for 3-D shape description. Comput Vis Image Underst 61(2):154–170

Brigaud B, Vincent B, Durlet C, Deconinck JF, Blanc P, Trouiller A (2010) Acoustic properties of ancient shallow-marine carbonates: effects of depositional environments and diagenetic processes (Middle Jurassic, Paris Basin, France). J Sed Res 80(9):791–807

Brosse E, Magnier C, Vincent B (2005) Modelling fluid-rock interaction induced by the percolation of CO_2-enriched solutions in core samples: the role of reactive surface area. Oil Gas Sci Technol 60(2):287–305

Brunauer S, Emmett PH, Teller E (1938) Adsorption of gases in multimolecular layers. J Am Chem Soc 60(1):309–319

Bultreys T, Van Hoorebeke L, Cnudde V (2015) Multi-scale, micro-computed tomography-based pore network models to simulate drainage in heterogeneous rocks. Adv Water Resour 78:36–49

Buytaert J et al (2014) Volume shrinkage of bone, brain and muscle tissue in sample preparation for micro-CT and light sheet fluorescence microscopy (LSFM). Microsc Microanal 20(4):1208–1217

Cancedda R, Giannoni P, Mastrogiacomo M (2007) A tissue engineering approach to bone repair in large animal models and in clinical practice. Biomaterials 28(29):4240–4250

Cantre D, Herremans E, Verboven P et al (2014) Characterization of the 3-D microstructure of mango (*Mangifera indica* L. cv. Carabao) during ripening using X-ray computed microtomography. Innov Food Sci Emerg Technol 24:28–39. doi:10.1016/j.ifset.2013.12.008

Carlson W (2006a) Three-dimensional imaging of earth and planetary materials. Earth Planet Sci Lett 249:133–147

Carlson W (2006b) Three-dimensional imaging of earth and planetary materials. Earth Planet Sci Lett 249:133–147

Carrera C, Lan C, Escobar-Sanabria D, Li Y, Rudney J, Aparicio C et al (2015) The use of micro-CT with image segmentation to quantify leakage in dental restorations. Dent Mater 2015:1–9. doi:10.1016/j.dental.2015.01.002

Chai YC et al (2012) Ectopic bone formation by 3D porous calcium phosphate-Ti6Al4V hybrids produced by perfusion electrodeposition. Biomaterials 33(16):4044–4058

Chaudhary K, Cardenas MB, Wolfe WW, Maisano JA, Ketcham RA, Bennett PC (2013) Pore-scale trapping of supercritical CO_2 and the role of grain wettability and shape. Geophys Res Lett 40:3878–3882

Choquette P, Pray L (1970) Geologic nomenclature and classification of porosity in sedimentary carbonates. AAPG Bull 54(2):207–250

Chiang Y-C, Rösch P, Dabanoglu A, Lin C-P, Hickel R, Kunzelmann K-H (2010) Polymerization composite shrinkage evaluation with 3D deformation analysis from microCT images. Dent Mater 26:223–231. doi:10.1016/j.dental.2009.09.013

Cho E, Sadr A, Inai N, Tagami J (2011) Evaluation of resin composite polymerization by three dimensional micro-CT imaging and nanoindentation. Dent Mater 27:1070–1078. doi:10.1016/j.dental.2011.07.008

Chung MK, Dalton KM, Davidson RJ (2008) Tensor-based cortical surface morphometry via weighted spherical harmonic representation. IEEE Trans Med Imaging 27(8):1143–1151

Claes S, Soete J, Cnudde V, Swennen R (2016) A 3 dimensional classification for mathematical pore shape description in complex carbonates. Mathematical Geosciences, (accepted)

Clausnitzer V, Hopmans JW (1999) Determination of phase-volume fractions from tomographic measurements in two-phase systems. Adv Water Resour 22(6):577–584

Cnudde V, Boone M, Dewanckele J, Dierick M, Van Hoorebeke L, Jacobs P (2011) 3D characterization of sandstone by means of X-ray computed tomography. Geosphere 7:54–61. doi:10.1130/GES00563.1

Cnudde V, Boone MN (2013) High-resolution X-ray computed tomography in geosciences: a review of the current technology and applications. Earth Sci Rev 12:1–17. doi:10.1016/j.earscirev.2013.04.003

Cole LE, Ross RD, Tilley JM et al (2015) Gold nanoparticles as contrast agents in X-ray imaging and computed tomography. Nanomedicine (Lond) 10:321–341. doi:10.2217/nnm.14.171

Coles ME, Spanne P, Muegge EL, Jones KW (1994) Computed microtomography of reservoir core samples. In: Proceedings of international symposium of the society of core analysts

Coles ME, Hazlett RD, Spanne P, Soll WE, Muegge EL, Jones KW (1998) Pore level imaging of fluid transport using synchrotron X-ray microtomography. J Pet Sci Eng 19:55–63

Contrepois M, Soenen A, Bartala M, Laviole O (2013) Marginal adaptation of ceramic crowns: a systematic review. J Prosthet Dent 110. doi:10.1016/j.prosdent.2013.08.003

Cormode DP, Jarzyna PA, Mulder WJM, Fayad ZA (2010) Modified natural nanoparticles as contrast agents for medical imaging. Adv Drug Deliv Rev 62:329–338. doi:10.1016/j.addr.2009.11.005

Dalla E, Hilpert M, Miller CT (2002) Computation of the interfacial area for two-fluid porous medium systems. J Contam Hydrol 56(1–2):25–48

Davis GR, Evershed AN, Mills D (2013) Quantitative high contrast X-ray microtomography for dental research. J Dent 41(5):475–482

De Santis R, Mollica F, Prisco D, Rengo S, Ambrosio L, Nicolais L (2005) A 3D analysis of mechanically stressed dentin-adhesive-composite interfaces using X-ray micro-CT. Biomaterials 26:257–270. doi:10.1016/j.biomaterials.2004.02.024

Degruyter W, Bachmann O, Burgisser A (2010a) Controls on magma permeability in the volcanic conduit during the climactic phase of the Kos Plateau Tuff eruption (Aegean Arc). Bull Volc 72(1):63–74

Degruyter W, Burgisser A, Bachmann O, Malaspinas O (2010b) Synchrotron X-ray microtomography and lattice Boltzmann simulations of gas flow through volcanic pumices. Geosphere 6(5):470–481

Della Bona Á, Borba M, Benetti P, Duan Y, Griggs JA (2013) Three-dimensional finite element modelling of all-ceramic restorations based on micro-CT. J Dent 41:412–419. doi:10.1016/j.jdent.2013.02.014

Desplentere F, Lomov SV, Woerdeman DL, Verpoest I, Wevers M, Bogdanovich A (2005) Micro-CT characterization of variability in 3D textile architecture. Compos Sci Technol 65:1920–1930

Desrues J, Viggiani G, Besuelle P (2010) Advances in X-ray tomography for geomaterials. ISTE, London, pp 143–148

Dewanckele J, De Kock T, Boone MA, Cnudde V, Brabant L, Boone MN, Fronteau G, Van Hoorebeke L, Jacobs P (2012) 4D imaging and quantification of pore structure modifications inside natural building stones by means of high resolution X-ray CT. Sci Total Environ 416:436–448. doi:10.1016/j.Scitoenv.2011.11.018

Dhondt S, Vanhaeren H, Van Loo D et al (2010) Plant structure visualization by high-resolution X-ray computed tomography. Trends Plant Sci 15:419–422. doi:10.1016/j.tplants.2010.05.002

Dobkins JE Jr, Folk RL (1970) Shape development on Tahiti-nui. J Sediment Res 40(4):1167–1203

Donis-González IR, Guyer DE, Pease A (2012) Application of Response Surface Methodology to systematically optimize image quality in computer tomography: A case study using fresh chestnuts (Castanea spp.). Comput Electron Agric 87:94–107. doi:10.1016/j.compag.2012.04.006

Donis-González IR, Guyer DE, Fulbright DW, Pease A (2014) Postharvest noninvasive assessment of fresh chestnut (Castanea spp.) internal decay using computer tomography images. Postharvest Biol Technol 94:14–25. doi: 10.1016/j.postharvbio.2014.02.016

Drazeta L, Lang A, Hall AJ et al (2004) Causes and effects of changes in xylem functionality in apple fruit. Ann Bot 93:275–282. doi:10.1093/aob/mch040

Duan Y, Griggs JA (2015) Effect of elasticity on stress distribution in CAD/CAM dental crowns: glass ceramic vs. polymer-matrix composite. J Dent 43:742–749. doi:10.1016/j.jdent.2015.01.008

Dvorkin J, Derzhi N, Qian F, Nur A, Nur B, Grader A, Baldwin C, Tono H, Diaz E (2009) From micro to reservoir scale: permeability from digital experiments. Leading Edge 28(12):1446–1453

Eden E, Topaloglu-Ak A, Cuijpers V, Frencken J (2008) Micro-CT for measuring marginal leakage of class II resin composite restorations in primary molars prepared in vivo. Am J Dent 21:393–397

Elkhoury JE, Ameli P, Detwiler RL (2013) Dissolution and deformation in fractured carbonates caused by flow of CO_2-rich brine under reservoir conditions. Int J Greenhouse Gas Control 16: S203–S215

Elliott JC, Bromage TG, Anderson P, Davis G, Dover SD (1989) Application of X-ray microtomography to the study of dental hard tissues. In: Fearnhead RW, Fearnhead DW (eds) Tooth enamel, 5th edn. Florence Publishers, pp 429–433

Elliott JC, Boakes R, Dover SD, Bowen DK (1988) Biological applications of microtomography. In: Sayre D, Howells M, Kirz J, Rarback H (eds) X-ray Microscopy, 2nd edn., Springer, Heidelberg, pp 349–355

Endruweit A, Zeng X, Long AC (2014) Multiscale modeling of combined deterministic and stochastic fabric non-uniformity for realistic resin injection simulation. Adv Manuf Polym Compos Sci 1:3–15. doi:10.1179/2055035914Y.0000000002

Ersoy O, Aydar E, Gourgaud A, Bayhan H (2008) Quantitative analysis on volcanic ash surfaces: application of extended depth-of-field (focus) algorithm for light and scanning electron microscopy and 3D reconstruction. Micron 39(2):128–136

Evans D, Benn D (2014) A practical guide to the study of glacial sediments, Routledge

Fabry G et al (1988) Treatment of congenital pseudarthrosis with the Ilizarov technique. J Pediatr Orthop 8(1):67–70

Fanta SW, Abera MK, Aregawi W et al (2014) Microscale modeling of coupled water transport and mechanical deformation of fruit tissue during dehydration. J Food Eng 124:86–96. doi:10.

1016/j.jfoodeng.2013.10.007

Fei J et al (2010) Imaging and quantitative assessment of long bone vascularization in the adult rat using microcomputed tomography. Anat Rec (Hoboken) 293(2):215–224

Ferracane JL (2008) Buonocore lecture. Placing dental composites–a stressful experience. Oper Dent 33:247–257. doi:10.2341/07-BL2

Fliegener S, Luke M, Gumbsch P (2014) 3D microstructure modeling of long fiber reinforced thermoplastics. Compos Sci Technol 104:136–145. doi:10.1016/j.compscitech.2014.09.009

Fogden A, Latham S, McKay T, Marathe R, Turner ML, Kingston A, Senden T (2015) Micro-CT analysis of pores and organics in unconventionals using novel contrast strategies. In: Unconventional resources technology conference (URTeC), p 1922195

Fourar M, Konan G, Fichen C (2005) Tracer tests for various carbonate cores using X-ray CT. SCA paper, pp 1–12

Galli C et al (2005) Comparison of human mandibular osteoblasts grown on two commercially available titanium implant surfaces. J Periodontol 76(3):364–372

Gebart BR (1992) Permeability of unidirectional reinforcements for RTM. J Compos Mater 26 (8):1100–1133

Georgiadis A, Berg S, Makurat A, Maitland G, Ott H (2013) Pore-scale micro-computed-tomography imaging: Nonwetting-phase cluster-size distribution during drainage and imbibitions. Phys Rev E 88(033002):1–9. http://dx.doi.org/10.1103/PhysRevE.88.033002

Gibson LJ, Ashby MF (1997) Cellular solids: structure and properties. Cambridge University Press, Cambridge

Goudie AS, Anderson M, Burt T, Lewin J, Richards K, Whalley BWorsley P (eds) (2003) Geomorphological techniques. 2nd ed. Routledge, London, 709 pages

Graupner N, Beckmann F, Wilde F, Muessig J (2014) Using synchroton radiation-based micro-computer tomography (SR Î¼-CT) for the measurement of fibre orientations in cellulose fibre-reinforced polylactide (PLA) compo-sites. J Mater Sci 49(1):450–460. doi:10.1007/s10853-013-7724-8

Guldberg RE et al (2008) 3D imaging of tissue integration with porous biomaterials. Biomaterials 29(28):3757–3761

Gunst V, Mavridou A, Huybrechts B, Van Gorp G, Bergmans L, Lambrechts P (2013) External cervical resorption: an analysis using cone beam and microfocus computed tomography and scanning electron microscopy. Int Endod J 46(9):877–887

Habibovic P, de Groot K (2007) Osteoinductive biomaterials–properties and relevance in bone repair. J Tissue Eng Regen Med 1(1):25–32

Habibovic P et al (2006) Osteoinduction by biomaterials–physicochemical and structural influences. J Biomed Mater Res A 77(4):747–762

Habraken W et al (2016) Calcium phosphates in biomedical applications: materials for the future? Mater Today 19(2):69–87

Han S-H, Sadr A, Tagami J, Park S-H, Non-destructive evaluation of an internal adaptation of resin composite restoration with swept-source optical coherence tomography and micro-CT. Dent Mater 2015:1–7. doi:10.1016/j.dental.2015.10.009

Hanson AJ (1988) Hyperquadrics: Smoothly deformable shapes with convex polyhedral bounds. Comput Vis Graph Image Process 44(2):191–210

Harjkova G, Barburski M, Lomov SV, Kononova O, Verpoest I (2014) Weft knit-ted loop geometry measured with X-ray micro-computer tomography. Textile Res J 84:500–512. doi: http://trj.sagepub.com/content/early/2013/12/06/0040517513503730

Heintze SD, Zimmerli B (2011) Relevance of in vitro tests of adhesive and composite dental materials. A review in 3 parts. Part 3: in vitro tests of adhesive systems. Schweiz Monatsschr Zahnmed 121:1024–40. doi:smfz-2011-11-01 [pii]

Heintze SD (2007) Laboratory tests on marginal quality and bond strength. J Adhes Dent 9:77–106

Hendrickx R, Buyninckx K, Schueremans L et al (2010) Observation of the failure mechanism of brick masonry doublets with cement and lime mortars by microfocus X-ray computed tomography. In: Paper presented at the 8th International Masonry Conference, Dresden, The Netherlands

Herremans E, Melado-Herreros A, Defraeye T et al (2014) Comparison of X-ray CT and MRI of watercore disorder of different apple cultivars. Postharvest Biol Technol 87:42–50. doi:10.1016/j.postharvbio.2013.08.008

Herremans E, Verboven P, Bongaers E et al (2013) Characterisation of "Braeburn" browning disorder by means of X-ray micro-CT. Postharvest Biol Technol 75:114–124. doi:10.1016/j.postharvbio.2012.08.008

Herremans E, Verboven P, Hertog ML et al (2015) Spatial development of transport structures in apple (Malus × domestica Borkh.) fruit. Front Plant Sci. doi:10.3389/fpls.2015.00679

Herremans E, Verboven P, Verlinden BE et al (2015b) Automatic analysis of the 3-D microstructure of fruit parenchyma tissue using X-ray micro-CT explains differences in aeration. BMC Plant Biol 15:264. doi:10.1186/s12870-015-0650-y

Hickel R, Peschke A, Tyas M, Mjör I, Bayne S, Peters M et al (2010a) FDI World Dental Federation—clinical criteria for the evaluation of direct and indirect restorations. Update and clinical examples. J Adhes Dent 12:259–272. doi:10.3290/j.jad.a19262

Hickel R, Peschke A, Tyas M, Mjör I, Bayne S, Peters M et al (2010b) FDI World Dental Federation: clinical criteria for the evaluation of direct and indirect restorations-update and clinical examples. Clin Oral Investig 14:349–366. doi:10.1007/s00784-010-0432-8

Hickel R, Roulet J, Bayne S, Heintze S, Mjör I, Peters M et al (2007) Recommendations for conducting controlled clinical studies of dental restorative materials. Science Committee Project 2/98–FDI World Dental Federation study design (Part I) and criteria for evaluation (Part II) of direct and indirect restorations includi. J Adhes Dent 9(1):121–147

Hirata R, Clozza E, Giannini M, Farrokhmanesh E, Janal M, Tovar N et al (2014) Shrinkage assessment of low shrinkage composites using micro-computed tomography. J Biomed Mater Res B Appl Biomater 2014:1–9. doi:10.1002/jbm.b.33258

Ho QT, Rogge S, Verboven P et al (2015) Stochastic modelling for virtual engineering of controlled atmosphere storage of fruit. J Food Eng. doi:10.1016/j.jfoodeng.2015.07.003

Ho QT, Verboven P, Verlinden BE et al (2011) A three-dimensional multiscale model for gas exchange in fruit. Plant Physiol 155:1158–1168. doi:10.1104/pp.110.169391

Hsieh J (2009) Computed tomography. principle, design, artifacts, and recent advances, 2nd edn. SPIE and Wiley, Washington, USA

Huang TT, He LH, Darendeliler MA, Swain MV (2010) Correlation of mineral density and elastic modulus of natural enamel white spot lesions using X-ray microtomography and nanoindentation. Acta Biomater 6(12):4553–4559

Hwang BG, Ahn S, Lee SJ (2014) Use of gold nanoparticles to detect water uptake in vascular plants. PLoS One 9:e114902. doi:10.1371/journal.pone.0114902

Jacker-Guhr S, Ibarra G, Oppermann LS, Lührs AK, Rahman A, Geurtsen W (2015) Evaluation of microleakage in class V composite restorations using dye penetration and micro-CT. Clin Oral Investig 2015:1–10. doi:10.1007/s00784-015-1676-0

Janke NC (1966) Effect of shape upon the settling velocity of regular convex geometric particles. J Sed Res 36(2):370–376

Janssen FW et al (2006) A perfusion bioreactor system capable of producing clinically relevant volumes of tissue-engineered bone: In vivo bone formation showing proof of concept. Biomaterials 27(3):315–323

Jensen TH, Böttiger A, Bech M et al (2011) X-ray phase-contrast tomography of porcine fat and rind. Meat Sci 88:379–383. doi:10.1016/j.meatsci.2011.01.013

Jones AC et al (2004) Analysis of 3D bone ingrowth into polymer scaffolds via micro-computed tomography imaging. Biomaterials 25(20):4947–4954

Jones AC et al (2007) Assessment of bone ingrowth into porous biomaterials using MICRO-CT. Biomaterials 28(15):2491–2504

Jungreuthmayer C et al (2009) A comparative study of shear stresses in collagen-glycosaminoglycan and calcium phosphate scaffolds in bone tissue-engineering bioreactors. Tissue Eng Part A 15(5):1141–1149

Kampschulte M, Langheinirch AC, Sender J, Litzlbauer HD, Schwab JD, Martels G et al (2016) Nano-computed tomography : technique and applications nanocomputertomografie. Technik und Applikationen 2016:146–54

Karpyn ZT, Alajmi A, Radaelli F, Halleck PM, Grader AS (2009) X-ray CT and hydraulic evidence for a relationship between fracture conductivity and adjacent matrix porosity. Eng Geol 103(3–4):139–145

Kato A, Ohno N (2008) Construction of three-dimensional tooth model by micro-computed tomography and application for data sharing. Clin Oral Investig 13:43–46. doi:10.1007/s00784-008-0198-4

Kazantsev D, Van Eyndhoven G, Lionheart WRB, Withers PJ, Dobson KJ, McDonald SA, Atwood R, Lee PD (2016) Employing temporal self-similarity across the entire time domain in computed tomography reconstruction. Phil Trans R Soc A 373:20140389. http://dxdoi.org/10.1098/rsta.2014.0389

Kerckhofs G et al (2013) Contrast-enhanced nanofocus computed tomography images the cartilage subtissue architecture in three dimensions. Eur Cell Mater 25:179–189

Kerckhofs G et al (2014) Contrast-enhanced nanofocus x-ray computed tomography allows virtual three-dimensional histopathology and morphometric analysis of osteoarthritis in small animal models. Cartilage 5(1):55–65

Kerckhofs G et al (2016) Combining microCT-based characterization with empirical modelling as a robust screening approach for the design of optimized CaP-containing scaffolds for progenitor cell-mediated bone formation. Acta Biomater

Kerckhofs G et al (2012) High-resolution microfocus X-ray computed tomography for 3D surface roughness measurements of additive manufactured porous materials. Adv Eng Mater 2012

Kerckhofs G et al (2016) Simultaneous 3D visualization and quantification of the bone marrow adiposity and vascularity using novel contrast agents for contrast-enhanced computed tomography, in IBMS2016March. Brugge, Belgium

Ketcham RA (2005) Computational methods for quantitative analysis of three-dimensional features in geological specimens. Geosphere 1:32–41

Ketcham RA (2006) Accurate three-dimensional measurements of features in geological materials from X-ray computed tomography data. In: Desrues J, Viggiani G, Besuelle, J, (eds) Advances in X-ray Tomography for Geomaterials, ISTE, London, 143–148

Ketcham RA, Carlson WD (2001) Acquisition, optimization and interpretation of X-ray computed tomographic imagery: applications to the geosciences. Comput Geosci 27:381–400

Kim HJ, Park SH (2014) Measurement of the internal adaptation of resin composites using micro-CT and its correlation with polymerization shrinkage. Oper Dent 39:E57–E70. doi:10.2341/12-378-L

Klette R (1996) A Parametrization of digital planes by least-squares fits and generalizations. Graphical Models Image Process 58(3):295–300

Kruyt M et al (2008) Analysis of the dynamics of bone formation, effect of cell seeding density, and potential of allogeneic cells in cell-based bone tissue engineering in goats. Tissue Eng Part A 14(6):1081–1088

Kuijs RH, Fennis WMM, Kreulen CM, Barink M, Verdonschot N (2003) Does layering minimize shrinkage stresses in composite restorations ? J Dent Res 82:967–971

Lai P, Samson C, Bose P (2014) Surface roughness of rock faces through the curvature of triangulated meshes. Comput Geosci 70:229–237

Lammertyn J, Dresselaers T, Van Hecke P et al (2003) MRI and x-ray CT study of spatial distribution of core breakdown in "Conference" pears. Magn Reson Imaging 21:805–815. doi:10.1016/S0730-725X(03)00105-X

Langer R, Vacanti JP (1993) Tissue engineering. Science 260(5110):920–926

Lauridsen T, Glavina K, Colmer TD et al (2014) Visualisation by high resolution synchrotron X-ray phase contrast micro-tomography of gas films on submerged superhydrophobic leaves. J Struct Biol 188:61–70. doi:10.1016/j.jsb.2014.08.003

Long H, Swennen R, Foubert A, Dierick M, Jacobs P (2009) 3D quantification of mineral components and porosity distribution in Westphalian C sandstone by microfocus X-ray computed tomography. Sed Geol 220:116–125. doi:10.1016/j.sedgeo.2009.07.003

Lønøy A (2006) Making sense of carbonate pore systems. AAPG Bull 90(9):1381–1405

Lucia FJ (1995) Rock-Fabric: petrophysical classification of carbonate pore space for reservoir characterization. AAPG Bull 9(9):1275–1300

Lukeneder A, Lukeneder S, Gusenbauer C (2014) Computed tomography and laser scanning of fossil cephalopods (Triassic and Cretaceous) Denisia 32, zugleich Kataloge des oberosterreichischen Landesmuseums Neue Serie 157:81–92

Lusic H, Grinsta MW (2013) X-ray-computed tomography contrast agents

Lusic H, Grinstaff MW (2013) X-ray-computed tomography contrast agents. Chem Rev 113(3): 1641–1666

Luso S, Luder HU (2012) Resorption pattern and radiographic diagnosis of invasive cervical resorption. A correlative microCT, scanning electron and light microscopic evaluation of a case series. Schweizer Monatsschrift für Zahnmedizin 122:914–930

Magne P (2007) Efficient 3D finite element analysis of dental restorative procedures using micro-CT data. Dent Mater 23:539–548. doi:10.1016/j.dental.2006.03.013

Mariethoz G, Straubhaar J, Renard P, Chugunova T, Biver P (2015) Environmental modelling and software constraining distance-based multipoint simulations to proportions and trends. Environ Model Softw 72:184–197

Mavridou AM, Pyka G, Kerckhofs G, Wevers M, Bergmans L, Gunst V, Huybrechts B, Schepers E, Hauben E, Lambrechts P (2016a) A novel multimodular methodology to investigate external cervical tooth resorption. Int Endod J 49(3):287–300

Mavridou AM, Pyka G, Wevers M, Lambrechts P (2016b) Applying Nano-CT technology in endodontology: understanding external cervical root resorption. Paper presented in European Society of Endodontics conference, Barcelona 16–19 September 2015. Int Endod J 49(1):41. doi:10.1111/iej.12496

Mees F, Swennen R, Van Geet M, Jacobs P (2003) Applications of X-ray computed tomography in geology and related domains: Introductory Paper Geol Soc Lond Spec 215:1–6

Mehmani Y, Sun T, Balhoff MT, Eichhubl P, Bryant S (2012) Multiblock pore-scale modeling and upscaling of reactive transport: application to carbon sequestration. Transp Porous Med 95:305–326

Metscher BD (2009) MicroCT for comparative morphology: simple staining methods allow high-contrast 3D imaging of diverse non-mineralized animal tissues. BMC Physiol 9:11

Meyer F (1994) Topographic distance and watershed lines. Sig Process 38(1):113–125

Miklos R, Nielsen MS, Einarsdóttir H et al (2014) Novel X-ray phase-contrast tomography method for quantitative studies of heat induced structural changes in meat. Meat Sci 100C:217–221. doi:10.1016/j.meatsci.2014.10.009

Mlekusch B (1999) Fibre orientation in short-fibre-reinforced thermoplastics II. Quantitative measurements by image analysis. Compos Sci Technol 59:547–560

Mostaghimi P, Blunt MJ, Bijeljic B (2013) Computations of absolute permeability on micro-CT images. Math Geosci 45(1):103–125

Mustafa K et al (2001) Determining optimal surface roughness of TiO_2 blasted titanium implant material for attachment, proliferation and differentiation of cells derived from human mandibular alveolar bone. Clin Oral Implant Res 12(5):515–525

Naouar N, Vidal-Sallà E, Schneider J, Maire E, Boisse P (2014) Meso-scale FE analyses of textile composite reinforcement deformation based on X-ray computed tomography. Compos Struct 116:165–176. doi:http://dx.doi.org/10.1016/j.compstruct.2014.04.026

Neves AA, Jaecques S, Van Ende A, Cardoso MV, Coutinho E, Lührs A-K et al (2014) 3D-microleakage assessment of adhesive interfaces: exploratory findings by μCT. Dent Mater 30:799–807. doi:10.1016/j.dental.2014.05.003

Neves FS (2013) Radicular dens invaginatus in a mandibular premolar: cone-beam computed tomography findings of a rare anomaly. Oral Radiol. 29(1):70

Neves FS, Pontual, AD, Campos PSF, Frazao MAG, de Almeida SM, Ramos-Perez FMD

Neves AA, Coutinho E, De Munck J, Lambrechts P, Van Meerbeek B (2011) Does DIAGNOdent provide a reliable caries-removal endpoint? J Dent 39(5):351–360

Neves AA, Coutinho E, Vivan Cardoso M, Jaecques SV, Van Meerbeek B (2010) Micro-CT based quantitative evaluation of caries excavation. Dent Mater 26(6):579–588

Nico PS, Ajo-Franklin JB, Benson SM, McDowell A, Silin DB, Tomutsa L, Wu Y (2010) Synchrotron X-ray micro-tomography and geological CO_2 sequestration. In advances in computed tomography for geomaterials, GeoX 2010 (eds Alshibli KA, Reed AH), Wiley, Hoboken, NJ, USA

Nicolaï BM, Defraeye T, De Ketelaere B et al (2014) Nondestructive measurement of fruit and vegetable quality. Annu Rev Food Sci Technol 5:285–312. doi:10.1146/annurev-food-030713-092410

Oi T, Saka H, Ide Y (2004) Three-dimensional observation of pulp cavities in the maxillary first premolar tooth using micro-CT. Int Endod J 37(1):46–51

Okabe H, Blunt MJ (2004) Prediction of permeability for porous media reconstructed using multiple-point statistics. Phys Rev E 70(6):66135

Panarese V, Dejmek P, Rocculi P, Gómez Galindo F (2013) Microscopic studies providing insight into the mechanisms of mass transfer in vacuum impregnation. Innov Food Sci Emerg Technol 18:169–176. doi:10.1016/j.ifset.2013.01.008

Papadimitropoulos A et al (2007) Kinetics of in vivo bone deposition by bone marrow stromal cells within a resorbable porous calcium phosphate scaffold: An X-ray computed microtomography study. Biotechnol Bioeng 98(1):271–281

Pauwels E et al (2013) An exploratory study of contrast agents for soft tissue visualization by means of high resolution X-ray computed tomography imaging. J Microsc 250(1):21–31

Pazmino J, Carvelli V, Lomov SV (2014) Micro-CT analysis of the internal deformed geometry of a non-crimp 3D orthogonal weave e-glass composite reinforcement. Compos B 65:147–157. doi:10.1016/j.compositesb.2013.11.024

Peng S, Hu Q, Dultz S, Zhang M (2012) Using X-ray computed tomography in pore structure characterization for a Berea sandstone: resolution effect. J Hydrol 472–473:254–261

Peters O, Laib A, Ruegsegger P, Barbakow F (2000) Three-dimensional analysis of root canal geometry by high-resolutin computed tomography. J Dent Res 79(6):1405–1409

Peyrin F et al (2007) SEM and 3D synchrotron radiation micro-tomography in the study of bioceramic scaffolds for tissue-engineering applications. Biotechnol Bioeng 97(3):638–648

Peysson Y (2012) Permeability alteration induced by drying of brines in porous media. Eur Phys J Appl Phys 60(2):24206

Pinto J, Solorzano E, Rodriguez-Perez MA, de Saja JA (2013) Characterization of the cellular structure based on user-interactive image analysis procedures. J Cell Plast 49(6):555–575. doi:10.1177/0021955x13503847

Place ES, Evans ND, Stevens MM (2009) Complexity in biomaterials for tissue engineering. Nat Mater 8(6):457–470

Razavi MR, Muhunthan B, Al Hattamleh O (2007) Representative elementary volume analysis of sands using X-ray computed tomography. Geotech Test J 30(3):212–219

Remeysen K, Swennen R (2008) Application of microfocus computed tomography in carbonate reservoir sedimentology: possibilities and limitations. Mar Pet Geol 25:486–499. doi:10.1016/j.marpetgeo.2007.07.008

Riley CM (2003) Quantitative shape measurements of distal volcanic ash. J Geophys Res 108 (B10):1–15

Rodrigues FP, Li J, Silikas N, Ballester RY, Watts DC (2009) Sequential software processing of micro-XCT dental-images for 3D-FE analysis. Dent Mater 25:47–55. doi:10.1016/j.dental.2009.02.007

Rodrigues FP, Silikas N, Watts DC, Ballester RY (2012) Finite element analysis of bonded model Class I "restorations" after shrinkage. Dent Mater 28:123–132. doi:10.1016/j.dental.2011.10.001

Roels S, Carmeliet J (2006) Analysis of moisture flow in poreus materials using microfocus X-ray radiography. Int J Heat Mass Transf 49:4762–4772

Roels S, Vandersteen K, Carmeliet J (2003) Measuring and simulating moisture uptake in a fractured porous medium. Adv Water Resour 26(3):237–246

Rogge S, Defraeye T, Herremans E et al (2015) A 3D contour based geometrical model generator for complex-shaped horticultural products. J Food Eng 157:24–32. doi:10.1016/j.jfoodeng.2015.02.006

Roulet JF (1994) Marginal integrity: clinical significance. J Dent 22:S9–S12

Rousseau D, Widiez T, Di Tommaso S et al (2015) Fast virtual histology using X-ray in-line phase tomography: application to the 3D anatomy of maize developing seeds. Plant Methods 11:55. doi:10.1186/s13007-015-0098-y

Salgado AJ, Coutinho OP, Reis RL (2004) Bone tissue engineering: State of the art and future trends. Macromol Biosci 4(8):743–765

Schmitt M, Halisch M, Müller C, Fernandes CP (2016) Classification and quantification of pore shapes in sandstone reservoir rocks with 3-D X-ray micro-computed tomography. Solid Earth 7:285–300. doi:10.5194/se-7-285-2016

Schneider LFJ, Cavalcante LM, Silikas N (2010) Shrinkage stresses generated during resin-composite applications: a Review. J Dent Biomech. doi:10.4061/2010/131630

Sharp G, Lee S, Wehe D (2002) ICP registration using invariant features. IEEE Pattern Anal Mach Intell 24(1):90–102

Shea T, Houghton BF, Gurioli L, Cashman KV, Hammer JE, Hobden BJ (2010) Textural studies of vesicles in volcanic rocks: an integrated methodology. J Volcanol Geotherm Res 190:271–289

Shemesh H (2016) Endodontic instrumentation and root filling procedures: effect on mechanical integrity of dentin. Endod Topics 33(1):43–49

Shilo M, Reuveni T, Motiei M, Popovtzer R (2012) Nanoparticles as computed tomography contrast agents: current status and future perspectives. Nanomedicine (Lond) 7:257–269. doi:10.2217/nnm.11.190

Shishkina O (2014) Experimental and modelling investigations of structure-property relations in nanoreinforced cellular materials, PhD Thesis. KU Leuven

Soete J, Claes S, Claes H, Cnudde V, Huysmans M, Swennen R (Submitted) Lattice Boltzmann simulations of gas flow in continental carbonate reservoir rocks and in upscaled rock models generated with multiple point geostatistics. AAPG Bulletin

Soete J, Kleipool LM, Claes H, Claes S, Hamaekers H, Kele S, Özkul M, Foubert A, Reijmer JJG, Swennen R (2015) Acoustic properties in travertines and their relation to porosity and pore types. Marine Pet Geol 59:320–335

Sonnaert M et al (2015) Multifactorial optimization of contrast-enhanced nanoCT for quantitative analysis neo-tissue formation in tissue engineering constructs. PLoS One (submitted—under revision)

Straumit I, Hahn C, Winterstein E, Plank B, Lomov SV, Wevers M (2016) Computation of permeability of a non-crimp carbon textile reinforcement based on X-ray computed tomography images. Compos A 81:289–295. doi:10.1016/j.compositesa.2015.11.025

Straumit I, Lomov SV, Wevers M (2015) Quantification of the internal structure and automatic generation of voxel models of textile composites from X-ray computed tomography data. Compos A 69:150–158. doi:10.1016/j.compositesa.2014.11.016

Sun J, Eidelman N, Lin-Gibson S (2009) 3D mapping of polymerization shrinkage using X-ray micro-computed tomography to predict microleakage. Dent Mater 25:314–320. doi:10.1016/j.dental.2008.07.010

Swain MV, Xue J (2009) State of the art of Micro-CT applications in dental research. Int J Oral Sci. 1(4):177–188

Tan Y, Kiekens K, Kruth J, Voet A, Dewulf W (2011) Material dependent thresholding for dimensional X-ray computed tomography. Int Symp Digit Ind Radiol Comput Tomogr 4.3:3–10

Taylor AM, Satterthwaite JD, Ellwood RP, Pretty IA (2010) An automated assessment algorithm for micro-CT images of occlusal caries. Surgeon 8(6):334–340

Terzopoulos D, Metaxas D (1990) Dynamic 3D models with local and global deformations: Deformable superquadrics. Proce Third Int Conf Comput Vision 13(7):606–615

Thi TBN, Morioka M, Yokoyama A, Hamanaka S, Yamashita K, Nonomura C (2015) Measurement of fiber orientation distribution in injection-molded short-glass-fiber composites using X-ray computed tomography. J Mater Process Technol 219:1–9. doi:10.1016/j.jmatprotec.2014.11.048

Timmins NE et al (2007) Three-dimensional cell culture and tissue engineering in a T-CUP (Tissue Culture Under Perfusion). Tissue Eng 13(8):2021–2028

Van Ende A, De Munck J, Van Landuyt KL, Poitevin A, Peumans M, Van Meerbeek B (2013) Bulk-filling of high C-factor posterior cavities: effect on adhesion to cavity-bottom dentin. Dent Mater 29:269–277. doi:10.1016/j.dental.2012.11.002

Van Eyndhoven G, Batenburg KJ, Kazantsev D, Van Nieuwenhove V, Lee PD, Dobson KJ, Sijbers J (2015) An iterative CT reconstruction algorithm for fast fluid flow imaging. IEEE Trans Image Process 24(11):4446–4458

van Lenthe GH et al (2007) Nondestructive micro-computed tomography for biological imaging and quantification of scaffold-bone interaction in vivo. Biomaterials 28(15):2479–2490

Van Marcke P (2008) Development of a pore network model to perform permeability computations on X-ray computed tomography images. Unpublished Ph.D. thesis, KU Leuven

Van Stappen J, De Kock T, Boone MA, Olaussen S, Cnudde V (2014) Pore-scale characterisation and modelling of CO_2 flow in tight sandstones using X-ray micro-CT: Knorringfjellet

Formation of the Longyearbyen CO2 Lab, Svalbard. Norwegian J Geol 94(2–3):201–215

Vanaerschot A, Cox BN, Lomov SV, Vandepitte D (2016) Experimentally validated stochastic geometry description for textile composite reinforce-ments. Compos Sci Technol 122:122–129. doi:10.1016/j.compscitech.2015.11.023

Verboven P, Kerckhofs G, Mebatsion HK et al (2008) Three-dimensional gas exchange pathways in pome fruit characterized by synchrotron X-ray computed tomography. Plant Physiol 147:518–527

Verdonschot N, Fennis W, Kuijs R, Stolk J, Kreulen C, Creugers N (2001) Generation of 3-D finite element models of restored human teeth using micro-CT techniques. Int J Prosthodont 14:310–315

Vereecken E, Roels S (2014) A comparison of hygric performance of interior insulation systems: A hot box-cold box experiment. Energy Build 80:37–44

Verleye B, Croce R, Griebel M, Klitz M, Lomov SV, Morren G, Sol H, Verpoest I, Roose D (2008) Permeability of textile reinforcements: simulation; influence of shear, nesting and boundary conditions; validation. Compos Sci Technol 68(13):2804–2810. doi:10.1016/j.compscitech.2008.06.010

Versiani MA, Souza E, De-Deus G (2015) Critical appraisal of studies on dentinal radicular microcracks in endodontics: methodological issues, contemporary concepts, and future perspectives. Endod Topics 33(1):87–156

Verstrynge E, Adriaens R, Elsen J, Van Balen K (2014a) Multi-scale analysis on the influence of moisture on the mechanical behavior of ferruginous sandstone. Constr Build Mater 54:78–90

Verstrynge E, Pyka G, Van Balen K (2014) The influence of moisture on the mechanical behaviour of sandstone assessed by means of micro-computed tomography. In: Paper presented at the 9th International Masonry Conference, Guimaraes, Portugal

Verstrynge E, Van Steen C, Andries J, Van Balen K, Vandewalle L, Wevers M (2016) Experimental study of failure mechanisms in brittle construction materials by means of X-ray microfocus computed tomography. In: Saouma V, Bolander J, Landis E (eds) Proceedings of the ninth international conference on fracture mechanics of concrete and concrete structures—FraMCoS-9. Berkeley, California, USA, 29 May-1 June 2016 (art.nr. 92)

Verwer K, Eberli G, Baechle G, Weger R (2008) Effect of carbonate pore structure on dynamic shear moduli. Geophysics 75(1):E1–E8. doi:10.1190/1.3280225

Vinegar HJ, Wellington SL (1986) Tomographic imaging of three-phase flow experiments. Rev Sci Instrum 58:96–107

Vonlanthen P, Rausch J, Ketcham RA, Putlitz B, Baumgartner LP, Grobéty B (2015) High-resolution 3D analyses of the shape and internal constituents of small volcanic ash particles: the contribution of SEM micro-computed tomography (SEM micro-CT). J Volcanol Geotherm Res 29:1–12

Vranic DV, Saupe D (2001) 3D shape descriptor based on 3D Fourier transform. In Proceedings of the EURASIP conference on digital signal processing for multimedia communications and services (ECMCS 2001), (September), pp 1–4

Weger RJ, Eberli GP, Baechle GT, Massaferro JL, Sun YF (2009) Quantification of pore struucture and its effect on sonic velocity and permeability in carbonates. AAPG Bulletin 93 (10):1297–1317

Weissenbock J, Amirkhanov A, Li WM, Reh A, Groller E, Kastner J, Heinzl C, Ieee (2014) FiberScout: an interactive tool for exploring and analyzing fiber reinforced polymers. In: IEEE Pacific visualization symposium. pp 153–160. doi:10.1109/PacificVis.2014.52

Wirjadi O (2007) Survey of 3D image segmentation methods, ITWM

Wong MD et al (2012) A novel 3D mouse embryo atlas based on micro-CT. Development 139(17):3248–3256

Xie L et al (2010) Nondestructive assessment of sGAG content and distribution in normal and degraded rat articular cartilage via EPIC-mu CT. Osteoarthritis Cartilage 18(1):65–72

Youssef S, Dechamps H, Dautriat J, Rosenberg E, Oughanem R, Maire E, Mokso R (2013) 4D imaging of fluid flow dynamics in natural porous media by ultra-fast X-ray microtomography. In: International symposium of the SCA, Napa Valley, California

Zeiger DN, Sun J, Schumacher GE, Lin-Gibson S (2009) Evaluation of dental composite shrinkage and leakage in extracted teeth using X-ray microcomputed tomography. Dent Mater

25:1213–1220. doi:10.1016/j.dental.2009.04.007

Zhang Y, Sailer I, Lawn BR (2013) Fatique of Dental Ceramics. J Dent 41:1135–1147. doi:10.1038/nature13314.A

Zou W, Hunter N, Swain MV (2011) Application of polychromatic µCT for mineral density determination. J Dent Res 90(1):18–30

Zou W, Gao J, Jones AS, Hunter N, Swain MV (2009) Characterization of a novel calibration method for mineral density determination of dentine by X-ray micro-tomography. Analyst. 134(1):72–79

http://www.volumegraphics.com/en/products/vgstudio-max/fiber-composite-material-analysis/

http://biomedical.materialise.com/mimics

第 9 章　　CT 在尺寸测量中的应用

摘要： X 射线计算机断层成像（CT）在工业尺寸测量领域有着越来越多的应用。本章的第一部分，概述了工业 CT 可完成的常规测量任务；第二部分，针对不同的制造领域（包括铸造、成型、机加工、注塑和增材制造）给出具体的测量实例；第三部分，基于工业需求和发展趋势，分析当前工业 CT 的挑战和未来的改进；最后，第四部分，介绍了一个 CT 在医学领域中进行尺寸测量的典型案例研究。

9.1　工业 CT 测量

目前，两个重要的全球化趋势正在影响着制造业的变革和挑战。为了满足客户的特定需求，产品的种类和复杂性呈指数增长。同时，客户又需要更加便宜的产品。为了满足这些需求，工业生产需要产品开发的成本及时间。制造技术的最新进展能够制造出具有复杂几何形状和多种特征的零件，开辟了产品开发的新路径，从而也在测试产品特性一致性方面产生了新的挑战，需要新的测试测量技术来检查零件，如不规则的表面和内部特征。工业应用要求对复杂零件进行公差和几何质量控制，如增材制造或注塑产品（De Chiffre 等，2014；Kruth 等，2011）。

CT 是一种强大的无损检测技术，能够检查和测量产品的完整几何形状，包括内部特征，而不会改变或损坏它（少数生物材料例外）。例如，CT 可生成被检部件的完整体积模型，可用于进行多项质量控制任务，如图 9.1 所示，工业 CT

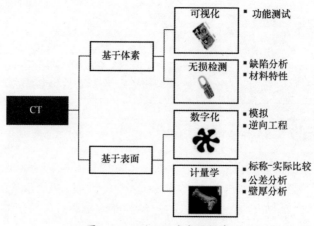

图 9.1　工业 CT 的应用领域

的主要任务是可视化、无损检测、数字化和尺寸测量。

（1）可视化是一种定性测试，例如检查零件的一致性和功能。

（2）无损检测（NDT）是一类广泛的定性检测方法，包括缺陷分析和材料特性。缺陷分析旨在识别制造零件中的缺陷，如毛孔、空隙、夹杂物、异物。材料特征是指研究工件材料的特性。

（3）数字化涉及基于 CT 成像创建对象的虚拟几何模型，并对模型进行评估。

（4）计量学解决了使用 CT 进行尺寸测量的挑战，这包括常见的计量任务，如壁厚测量、标称 – 实际比较和公差分析（VDI/VDE，2010）。

从可视化到计量，任务的复杂性增加，计量的可追溯性变得更加重要（见第7章）。

在下文中，本章重点关注尺寸测量任务（包括公差分析、标称 – 实际比较和壁厚分析）。在公差分析中，需测量工件特征检查它们是否遵循给定的公差，常见任务包括检查尺寸、形状和位置公差，以及确定补偿元素、规则几何和雕刻表面。标称 – 实际比较需要可视化标称模型（例如计算机辅助设计 CAD 模型）与实际几何形状之间的几何偏差，可用颜色编码模型来表示可视化几何的偏差。壁厚分析是指分析和量化体积模型的厚度。

CT 坐标测量的特征在于测量方式的变化，传统的坐标测量，如接触式坐标测量系统（CMS）直接在工件表面上进行，而 CT 测量是在工件虚拟模型上进行，这意味着可以在不影响扫描时间的情况下同时分析很多特征。图 9.2 显示了扫描时间与不同坐标测量系统（CMS）的分析特征数量之间的关系。

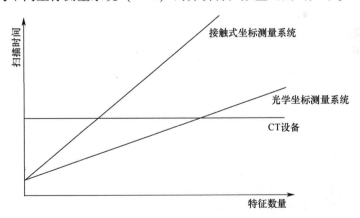

图 9.2　扫描时间与不同坐标测量系统（CMS）的特征数量的关系

CT 尺寸测量为制造商提供了在产品的整个开发和制造周期中进行质量控制的有用信息。CT 在制造业中越来越受欢迎，原因如下：①零件和产品的几何复杂性增加，例如，很多复杂特征（包括内部特征），无法通过传统的测量方法（光学和接触式坐标测量系统）进行测量；②在大多数情况下，复杂组件的质量控制只能在非组装状态下通过光学和接触式 CMS 进行，然而，产品组装后可能会出现不匹配（如缺陷间隙，或者由于错误装配造成的变形），因此还需要 CT 以非破坏性的方式检查组件；③如多材料注塑成型，或增材制造的生产方法能够制造复杂的几何特征，而这些特征需要 CT 以无损方式检查质量。

最后，CT 允许在同一个 CT 数据集上执行尺寸测量和材料测试，这意味着更快和更全面的质量检查。图 9.3 给出了对汽车进气风扇使用的同一个体数据进行综合质量检查的示例，包括形状和几何偏差、壁厚测量、材料测试。图 9.4 描绘了在连续流程压花、折叠和焊接过程中生产的蜂窝板的 3D 壁厚测量、横截面壁厚测量和焊接质量控制。接下来，将通过应用实例展示 CT 如何在铸造和成型产品、机加工产品、增材制造产品、注塑产品和复杂组件的质量控制中发挥关键作用。

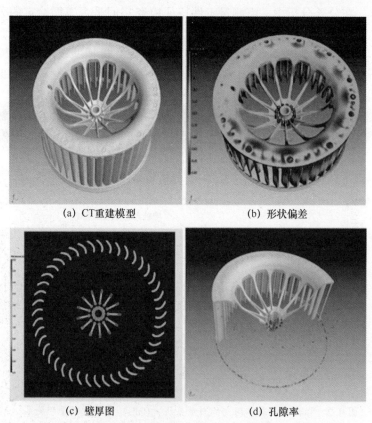

(a) CT重建模型　　　　　(b) 形状偏差

(c) 壁厚图　　　　　(d) 孔隙率

图 9.3　汽车进气风扇的质量控制
(a) 重建体积；(b) 控制汽车进风扇的几何偏差；(c) 壁厚；
(d) 材料孔隙率（由 Nikon-Metrology / X-Tek 提供）。

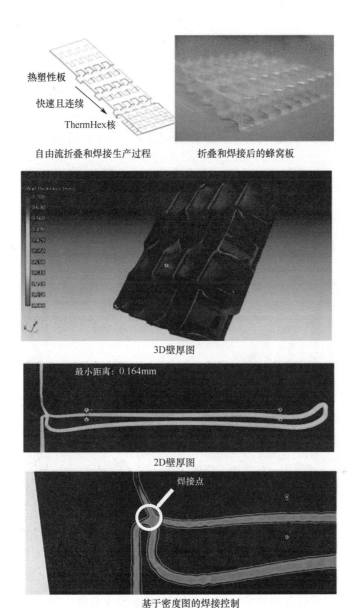

自由流折叠和焊接生产过程　　　　折叠和焊接后的蜂窝板

3D壁厚图

2D壁厚图

基于密度图的焊接控制

图 9.4　蜂窝板的多重质量检查（Kruth 等，2011）

9.2　CT 在制造领域的应用实例

　　作为传统坐标测量系统的替代方案，CT 在尺寸测量中起着关键作用，本节概述 CT 用于尺寸测量的最前沿的工业应用。

9.2.1 铸造和成型产品

由于 CT 能够获取工件内部物质结构，因此可用于检测铸造和金属制造工件中的孔隙、夹杂物和空腔。此外，CT 还可用于执行尺寸质量控制，包括空心部件。应用实例如图 9.5 所示，图 9.5 中显示了铸铁管道的标称 - 实际比较，该工件具有内部几何形状，通过接触式探针很难探入。

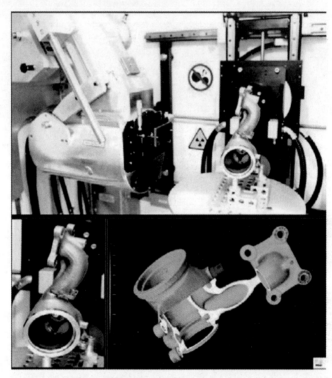

图 9.5　在 CT 扫描仪（上图）上测量的铸铁导管（左下），并与其标称
CAD 模型（右下）进行比较（De Chiffre 等，2014）

CT 用于铸造产品质量控制的另一实例如图 9.6 所示，图 9.6 中分析了带有参考球的铝铸造汽缸盖头部件，该参考球可用作参考对象，用于验证铸件 CT 测量值的准确性（Bartscher 等，2008）。

CT 测量也可用来优化铸造工艺。例如，受宏观偏析的影响，双辊铸造产生的具有不均匀材料结构的条带，通常会导致强度下降和过早折断（Slapakova 等，2016）。微结构分析通常通过光学显微镜或扫描电子显微镜进行，但这些方法具有破坏性，只适用于检查少量材料。CT 测量可以非破坏性的展示偏析的空间分布，并提供有用的信息来优化双辊铸造过程。图 9.7 描绘了通过双辊铸造获得的 AA3003 系列的合金试件中心线偏析的 CT 重建，该重建结果证实了偏析位于条带中心部分并朝向轧制方向的假设。

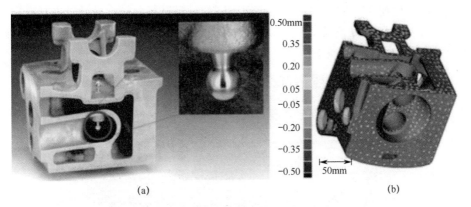

图 9.6　带参考球的铸铝气缸盖部分（Kruth 等，2011）

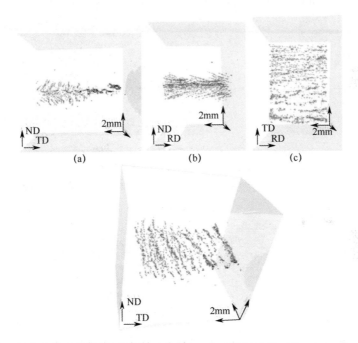

图 9.7　铝合金中心偏析的 CT 扫描（下图），中心偏析观察（Slapakova 等，2016）
(a) 轧制方向；(b) 横向方向；(c) 正常方向。

　　涡轮叶片具有复杂的内部几何形状，难以用接触式传感器探测，因此需要进行 CT 测量。涡轮叶片质量控制应用实例如图 9.8 所示，使用具有线性检测器的尼康计量 450kV CT 扫描仪对叶片进行 CT 测量，其质量控制任务涉及多个横截面的壁厚测量，通过测量可检查叶片的整体故障。

　　CT 也可用于内燃机检测，图 9.9 显示了由铝件和钢衬套组成的 3 个气缸盖的 CT 重建，检查的目标是进行逆向工程，重新设计零件以减少头部的过热和开裂。CT 测量需要几个步骤，首先，使用 10MeV CT 扫描仪扫描气缸盖，重建三维图像并网格化到 STL 文件中。随后，对不同的材料进行分割，最后，进行有限元分析（FEM）和计算流体动力学（CFD）分析以及 CFD 计算，从而可以通过 CAD 软件再次设计气缸盖。

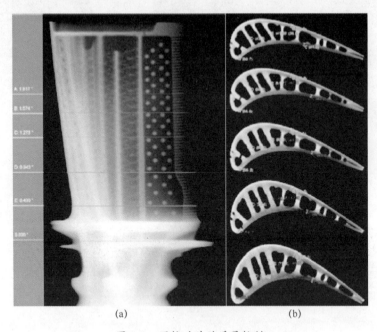

(a)   (b)

图 9.8   涡轮叶片的质量控制

（a）横截面；（b）截面的公差验证（绿/红 = 公差范围内/外）（由尼康计量 / X-Tek 提供）。

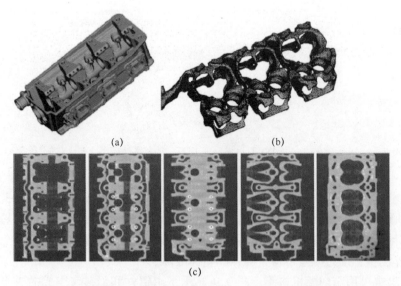

(a)   (b)

(c)

图 9.9 （a）气缸盖铝件、钢衬套和冷却套；（b）提取冷却套的 STL / FEM 网；

（c）用于重新设计的单层切片（由 3D 打印公司 Materialise NV 提供）

9.2.2 机加工产品

在工业实践中，机加工零件通常通过配备有接触式或光学探针的传统 CMS 进行检测。通过这种方式，可以精确测量工件表面上的外部可见特征。但是，工件内部特征无法被接触式或光学传感器触及，如通过钻孔、镗孔、攻丝和激光加工获得的狭长内部孔洞，需要进行 CT 检测。图 9.10 显示了铝部件及其内部孔洞的 CT 扫描。

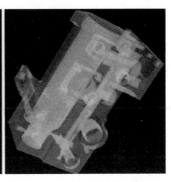

图 9.10 铝制工件的 CT 扫描（120×120×220mm）（由 KU Leuven 提供）

通过铣削或电工加工的小腔体，由于尺寸无法通过传统方法进行评估，也需要进行 CT 检测，图 9.11 描述了赛车液压歧管的标称 – 实际比较。在 CT 检测图像中，可以看到接触式探针难以触及的小腔，体现了 CT 检测的优势。

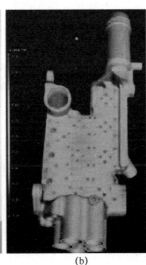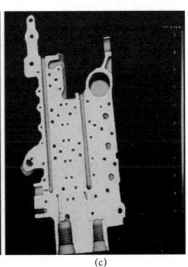

(a)   (b)   (c)

图 9.11 赛车的液压歧管

（a）部件的图片；（b）外部几何形状的标称 – 实际比较；

（c）内部几何形状（由 Nikon-Metrology／X-Tek 提供）。

CT测量也可为加工过程的数值模拟提供反馈信息。例如，Kersting 等的研究表明通过 CT 可以分析微磨部件的几何偏差，可以将工艺模拟与 CT 测量结果进行比较，确定缺陷的原因。微铣削可模拟切削力和切削条件，以评估刀具偏转，进而评估对未变形切屑的影响。图 9.12 显示了微磨工件的 CT 重建和模拟。结合这些技术，可以识别加工过程中造成的缺陷，一个是由于精加工过程中的刀具偏转，另一个是由于粗加工过程中的刀具偏转。

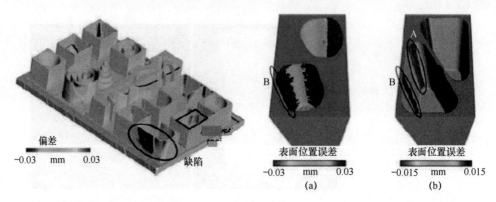

图 9.12　微磨部件的 CT 扫描与 CAD 模型之间的标称－实际比较，显示宏观缺陷（左）。两次模拟分别为（a）精加工和（b）粗加工，在分析区域内显示缺陷
（由意大利帕多瓦大学和德国多特蒙德工业大学提供）

机加工是精确的制造工艺，在几何和尺寸测量精度方面的要求非常苛刻。然而，CT 测量的准确性受 CT 性能（如射束硬化、散射和用于确定表面的灰度值边缘阈值）的影响（见第 5 章）。射束硬化对测量的影响如图 9.13 所示，图 9.13 描绘了一个插入不锈钢空心阶梯圆筒中的精密销（直径等于 4mm）。用 225kV CT 扫描仪（尼康计量 MCT225）扫描该组件，用 CMS（Mitutoyo FN904）校准中空阶梯圆筒。圆筒采用精密车床（日本森精机 NL2000Y／500）制造，精密销的制造公差为 ±1μm（Tan 等，2013）。从图 9.13（b）可以看出，使用射束硬化校正技术可将内销直径的非系统误差从 7μm 减小到 2μm。同时，可以将外筒的平均偏差减小 3μm（从 5μm 到 -2μm），并且将内孔直径偏差减小 8μm（从 -13μm 到 -5μm）。最终，射束硬化校正将总误差（即系统误差和非系统误差）降低到 5μm 以内。

9.2.3　激光切割产品

激光切割是一种制造技术，通常用作传统加工方法的替代方法。激光切割的优点包括更容易夹持工件、更低的工件污染和没有工具磨损。CT 可以在检查激光切割产品的尺寸和微腔方面发挥重要作用，应用实例如图 9.14 所示，图 9.14 给出了药物洗脱支架的 CT 扫描，具有微腔的详细视图。在该实例中，CT 扫描用

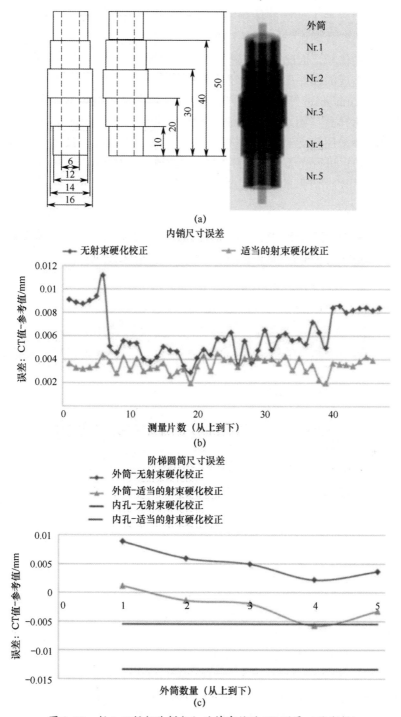

图 9.13　插入不锈钢阶梯气缸的精密销的 CT 测量（见彩插）

（a）组件的几何形状和尺寸；（b）内销直径的测量误差；（c）阶梯气缸直径的测量误差（De Chiffre 等，2014）。

于测量药物洗脱支架上的微腔体积（Carmignato 等，2011）。该微腔的作用是放置药物并将药物释放到血管壁，为了预测可以加载到支架上的最大药物剂量，有必要测量腔体的体积。因此，可以进行 2D 光学测量，但是这些测量是破坏性的，并且由于微腔造成的误差而可能是不准确的，因此引入 CT 测量以克服 2D 光学测量的限制。Carmignato 等通过比较支架的测量值和通过微电火花加工（EDM）铣削制造的参考样品（图 9.15）的测量值，还能够评估体积测量的测量不确定度。该参考物体采用与支架相同的材料，并具有类似的微腔，具有可忽略的形状误差，因此，可以进行光学校准。参考测量通过改编自 ISO 15530-3（ISO 15530-3，2011）的实验程序评估测量不确定度。整体不确定性为 $5 \times 10^{-4}\,\mathrm{mm^3}$，即微腔体积的 18%。

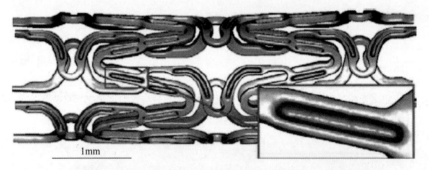

图 9.14　药物洗脱支架的 CT 重建，具有微腔详细视图（Carmignato 等，2011）

图 9.15　参考样品的 SEM 图像（Carmignato 等，2011）

9.2.4　增材制造产品

CT 越来越多地用于增材制造（AM）部件的尺寸测量、印刷部件中存在的缺陷和内部特征的表面纹理测量。通过 AM 工艺可以生产传统制造技术无法获得的复杂几何形状，这种设计自由度通常可用于生产优化的部件，改善产品的性能并减轻其重量。这些设计通常具有内部特征，需要通过传统制造技术生产的其他部件进行验证。从计量学的角度来看，这些内部特征由于传统的尺寸测量技术（如触觉 CMS）无法测量，在许多情况下，X 射线 CT 检测是测量复杂 AM 设计的唯一选择，其重要意义在于验证 AM 部件的几何一致性，这是医疗和航空航天等高质量要求部门面临的主要问题。

CT 用于增材制造的注射喷嘴质量控制应用实例如图 9.16 所示，喷嘴

（图9.16（a））具有螺旋形冷却通道，只能使用 CT 进行检查（图9.16（b））。通过标称 – 实际比较计算与标称几何形状的偏差（图9.16（c））。

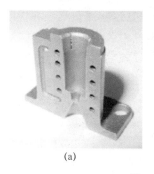 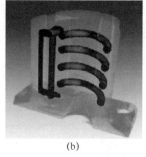 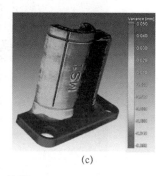

(a) (b) (c)

图9.16　注射喷嘴（由 KU Leuven 提供）

（a）喷嘴的横截面；（b）喷嘴的 X 射线图像；（c）标称几何偏移。

图9.17 描绘了定制的 3D 打印鞋垫，轻质结构用于局部定制机械性能。在轻质结构上进行尺寸测量，验证轻质结构的直径在规格范围内。

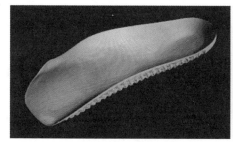 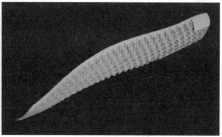

图9.17　定制 3D 打印鞋垫的 CT 扫描（由 RS 打印提供）

AM 零件的 CT 体素模型通常与原始 CAD 文件进行比较，评估与原始设计的尺寸偏差，并分析在此过程中可能出现的问题。这种方法的应用实例如图9.18所示，可以看到两个熔化区域连接处存在局部偏差，这可能是由于局部应力积累造成的。

CT 还可通过分析内部缺陷的尺寸、形态和分布，用来表征材料的结构，例如，区分设计的孔隙（如轻质结构中存在的孔隙）和非设计的孔隙（如材料结构中的孔）。为了进行精确的孔隙度测量，必须考虑许多影响因素。对于尺寸测量和孔隙度分析，CT 数据的质量（噪声比和信噪比）是决定性的，以便获得准确的结果。另一个重要步骤是选择阈值算法，该算法用于定义材料和孔隙之间的表面。阈值处理算法分为两类：①自适应算法，通过评估周围体素的灰度值来确定局部阈值；②全局算法，将唯一阈值应用于数据中的所有体素。通常，自适应阈值处理方法具有较好性能，但结果很大程度上取决于操作员参数选择，且对计算要求更高。全局阈值总体上可能不太准确，但在结果输出方面更稳定（Iassanov 等，2009）。

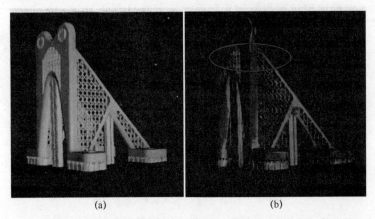

(a)   (b)

图 9.18　通过 X 射线 CT 扫描获得的发动机支架的体素模型（a）和体素模型与 CAD 模型
之间的比较（b），显示了对应于两个交叉点的局部偏差（红色圆圈），
这可能是由局部压力增加引起（由 Materialise NV 提供）（见彩插）

　　结构中孔隙度的检测和测量很大程度上取决于测量的最小孔径和 CT 扫描可达到的体素尺寸。基于 CT 的孔隙度测量通常与其他孔隙度测量结果进行比较，如根据阿基米德原理（Spierings 和 Schneider，2010，Wits 等，2016）。通常，阿基米德密度测量总体上比 CT 测量更准确，特别是当样本大小增加时，由于表面效应和重量测量引起的测量误差减小，而对于 CT，增加了尺寸导致体素尺寸增加，从而降低了测量的分辨率和精度。然而，与其他技术相比，基于 CT 的孔隙度测量仍具有竞争优势，因为它能够评估零件内的缺陷形态和分布，并根据它们的尺寸、形状或位置，指出临界孔的存在，临界孔可能会严重影响零件的机械性能。文献表明 CT 能够指出缺陷的大小，而缺陷的大小严重影响 AM 工艺生产的金属零件的疲劳特性（Leonard 等，2012）。此外，CT 还用于评估扫描策略对使用金属和聚合物 AM 工艺生产部件的影响（Tammas-Williams 等，2015；Dewulf 等，2016）。

　　增材制造的当前问题是缺乏再现性和可重复性，因此，以高速率生产的零件可能需要报废或返工。从这个意义上讲，CT 可以提供有用的信息结束质量控制循环并改进过程。Shah 等开发了一种由不同聚合物组成的人工制品，专门用于使用 CT 表征 AM 过程（Shah 等，2016）。该设计灵感来自 ISO 10360 标准的 CT 系统验证草案（见第 6 章），AM 将人工制品作为基准，并具有可测量的复杂内部结构和孔隙度（图 9.19）。

　　AM 在航空航天工业中也扮演着重要角色。图 9.20 给出了 Premium Aerotec GmbH 公司的增材制造部件，它由钛合金制成，尺寸为 $100 \times 55 \times 30mm$。CT 用于执行检查任务，特别是缺陷分析、壁厚测量和标称–实际比较。

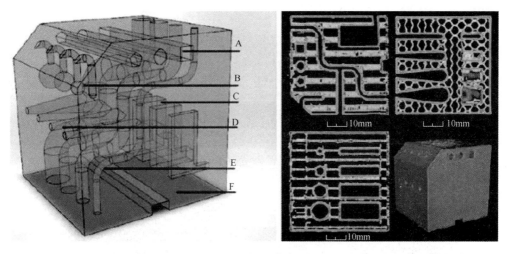

图 9.19　使用 CT 表征 AM 工艺的添加剂制造参考工件（由哈德斯菲尔德大学提供）

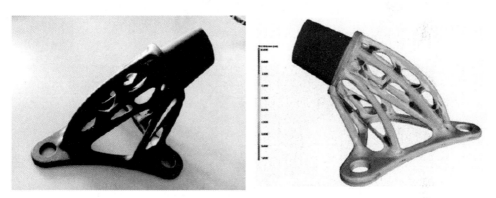

图 9.20　通过 AM 生产的航空航天部件（上图），以及其 CT 扫描的
标称 – 实际比较（下图）（由 Premium Aerotec GmbH 提供）

9.2.5　注塑产品

　　检查聚合物部件是 CT 的一项常见的任务，因为通常聚合物材料对 X 射线来说，具有非常好的穿透性，这又决定了 X 射线的低射束硬化或散射伪影，详见第5 章。因此，CT 是注塑件整体质量控制的一种有效的工具。在制造这些零件的过程中，常见任务包括故障排除与磨损的标称 – 实际比较（图 9.21）。通常，模具零件的几何形状比较是用 CAD 模型进行的，或者是在不同的模具、不同的材料的单个型腔之间进行的，或者是在经过热处理或磨损之后进行的（Stolfi，2017）。

　　然而，应用 CT 检查注塑部件仍然存在一些挑战。例如，测量结果很大程度上取决于将测量的几何图形与 CAD 模型对齐的方法，尤其是当用于对齐的参考点（基准面）包括测量的几何图形中的缺陷时。CT 分辨率的限制也是一个问题，由于无法识别闪光（图 9.22）和模具线，因此无法解决粗糙表面、圆角和壁厚的大变化等问题。

图 9.21　一种注射成型墨盒保持架标称 – 实际比较（由丹麦技术大学提供）

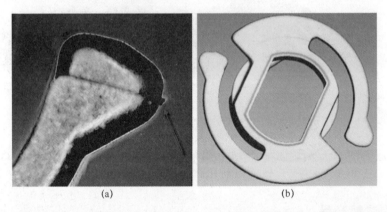

(a)　　　　　　　　　　　　　(b)

图 9.22　(a) 注射成型零件的显微扫描，有闪光灯；(b) CT 扫描不可见（由 Novo Nordisk A/S 提供）

模具的批准或验证是一个重要的工业问题。在工业生产实践中，一般通过触觉 CMS 对不同型腔零件的关键特性进行验证，从而验证注塑工具的有效性。然而，很多公司已经开始考虑将 CT 测量作为模具验证的工具（De Chiffre 等，2014）。

例如，2012 年，Novo Nordisk A／S（DK）报告称，装置质量控制部门 90% 的 CT 使用与模具批准有关，而 10% 与其他特殊任务有关（Sørensen，2012）。同样，乐高 LEGO A／S（DK）的验证部门负责乐高件新生产模具（CIA-CT 2013）的质量控制，这些产品通常通过传统的 CMS 或手动测量设备进行检查。2013 年，大约 75% 的功能仍在手动检查，然而，这些产品中的一些具有高的高宽比或隐藏的特征，不能通过传统的测量方法进行检查，在这种情况下，应用 CT 来执行这些部件的质量控制。

CT 检查的一项具有挑战性的任务是测量大量不同的零件。图 9.23 中提供了一个示例，其中显示了用接触式 CMS 进行多个部件的数控测量，以及用 CT 测量的多部件夹持器。通常，检查部件用于嵌件成型、外插模制和包覆成型时，当不同部分具有不同的吸收行为（如金属部件和塑料部件）或类似行为（如在两个塑料部件）时，多材料问题是一个关键问题，见9.2.6 节。

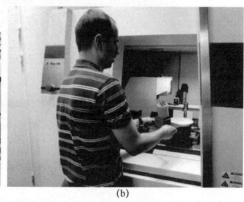

(a) (b)

图 9.23 （a）接触式 CMS 数控测量多个部件；（b）CT 测量中夹持不同零件的多个零件夹持器（丹麦技术大学提供）

微注塑成型产品是 CT 检测的另一个应用领域（Ontiveros 等，2012），但是，建议使用特定的校准工件对微小零件进行检测（Carmignato 等，2008；Marinello 等，2008）。

聚合物假体关节部件也可以用 CT 进行检查，特别是用于分析磨损支承表面的几何形状和评估磨损量。相对于 CMS 测量，CT 检查可以达到更低的测量不确定性（Carmignato 等，2011、2014；Carmignato 和 Savio，2011；Spinelli 等，2009）。

最后，金属注塑成型也是 CT 的一种应用，CT 测量可用来进行检测缺陷，如图 9.24 所示。

9.2.6 组装产品

CT 作为一种检测组件的工具，具有很大的潜力。传统的测量方法（如接触式 CMS）可用来保证装配部件的质量，但它不能保证在组装状态下各部件的质量，因为装配过程中可能发生变形或组件不对齐的情况，而 CT 能在组装状态下对单个部件进行可视化。

应用实例如图 9.25 和 9.26 所示。图 9.25 给出了手表组件的 CT 扫描，扫描结果显示了不同的组件。图 9.26 显示了由塑料驱动器、插入件和重叠区域组成的组件，在这里，CT检查的目标是塑料执行器和插入件装配在一起时的故障分析。

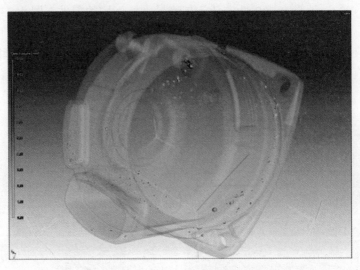

图 9.24　铝定子盒 CT 扫描的孔隙度测量（Grundfos A/S 提供）

图 9.25　手表组件的 CT 扫描（Nikon-Metrology/X-Tek 提供）

CT 也可用于焊接接头的检测。图 9.27 显示了电子束焊接接头的 CT 扫描，该焊接接头将钛铝化物叶轮与涡轮的钢轴连接在一起（Baldo 等，2016）。Baldo 等也研究了 CT 参数设置对连接区图像质量的影响，通过 CT 扫描结果，可以清楚地区分镍基高温合金叶轮与轴轮总成钢轴之间的焊接接头面积。

图 9.28 显示了一个检查两个螺纹组件的装配的示例。在这种情况下，CT 检查能力不足以区分组件，因为它们由相同的材料制成，这可能是 CT 在检查装配时的典型问题。

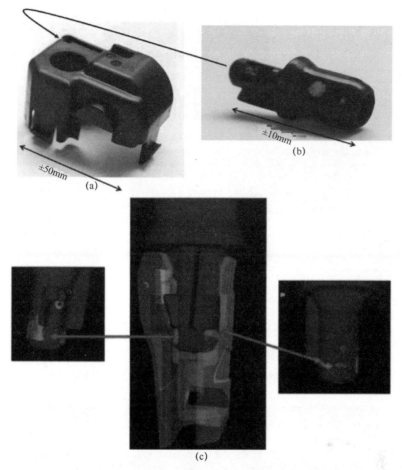

图 9.26　（a）塑料促动器；（b）插入物；（c）相关拟合分析。插入物颜色为紫色，
促动器为灰色，重叠区域为绿色（De Chiffre 等，2014 年）

图 9.27　涡轮轴轮组件的焊接接头区域的 CT 扫描 （Federal University of ABC
和 CERTI，Brazil 提供）

　　检查复杂的复合材料组件是工业实践中常见的 CT 质量控制任务。然而，在
检查这些物体时，需要应对重大挑战。因为，在对每个部分进行分割时，经常遇
到具有相似吸收系数的零件。图 9.29 显示了由多个聚合材料组成的胰岛素笔的
复杂复合材料组件的扫描，这里的难题是分割不同的材料部分，因为它们有相似
的吸收系数。

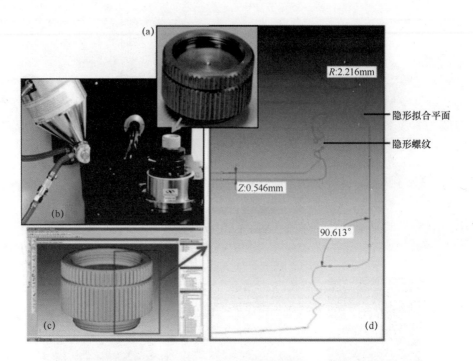

图 9.28　(a) 由同一材料制成的两个螺纹部件组成的装置；(b) CT 测量；(c) 重建 CT 体积；
　　　　(d) CT 模型的右侧部分的横截面（Nikon-Metrology/X-Tek 提供）

图 9.29　复合材料组装的胰岛素笔，由不同聚合材料的组分组成（由 Novo Nordisk A/S 提供）

　　而当扫描部件具有显著不同的吸收系数时，如由高吸收部分（如金属制造）和低吸收部件（如塑料制造）组成的扫描组件，存在的问题是确定合适的扫描参数方面。一方面，高吸收部分需要高能量 X 射线，以保证充分穿透，从而显示内部结构。另一方面，需要低能量 X 射线来显示小细节或为低吸收部分提供足够的对比度。为了正确设置 CT 扫描仪，CT 用户需要在这两种需求之间做出妥协，因此需要应用双能 CT（DECT）对策。DECT 用两种不同的 X 射线光谱扫描多材料组件，以便更好地解决低吸收部分和高吸收部分的问题（Heinzl等，2008）。

　　进行 DECT 的方法有两种：双重曝光和双探测器技术。双曝光技术包括用两种不同的扫描方式对物体进行扫描，一种是高电压扫描，另一种是低电压扫描。图 9.30 给出了一个应用实例，展示了带有塑料把的金属剪刀及不同电压下的投影图像，将不同能量的 CT 投影结合起来，以提供更好的重建图像。

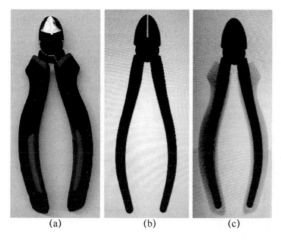

图 9.30　(a) 带塑料柄的金属剪刀；(b) 高能投影图像；(c) 低能投影图像

图 9.31 给出在尺寸测量中组合多能量图像堆栈的方法（Krämer 等，2010）。它考虑了高能量的图像堆栈并搜索外部投影像素，并且把低能量图像堆栈的信息与先前的堆栈融合。

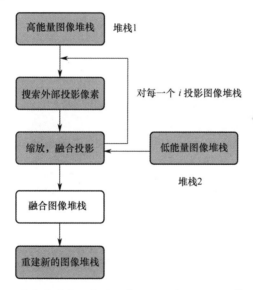

图 9.31　多能量堆栈融合的工作流程。改编 Krämer 等（2010）

复合材料组件的 CT 测量需要解决的另一个重要挑战是表面测定。确定表面的一般方法是识别等值面，从而定义具有单个灰度值的材料表面。然而，对于复合材料工件，使用这种方法会在两种不同材料之间的界面处产生虚拟材料层。图 9.32 展示了这种现象的一个例子：扫描对象由铝和钢组成，通过确定等值面，在钢和背景空气之间的界面处出现虚拟铝层。

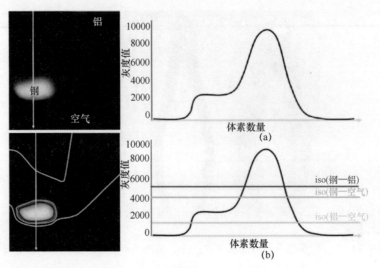

图 9.32　包含钢、铝和空气的重建图像（左），沿黄线的灰度值剖面（右），
也显示虚拟层（绿色）（Haitham Shammaa 等，2010）

对于密度相近的零件，表面确定尤其具有挑战性。如图 9.33 所示，它描述了由钢和 ZrO_2 量规组成的复合材料工件。灰度直方图显示空气、钢和 ZrO_2 的三个递增的灰度值，然而，ZrO_2 与钢的最佳区分阈值可能和区分 ZrO_2 与空气的最佳阈值不同。这种效应如图 9.33 所示，其中阈值设置在 iso-50 表面（空气和钢的中间），周围的材料导致 ZrO_2 的厚度不同。

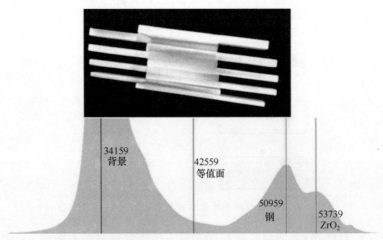

图 9.33　复合材料测量：交替的钢和 ZrO_2 量规，量规（顶）、
灰度级和等值面（底部）（Kruth 等，2011）

Krämer 和 Weckenmann 提出了一种复合材料零件重建体中表面的确定方法。该方法用单个灰度值来表示初始表面，然后确定其邻域内灰度值变化最陡的方向，通过考虑灰度值的最大变化来确定附近物体表面。该原理在重建切片中的应

用如图 9.34 所示。

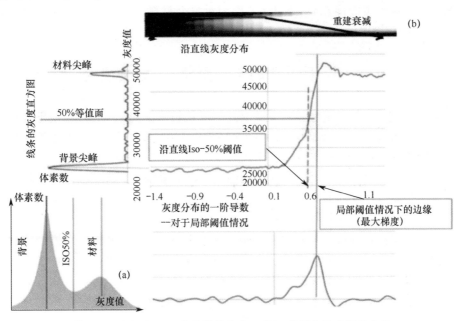

图 9.34 （a） ISO-50 全局阈值方法；（b） 局部自适应阈值方法
应用于重构截面（由 KU Leuven 和 Lessius 大学学院提供）

为了比较世界各地不同公司和实验室在复合材料组件 CT 测量方面的性能，在 2016 年进行了"组件交互式比较"（Stolfi 等，2016）。为了进行比较，开发了两种复合材料工件作为参考对象（图 9.35）。第一件由铝制的圆柱形台阶规和带有两个紧固帽的玻璃管组成，该装配可进行多个单向和双向测量，以及不同的多材料测量。第二件由 Novo Nordisk A/S 提供的工业组件组成，它是由聚甲醛和注塑成型的 ABS-聚碳酸酯制成的商业胰岛素笔的生物材料组件。测量范围包括直径、相关圆度和同心圆度。使用触觉 CMS 提供参考测量，测量误差不超过 $5\mu m$（Stolfi 等，2016）。

图 9.35 在组件交互式比较期间研究的复合材料组件
（a）带玻璃管和紧固帽的铝台阶规；（b）由两种不同塑料制成的胰岛素笔组件。

即使现有技术仍然在检查复合材料组件特性时存在若干问题（即便是选择合适的扫描参数和表面确定），工业 CT 作为对复合材料组件进行尺寸测量的工具已经显示出巨大潜力。

9.3　用于医学的 CT 测量：案例研究

近 40 年来，CT 已成为医学中最重要的成像技术。医学 CT 广泛用于经济合作与发展组织国家（经合组织，2011），平均每 1000 人进行 131.8 次检测，特别适用于预防医学和诊断。传统上，由治疗医生进行 CT 数据的纯视觉评估，如检测肿瘤或骨折。对于这种评估形式，图像质量是最重要的，这意味着解剖结构的图像应该是高对比度和低噪声。然而，医学成像技术的应用已经在过去几十年中有了长足发展，不再局限于诊断目的。

在基于图像的外科手术导航中，通常根据术前记录的 CT 数据来详细规划外科干预，特别是确定可能的通路。为了更精确地执行外科手术，通常借助于实用图像引导系统定位到手术部位。这意味着，图像引导系统用于将病人病灶的术前三维图像数据与病人在手术室中的位置相关联，并且几乎实时地将手术工具投影到术前获取的数据上来引导手术工具进行操作。

CT 成像的结果形成了外科工具基于三维空间中规划坐标的导引运动的基础。该程序相当于使用 CT 扫描作为坐标测量机（Pollmanns，2014）。具体测量任务包括解剖结构在坐标系中的绝对尺寸和位置的稳定成像。下面的例子说明了 CT 测量在医学中的重要性。

9.3.1　基于 CT 的侧颅底手术程序设计

侧颅底微创手术的挑战来自于该区域的解剖学：关键的神经血管结构，如颈静脉和面神经嵌入骨中，仅相隔几毫米。因此，必须以亚毫米精度将小管钻到期望的目标，以穿过解剖结构而不造成损伤。

例如，为了规划到内耳道的三个无碰撞的轨迹，需要手动分割关键结构。然后通过行进立方体算法提取三角形网格，形成患者颞骨的三维模型。之后，在医疗规划软件中进行管道的规划。

利用规划软件可以确定各种轨迹到临界解剖过程的最小距离。外科医生选择了三条最宽的轨迹。干预的可行性主要取决于所选择的储备是否足够大，以补偿外科手术的不确定性。

为了说明尺寸测量对于轨迹规划的重要性，图 9.36 实例展示了通过上半规管规划的轨迹。对于该轨迹，确定上半规管内表面与计划轨迹外径之间的最小距离是非常关键的，这种情况下，它们的径向距离是至关重要的。

从计量学的角度来看，成像的任务是尽可能准确地显示上半规管的位置和轮廓。因此，测量任务的检查特征是上半规管内侧表面点的位置，限定了与计划的孔轨迹的外径的最小距离。然而，由于轨迹的中心位置，不仅需要考虑单个点的位置，而且需要考虑沿着管道内侧的一排表面点的位置，以便测量管道和轨迹之间的最近距离（Pollmanns，2014）。

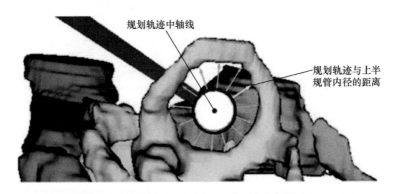

图9.36　通过上半规管引导的管道的详细视图（Pollmanns，2014）

由于成像过程和后续切片的不确定性，上半规管的测量存在偏差。根据灰度级限制的选择，可视化表面点显示的规划轨迹中的距离与实际解剖结构中的距离是不同的。此外，存在由与固定原点相关的整个解剖结构的位置偏差引起的测量偏差。如果设置的体素大小与实际大小明显不同，则总体积将受到缩放误差的影响。在不确定性估计方面，需要考虑这两种类型的偏差（Pollmanns，2014年）。

9.3.2　医用 CT 测量不确定度的估计

在所描述的场景中，数据是用来导航的，并且图像和图像处理中的不确定性是导致手术规划错误的原因。因此，CT 测量的不确定性导致更高的损伤重要结构的风险。这就是为什么需要对 CT 成像过程及图像处理进行不确定性估计（Pollmanns，2014）。

Pollmanns（2014）将 ISO15530-3（在第 7 章中已经解释）的方法应用到医学领域。在本章中，对特殊测试样本的设计、一般实验步骤、成像和图像处理不确定度的评估进行了较为详细的描述。

对于测试样品的设计，需要根据医疗情况进行规范要求。关于 ISO 15530-3 中规定的要求，测试样本与感兴趣区域的人体解剖结构的相似性和人颅骨的辐射特性是非常重要的。此外，需要具有可用于校准目的的接触式测量的结构或特征。

根据这些要求，Pollmanns 开发了一种椭圆形试样（图9.37），它由不同的材料层组成，相当于皮肤组织、脑组织、软组织、皮质和松质骨，并将带有人造岩骨和圆柱形钻孔的插入件也整合到试样中，钻孔的直径是根据颅骨松质骨内腔的尺寸来选择的。此外，还可以将具有解剖结构的锥形隔室（包括用于内耳微创手术的相关结构）插入测试样本中。将 5 个红宝石球体作为参考结构，用于定义坐

标系统，该坐标系统与校准的钻孔一起，对评估测量过程的系统误差很重要
（Pollmanns，2014）。

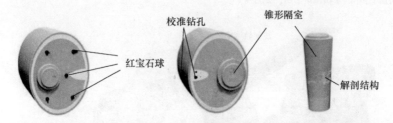

图 9.37　锥形室综合解剖结构试样，红宝石球（参考结构）和校准钻孔

由于成像过程的不确定性估计的测量，需要以与进行外科手术计划的实际
CT 测量相同的方式执行，因此需要考虑影响测量结果的所有相关过程步骤和因
素。CT 成像过程包括以下过程步骤：

（1）患者在 CT 测量容积中的位置。

（2）投影记录和投影数据的重建。

（3）相关解剖结构的手动分割。

（4）将体数据集转换为表面数据和数据的后处理，如滤波。

Pollmanns 使用医疗 CT（Somatom Defintion AS，Siemens）进行了 20 次 CT 扫
描，扫描参数的设置符合通常用于岩骨的薄层 CT 的扫描方案。每次 CT 扫描后
重新定位试样，因此，可以确定由试样相对于 CT 的旋转轴定位引起的测量偏差。

使用 VG Studio MAX（Volume Graphics，Heidelberg）对不确定性因素进行计
量评估。由于无法校准锥形插入物的解剖结构，因此根据 ISO 15530-3 提出的替
代方法，确定 CT 测量过程的系统偏差和不确定度。基于该方法，通过测量两个
不同的特征，同时检测测量的系统误差和随机误差（Pollmanns，2014）。

系统偏差的评估基于校准钻孔直径的测量。根据医疗情况，直径为 2mm 的
钻孔是最重要的，因为它们的直径类似于人体骨骼中的一个腔。由于校准的钻孔
位于试样的侧面和前面，因此考虑了不同的穿透方向。这对于覆盖由不同孔径方
向施加的不确定性是很重要的，因为人体骨骼中的空腔是弯曲的，并且方向不
同。由系统偏差引起的最终标准不确定度计算为 $u_b = -0.054$mm。

图 9.36 对上半规管的内径进行了不确定度估计，不确定度为 $u_p = 0.162$mm
（Pollmanns，2014）。除了 u_b 和 u_p，还需要估算校准过程和测试样本产生的不确
定性。虽然 u_{cal} 可以从校准中获取，但是 u_w 是基于确定的 CT 测量过程不确定度
来估计的。根据不同专家的意见，做出估计（Pollmanns，2014）可表示为

$$u_w = \frac{2}{3} u_p \tag{9.1}$$

将成像的所有不确定度分量组合起来，并与覆盖因子 $k = 3.579$（置信度 =
99.8%）相乘，得到 $U_{img} = 0.724$mm。

通常，在内耳微创手术的规划中，需要考虑这种不确定性。根据规划进行钻孔时，其他测量任务对于评估病人的风险很重要。这就是为什么侧颅底微创手术的规划中，有必要分析其他测量任务。

此外，还有其他一些应用，其中 CT 扫描被用于微创手术的术前规划。在这些情况下，CT 数据用于尺寸测量，不确定度对于规划高精度和安全的路径很重要。因此，需要更多用于医学 CT 测量的评估策略。

9.4　CT 尺寸测量面临的挑战

工业 CT 的发展有几个趋势。基于一般计量学，工业界要求相对于制造周期时间更快的测量周期时间，并且，工业需要更多的成本效益的测量过程。这方面对于 CT 是至关重要的，因为 CT 设备的成本相当高，且测量时间长。另一个重要趋势是需要更好的人工可操作性，这涉及 CT 设置过程和数据量的后处理评估。最后，测量装置的应用范围趋于扩大，CT 倾向于探索新的应用领域。

考虑到工业的需求和最新技术，CT 尺寸测量有几个关键方面，包括提高 CT 测量精度和降低测量不确定度（Carmignato，2012）。尤其是在将 CT 技术与触觉和光学坐标测量进行比较时，测量不确定度有必要控制在微米范围内，甚至纳米范围内。其次，有必要将 CT 检测能力扩展到较大的工件，如由高吸收材料组成的工件、机器零件、曲轴箱、齿轮箱、发动机缸体等，以及像卡车或货运集装箱这样的巨大物体（Wenzel 等，2009）。

要达到上述目标，应该从 CT 组件和软件方面入手。例如，用具有更高电流和更小焦斑的 X 射线管检查更大的部件；可以在更短的曝光时间内获得更精确的测量结果（Gruhl，2010）；使用更高效的探测器确保更低的积分时间和更快的测量；应用改进的重建算法以使用更少的投影图像进行重建，从而加速测量；通过使用新技术（如解析重建、迭代重建）或关于工件的先验知识（如来自工件的 CAD 模型或来自制造过程的几何信息），可以实现更短的重建时间和更准确的结果（Maass 等，2010；Katsevich，2003），有助于减少测量时间和测量不确定度（Giedl-Wagner 等，2012；Weckenmann 等，2009）。使用专家系统可以帮助没有经验的用户设置 CT 扫描仪参数（Schmitt 等，2012）；确定测量不确定度使测量具有可追溯性，从而实现更可靠的测量（Krämer 和 Weckenmann，2010b；Kruth 等，2011；Krämer 等，2011；VDI/VDE，2013，见第 7 章）；通过采用特定任务的 CT 设备，如 X 射线管和探测器的特定组合，管和探测器的非圆形轨迹（通过使用机器人 CT 或其他类似技术）（Sauerwein，2010；Fuchs 等，2010），以及工业 CT 的特殊校正技术（Baer 等，2010），可以实现更低成本以及更大的应用范围。最后，通过采用多光谱 CT、特种成像和重建技术，可以改进复合材料组件的测量（Maass 等，2011；Chen 等，2000；Krämer 和 Weckenmann，2010A、B），见第 3 章。

参考文献

Baer M, Hammer M, Knaup M et al (2010) Scatter correction methods in dimensional CT. In: Conference on industrial computed tomography (ICT), Wels, Austria

Baldo C, Coutinho T, Donatelli G (2016) Experimental study of metrological CT system settings for the integrity analysis of turbine shaft-wheel assembly weld joint. In: 6th conference on industrial computed tomography (iCT 2016), Wels, Austria

Bartscher M, Hilpert U, Fiedler D (2008) Determination of the measurement uncertainty of computed tomography measurements using a cylinder head as an example. Tech Mess 75:178–186

Carmignato S (2012) Accuracy of industrial computed tomography measurements: experimental results from an international comparison. CIRP Ann 61(1):491–494. doi:10.1016/j.cirp.2012.03.021

Carmignato S, Savio E (2011) Traceable volume measurements using coordinate measuring systems. CIRP Ann 60(1):519–522. doi:10.1016/j.cirp.2011.03.061

Carmignato S, Dreossi D, Mancini L et al (2009) Testing of X-ray Microtomography systems using a traceable geometrical standard. Measure Sci Tech 20:084021. doi:10.1088/0957-0233/20/8/084021

Carmignato S, Spinelli M, Affatato S et al (2011) Uncertainty evaluation of volumetric wear assessment from coordinate measurements of ceramic hip joint prostheses. Wear 270(9–10):584–590. doi:10.1016/j.wear.2011.01.012

Carmignato S, Balcon M, Zanini F (2014) Investigation on the accuracy of CT measurements for wear testing of prosthetic joint components. In: Proceedings of international conference on industrial computed tomography (ICT). Wels, Austria

Chen SY, Carroll JD (2000) 3-D coronary reconstruction and optimization of coronary interventions. IEEE Trans Med Imag 19(4):318–336

CIA-CT Project Newsletter NR 8 (2013) Technical University of Denmark

De Chiffre L, Carmignato S, Kruth J-P et al (2014) Industrial applications of computed tomography. CIRP Ann 63(2):655–677. doi:10.1016/j.cirp.2014.05.011

Fuchs T, Schön T, Hanke R (2010) A translation-based data acquisition scheme for industrial computed tomography. In: 10th European conference on non-destructive testing ECNDT, Moscow, Russia

Giedl-Wagner R, Miller T, Sick B (2012) Determination of optimal ct scan parameters using radial basis function neural networks. In: Conference on industrial computed tomography (ICT), Wels, Austria

Gruhl T (2010) Technologie der Mikrofokus-Röntgenröhren: Leistungsgrenzen und erzielte Fortschritte. Fraunhofer IPA Workshop F 207: Hochauflösende Röntgen-Computertomographie-Messtechnik für mikro-mechatronische Systeme

Haitham Shammaa M et al (2010) Segmentation of multi-material CT data of mechanical parts for extracting boundary surfaces. Comput Aided Des 42(2):118–128

Heinzl C et al (2008) Statistical analysis of multi-material components using dual energy CT. Vision Model Vis, Proc

Iassanov P, Gebrenegus T, Tuller M (2009) Segmentation of X-ray computed tomography images of porous materials—A crucial step for characterization and quantitative analysis of pore structures. Water Resour Res

ISO 15530-3 (2011) Geometrical product specifications (GPS)—coordinate measuring machines (CMM): technique for determining the uncertainty of measurement—Part 3: Use of calibrated workpieces or measurement standards

Katsevich A (2003) A general scheme for constructing inversion algorithms for cone beam CT. Int J Math Math Sci 21:1305–1321

Kersting P, Carmignato S, Odendahl S, Zanini F, Siebrecht T, Krebs E (2015) Analysing machining errors resulting from a micromilling process using CT measurement and process simulation. In: Proceedings of the 4M/ICOMM2015 conference, pp 137–140. doi:10.3850/978-981-09-4609-8_034

Krämer P, Weckenmann A (2010a) Multi-energy image stack fusion in computed tomography. Meas Sci Tech 21(4/045105):1–7

Krämer P, Weckenmann A (2010) Simulative Abschätzung der Messunsicherheit von Messungen mit Röntgen-Computertomographie. Conference on Industrial Computed Tomography (ICT), Wels, Austria

Krämer P, Weckenmann A (2011) Modellbasierte simulationsgestützte Messunsicherheitsbestimmung am Beispiel Roentgen-CT. VDI-Berichte 2149: 5. VDI-Fachtagung Messunsicherheit 2011—Messunsicherheit praxisgerecht bestimmen 2149:13–22

Dewulf W, Pavan M, Craeghs T and Kruth, J-P (2016) Using X-ray computed tomography to improve the porosity level of polyamide-12 laser sintered parts. CIRP Ann

Kruth J-P, Bartscher M, Carmignato S et al (2011) Computed tomography for dimensional metrology. CIRP Ann 60(2):821–842. doi:10.1016/j.cirp.2011.05.006

Leonard F, Tammas-Williams S, Pragnell PB, Todd I, Withers PJ (2012) Assessment by X-ray CT of the effects of geometry and build direction on defects in titanium ALM parts. In: Proceedings of international conference on industrial computed tomography (ICT), Wels, Austria

Lübbehüsen J (2014) Advances in automated high throughput fan beam CT for DICONDE-conform multi-wall turbine blade wall thickness inspection and 3D additive manufactured aerospace part CT inspection. In: 11th European conference on non-destructive testing (ECNDT), Prague, Czech Republic

Maass C, Knaup M, Sawall S et al (2010) ROI-Tomografie (Lokale Tomografie). IN: Proceedings of international conference on industrial computed tomography (ICT), Wels, Austria

Maass C, Meyer E, Kachelriess M (2011) Exact dual energy material decomposition from inconsistent rays (MDIR). Med Phys 38(2):691–700

Marinello F, Savio E, Carmignato S et al (2008) Calibration artefact for the micro scale with high aspect ratio: the fiber gauge. CIRP Ann 57(1):497–500. doi:10.1016/j.cirp.2008.03.086

Ontiveros S, Yague-Fabra JA, Jimenez R et al (2012) Dimensional measurement of micro-moulded parts by computed tomography. Meas Sci Tech 23(125401):9. doi:10.1088/0957-0233/23/12/125401

Organisation for Economic Co-operation and Development (2011) Health at a glance 2011. OECD indicators. OECD Publishing, Paris

Pollmanns S (2014) Bestimmung von Unsicherheitsbeiträgen bei medizinischen Computertomografiemessungen für die bildbasierte navigierte Chirurgie, 1. Aufl ed. Apprimus Verlag, Aachen, XI, 148 S

Sauerwein C (2010) Rekonstruktionsalgorithmen und ihr Potenzial. Fraunhofer IPA Workshop F 207: Hochauflösende Röntgen-Computertomographie-Messtechnik für mikro-mechatronische Systeme

Schmitt R, Isenberg C, Niggemann C (2012) Knowledge-based system to improve dimensional CT measurements. In: Conference on industrial computed tomography (ICT), Wels, Austria

Spierings A, Schneider, M (2010) Comparison of density measurement techniques for additive manufactured metallic parts. Rapid Prototyping J

Shah P, Racasan R, Bills P (2016) Comparison of different additive manufacturing methods using optimized computed tomography. In: Proceedings of international conference on industrial computed tomography (ICT), Wels, Austria

Šlapáková M, Zimina M, Zaunschirm S, Kastner J, Bajera J, Cieslar M (2016) 3D analysis of macrosegregation in twin-roll cast AA3003 alloy. Mater Charact 118:44–49

Sørensen T (2012) CT scanning in the medical device industry. In: Conference "industrial applications of CT scanning—possibilities and challenges in the manufacturing industry", Lyngby, Denmark

Spinelli M, Carmignato S, Affatato S et al (2009) CMM-based procedure for polyethylene non-congruous unicompartmental knee prosthesis wear assessment. Wear 267:753–756. doi:10.1016/j.wear.2008.12.049

Sterzing A, Neugebauer R, Drossel W-G (2013) Metal forming—challenges from a green perspective. In: Proceedings of international conference on competitive manufacturing (COMA 2013), Stellenbosch, South Africa, pp 19–24

Stolfi A (2017) Integrated quality control of precision assemblies. Technical University of Denmark

287

Stolfi A, De Chiffre L (2016) Selection of items for "InteraqCT comparison on assemblies". In: 6th conference on industrial computed tomography (iCT 2016), Wels, Austria

Tammas-Williams S, Zhao H, Leonard F, Derguti F, Todd I, Pragnell P (2015) XCT analysis of the influence of melt strategies on defect population in Ti-6Al-4V components manufactured by selective laser beam melting. Mater Charact 102:47–61

Tan Y, Kiekens K, Welkenhuyzen F et al (2013) Simulation-aided investigation of beam hardening induced errors in CT dimensional metrology. 11th ISMTII Symposium, Aachen, Germany

VDI/VDE 2630 Part 1.2 (2010) Computed tomography in dimensional measurement—Influencing variables on measurement results and recommendations for computed tomography dimensional measurements. VDI, Düsseldorf

VDI/VDE 2630 Part 2.1 (2013) Computertomografie in der dimensionellen Messtechnik— Bestimmung der Messunsicherheit und der Prüfprozesseignung von Koordinatenmessgeräten mit CT-Sensoren. VDI, Düsseldorf

Weckenmann A, Kraemer P (2009) Assessment of measurement uncertainty caused in the preparation of measurements using computed tomography. IMEKO XIX World Congress "fundamental and applied metrology", Lisbon, Portugal

Wenzel T, Stocker T, Hanke R (2009) Searching for the invisible using fully automatic X-ray inspection, Foundry Trade J Inst Cast Metals Eng 183:3666

Wits WW, Carmignato S, Zanini F, Vaneker THJ (2016) Porosity testing methods for the quality assessment of selective laser melted parts. CIRP Ann Manuf Tech 65(1):201–204. doi:10.1016/j.cirp.2016.04.054

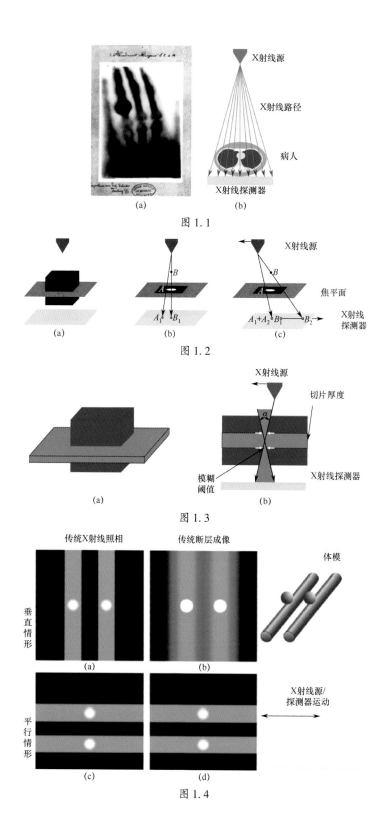

图 1.1

图 1.2

图 1.3

图 1.4

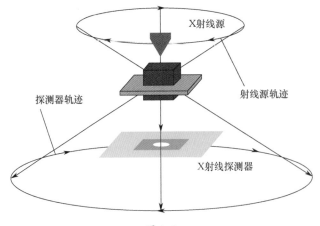

图 1.5

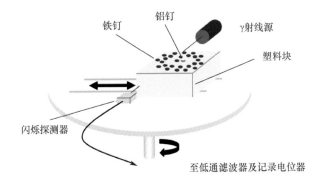

图 1.7

图 1.8

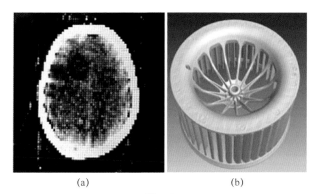

(a)　　　　　　　　(b)

图 1.9

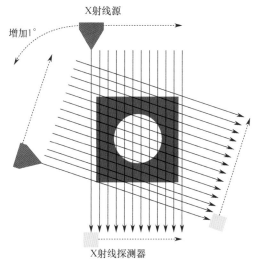

图 1.10

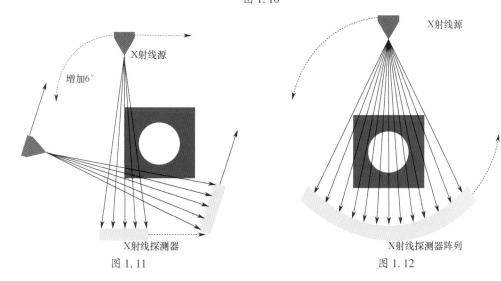

图 1.11　　　　　　　　图 1.12

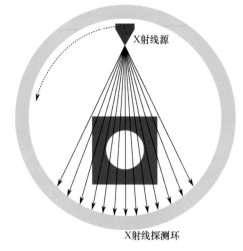

图 1.13

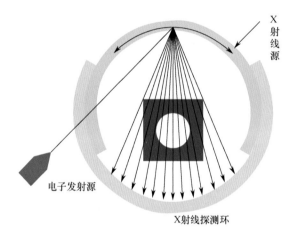

图 1.14

图 1.15

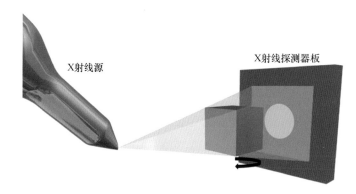

图 1.16

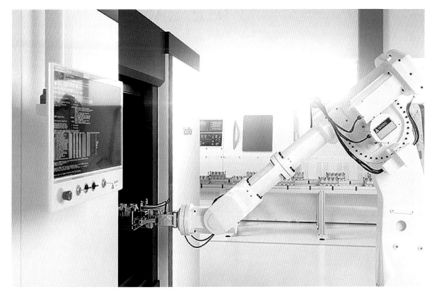

图 1.17

图 1.18

图 2.1

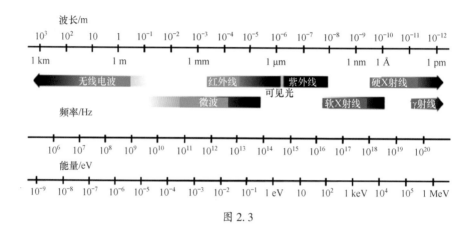

图 2.3

图 2.4

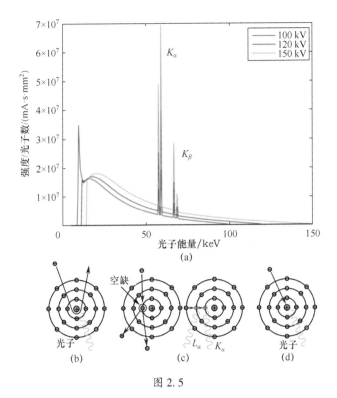

图 2.5

图 2.6

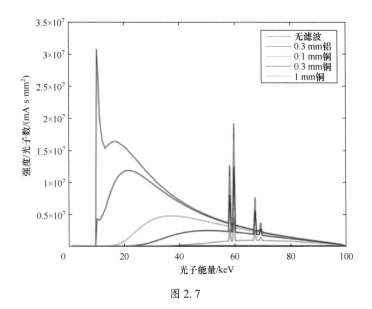

图 2.7

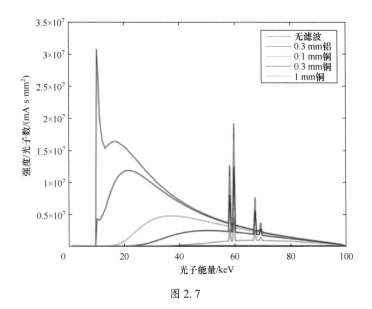

图 2.8

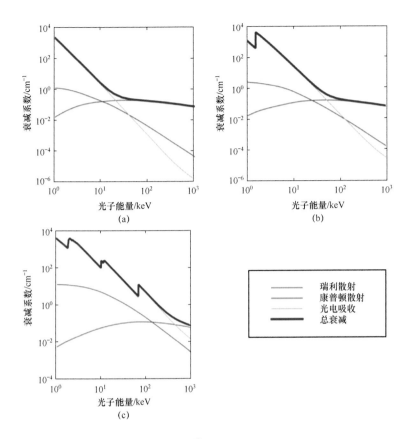

图 2.9

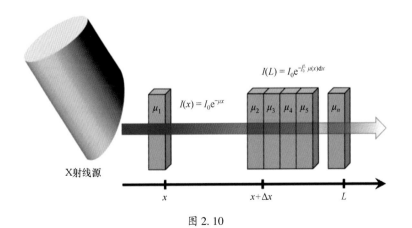

图 2.10

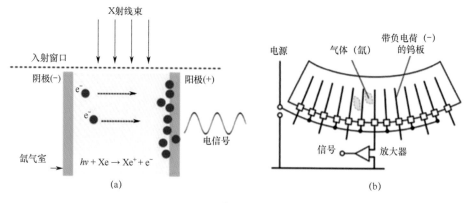

图 2.14

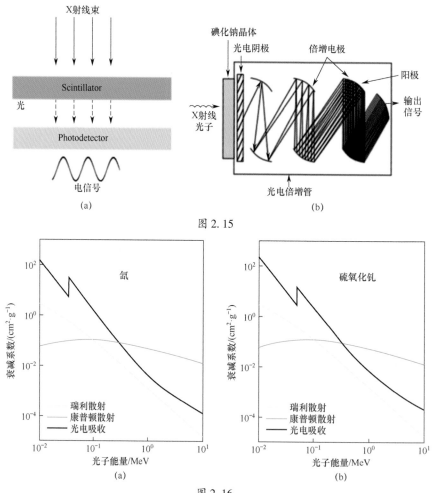

图 2.15

图 2.16

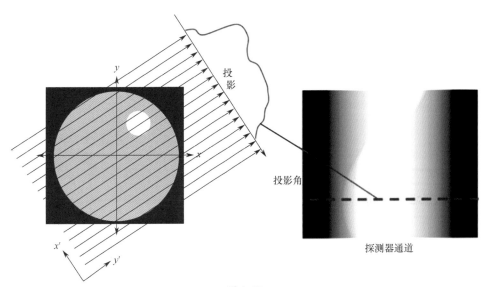

图 2.23

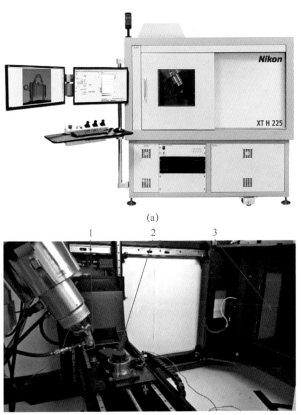

图 3.1

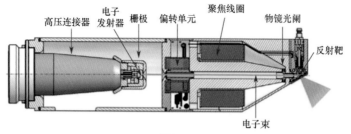

图 3.2

图 3.3

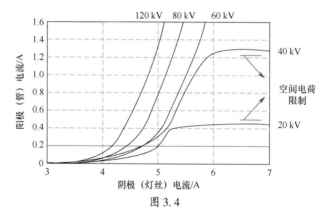

图 3.4

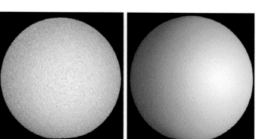

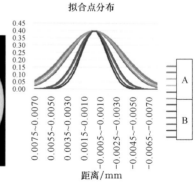

图 3.6

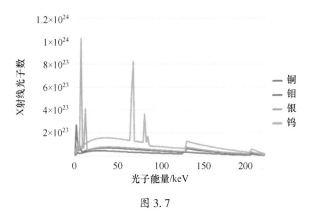

图 3.7

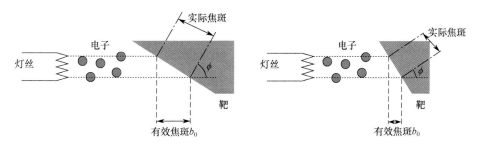

图 3.8

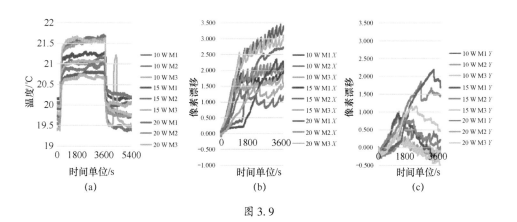

图 3.9

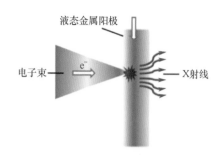

图 3.11

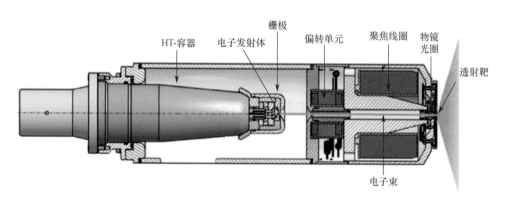

图 3.12

14

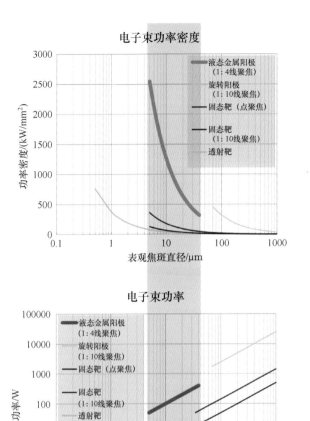

图 3.13

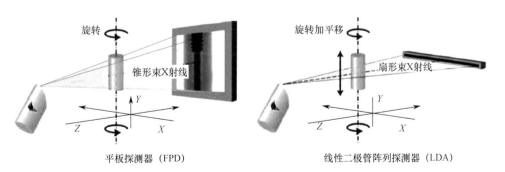

平板探测器（FPD）　　　　　　　　　　线性二极管阵列探测器（LDA）

图 3.14

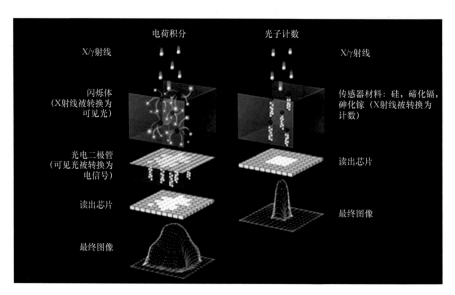

图 3.15

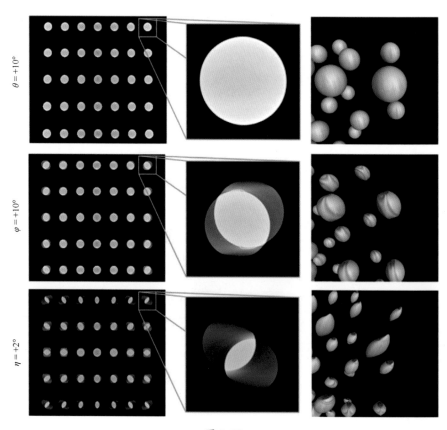

图 3.18

图 3. 19

图 3. 20

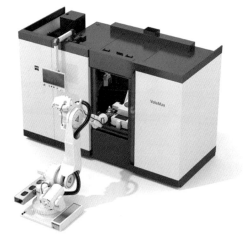

图 3. 22

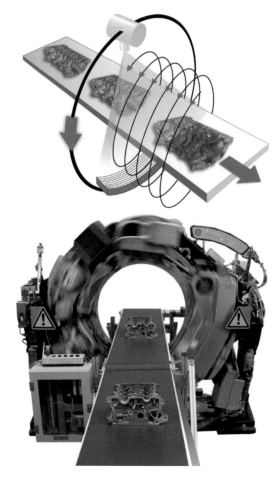

图 3. 23

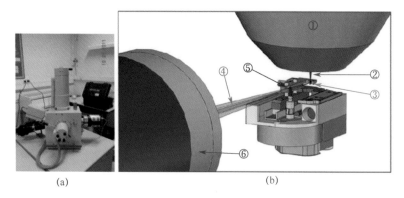

(a)   (b)

图 3. 24

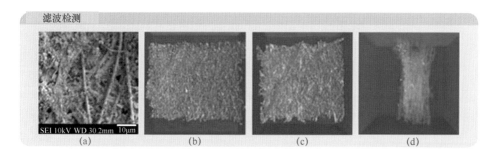

图 3.25

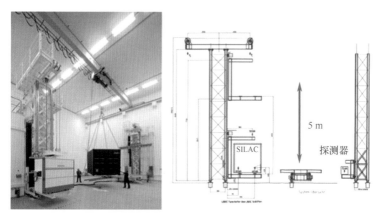

图 3.26

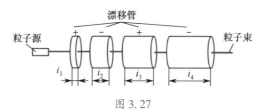

图 3.27

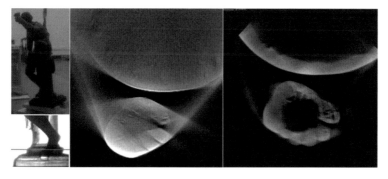

图 3.28

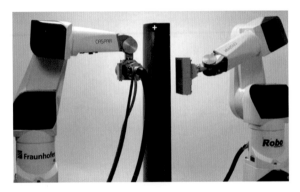

图 3.30

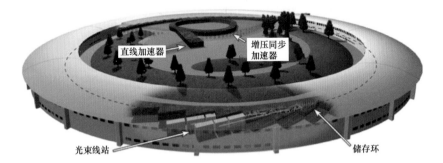

图 3.31

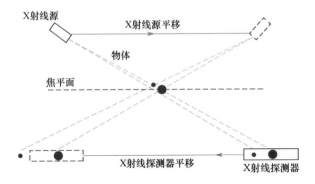

图 3.32

图 3.33

图 4.1

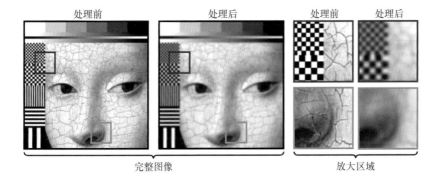

图 4.2

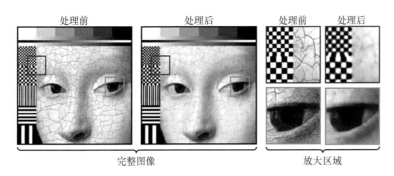

图 4.3

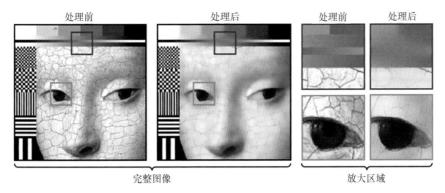

图 4.4

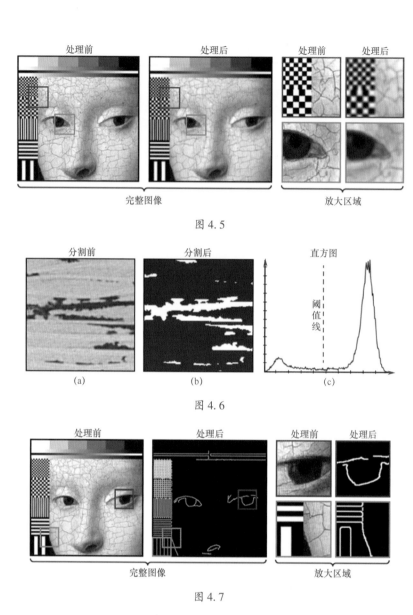

图 4.5

图 4.6

图 4.7

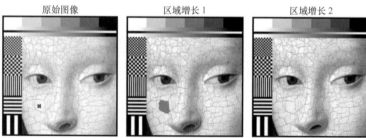

图 4.8

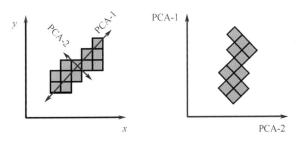

图 4.11

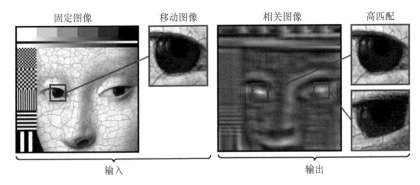

固定图像　　移动图像　　相关图像　　高匹配

输入　　　　　　　　　　输出

图 4.12

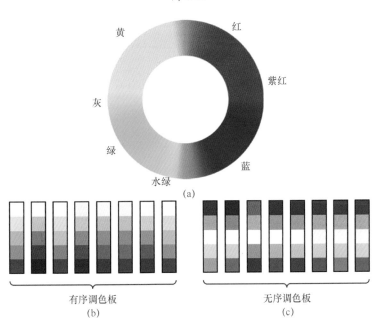

黄　　红

紫红

灰

绿　　蓝

水绿

(a)

有序调色板
(b)

无序调色板
(c)

图 4.13

图 4. 14

图 4. 15

图 4. 16

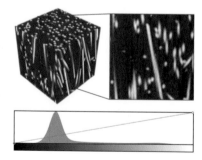

图 4. 17

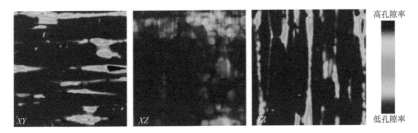

图 4.18

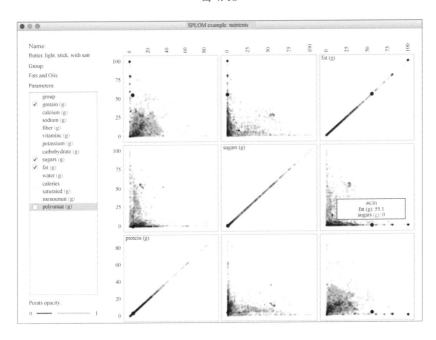

图 4.19

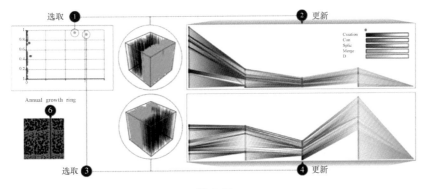

图 4.20

图 4.22

原始图　　　　对比　　　　再生成

图 4.23

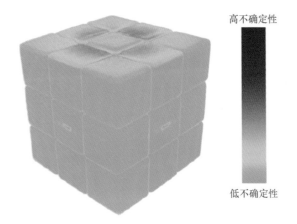

高不确定性

低不确定性

图 4.24

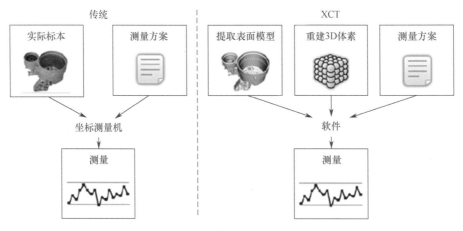

图 4.25

26

XCT

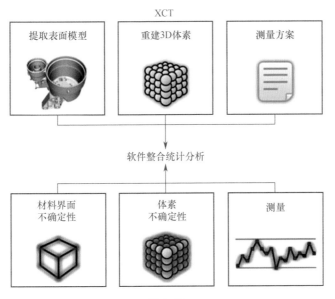

图 4.26

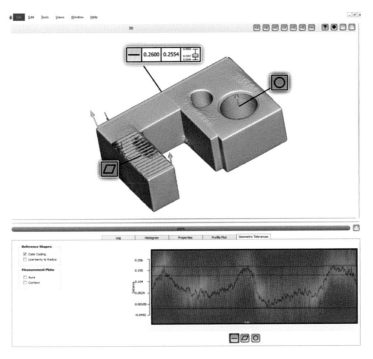

图 4.27

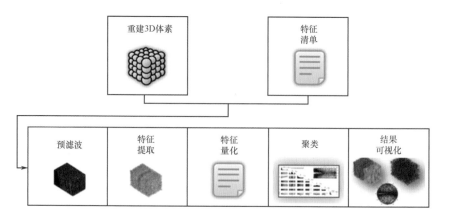

图 4.28

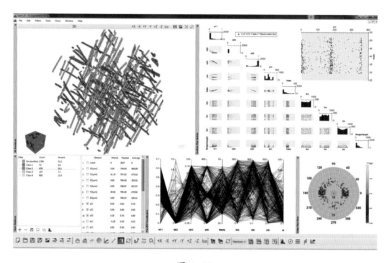

图 4.29

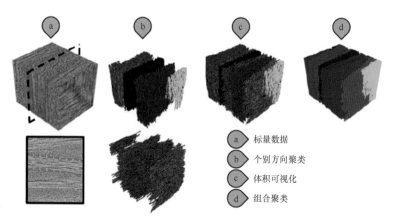

图 4.30

低密度 高密度

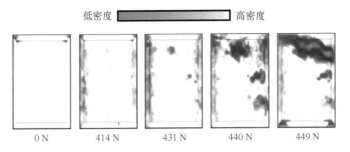

0 N　　　414 N　　　431 N　　　440 N　　　449 N

图 4.31

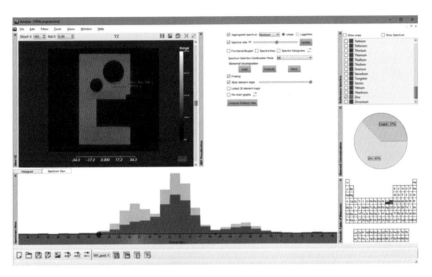

图 4.32

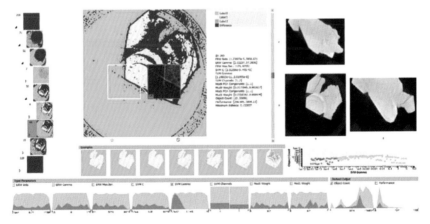

图 4.33

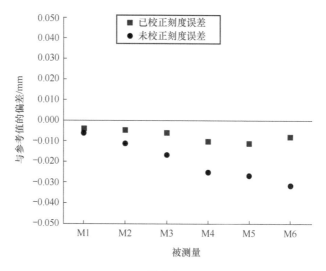

图 5.5

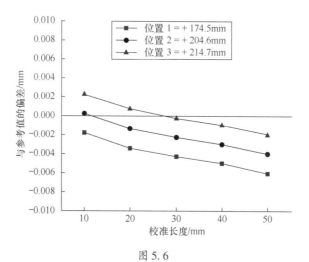

图 5.6

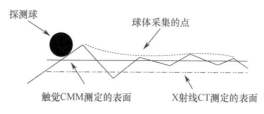

图 5.7

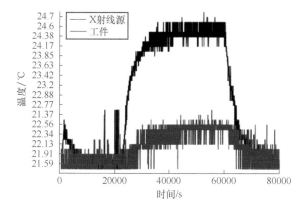

图 5.8

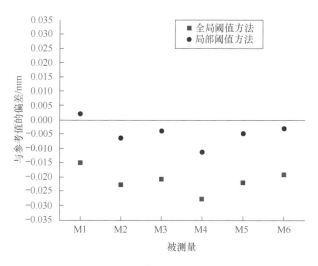

图 5.10

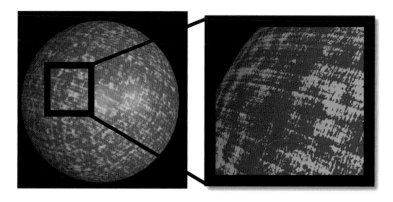

图 5.12

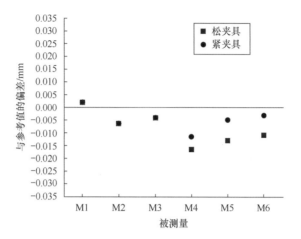

图 5.13

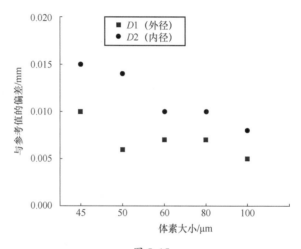

图 5.15

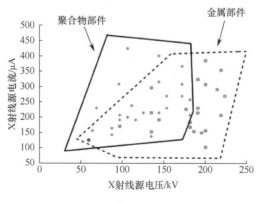

图 5.16

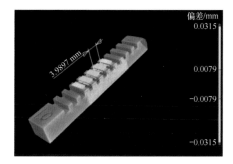

图 5.17

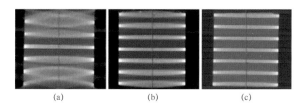

图 5.18

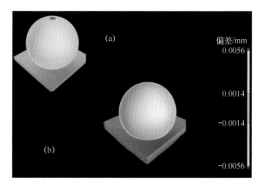

图 5.19

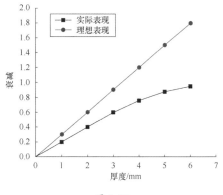

图 5.20

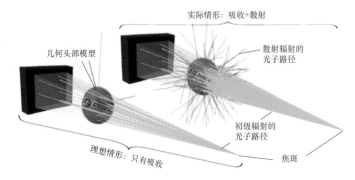

图 5.22

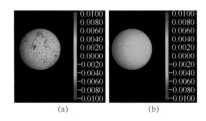

图 5.27

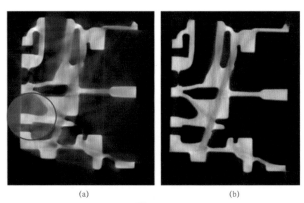

图 5.28

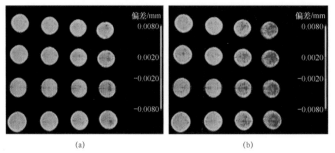

图 5.31

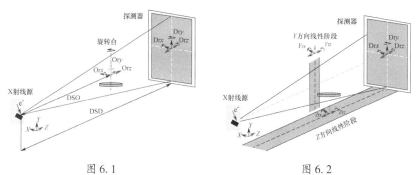

图 6.1   图 6.2

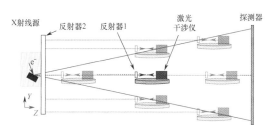

图 6.3

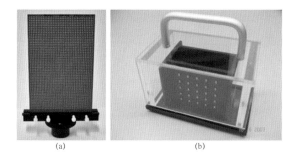

(a)   (b)

图 6.4

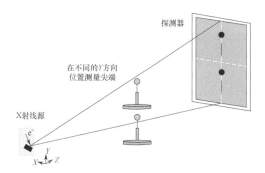

图 6.5

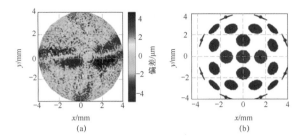

(a)

(b)

图 6. 7

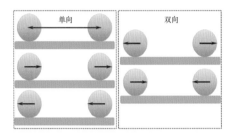

图 6. 8

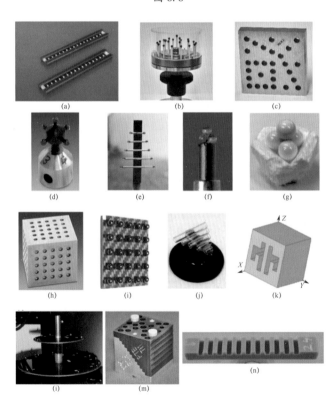

图 6. 9

图 6.10

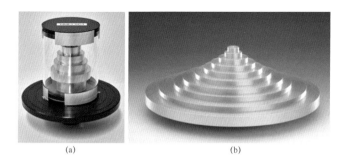

图 6.11

图 6.12

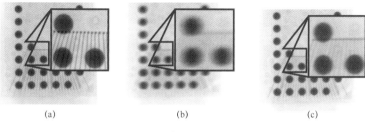

图 6.13

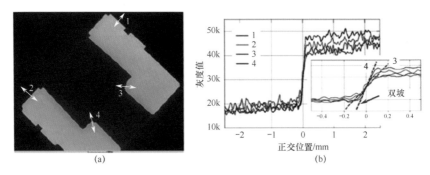

图 6.14

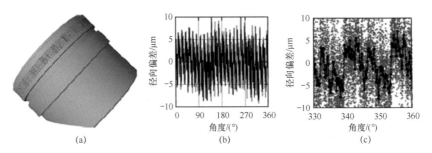

图 6.15

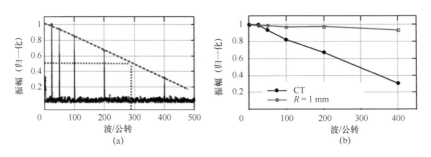

图 6.16

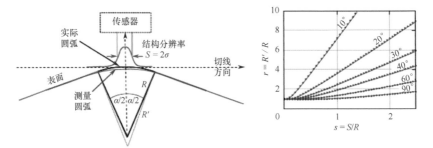

图 6.17

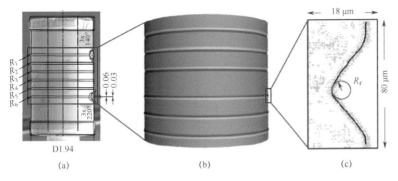

(a) (b) (c)

图 6. 18

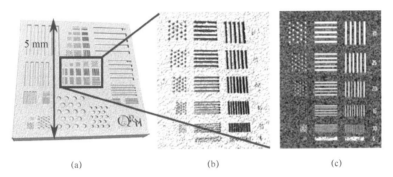

(a) (b) (c)

图 6. 19

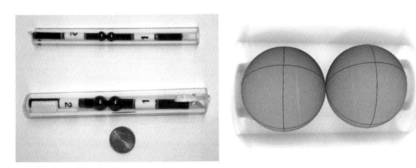

图 6. 20

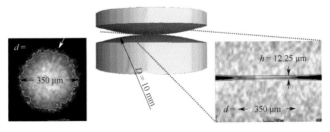

图 6. 21

(a)   (b)   (c)   (d)

图 6.22

(a)   (b)   (c)   (d)   (e)

图 6.23

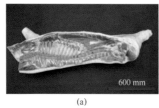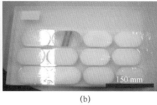

(a)   (b)

图 6.24

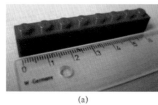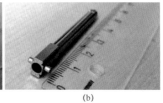

(a)   (b)

图 6.25

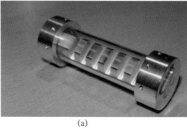

(a)   (b)

图 6.26

图 7.1

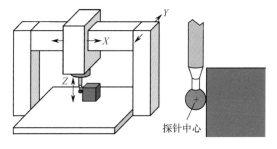

探针中心

图 7.3

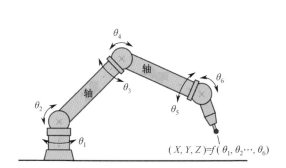

轴 轴 轴

$(X, Y, Z) = f(\theta_1, \theta_2 \cdots, \theta_6)$

图 7.7

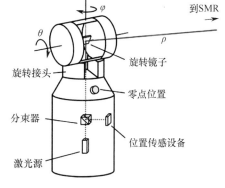

到SMR

旋转镜子

旋转接头

零点位置

分束器

激光源

位置传感设备

图 7.8

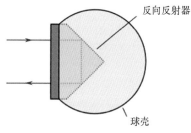

反向反射器

球壳

图 7.9

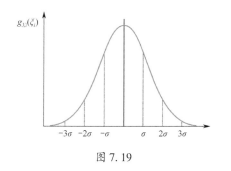

旋转镜

旋转接头

图 7.11

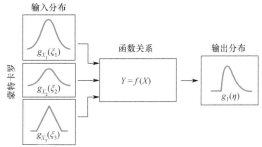

图 7.19

图 7.20

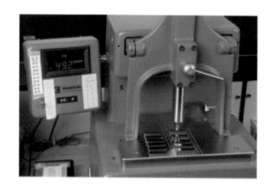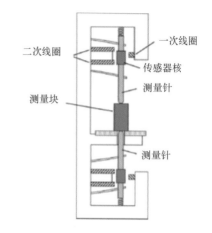

图 7.21

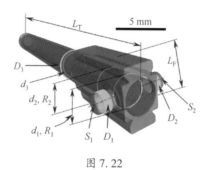

图 7.22

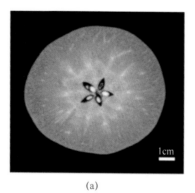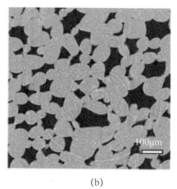

(a)

(b)

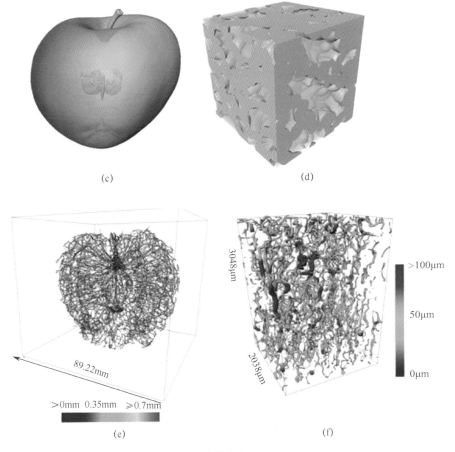

(c)

(d)

89.22mm

>0mm 0.35mm ≥0.7mm

(e)

3048μm

2038μm

>100μm

50μm

0μm

(f)

图 8.1

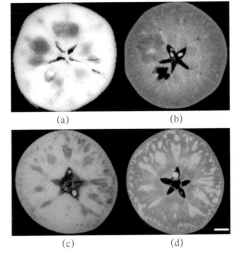

(a)

(b)

(c)

(d)

图 8.2

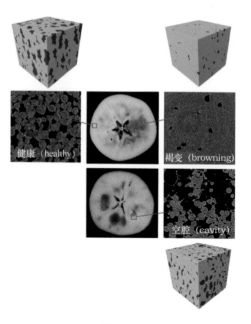

图 8.3

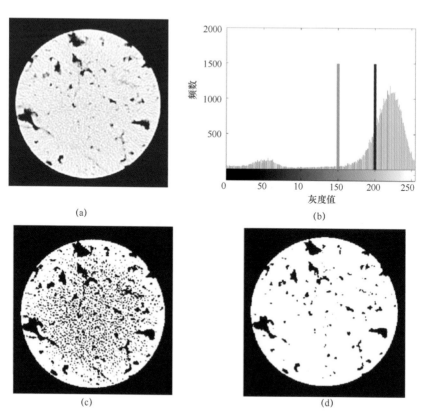

图 8.4

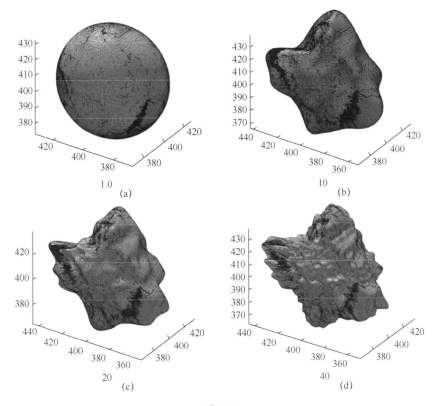

(a) 1.0

(b) 10

(c) 20

(d) 40

图 8.8

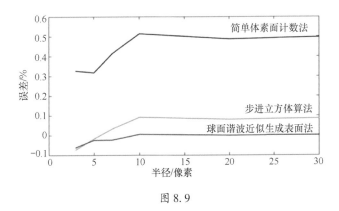

图 8.9

计算机生成岩石

图 8.10

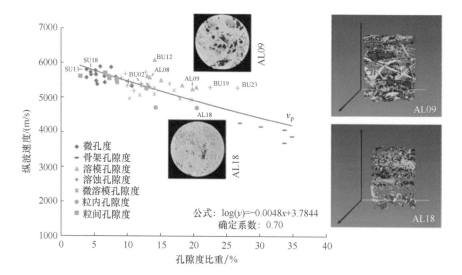

公式：log(y)=-0.0048x+3.7844
确定系数：0.70

图 8.11

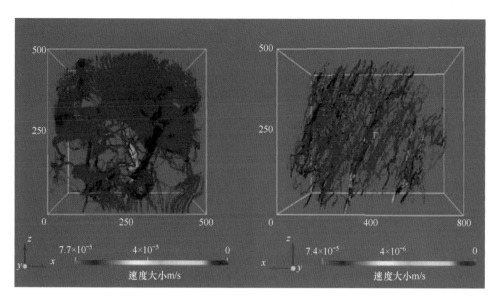

图 8.12

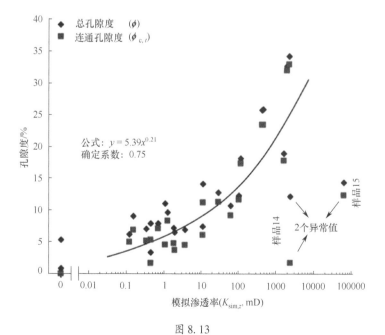

图 8.13

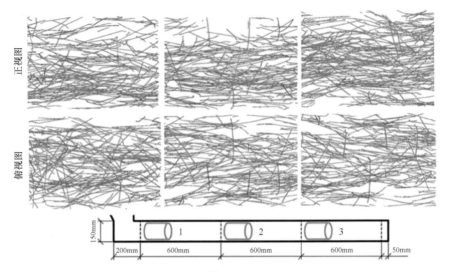

图 8.15

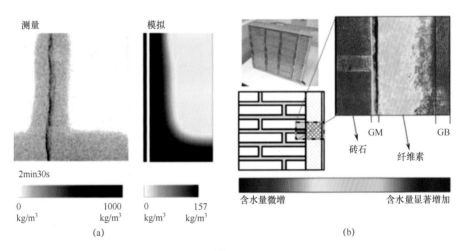

图 8.18

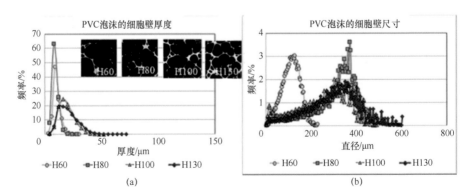

图 8.20

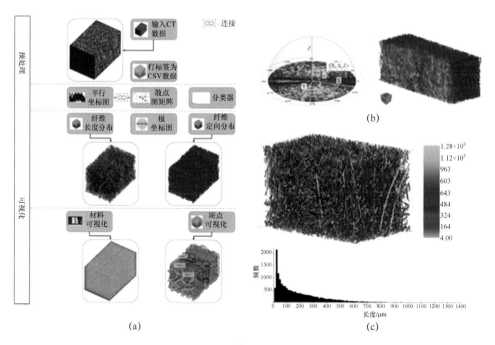

图 8.21

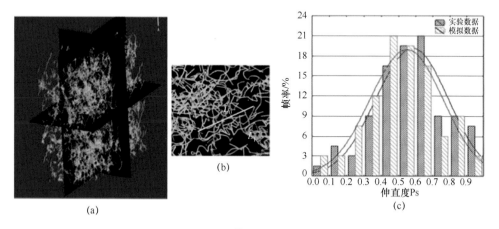

图 8.22

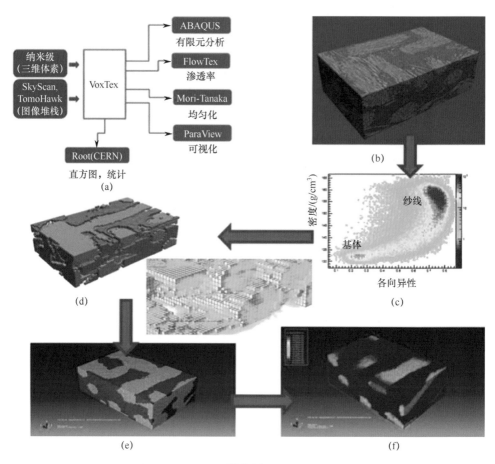

图 8.24

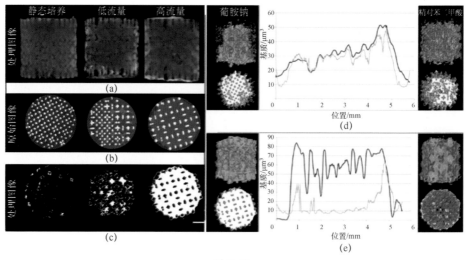

图 8.28

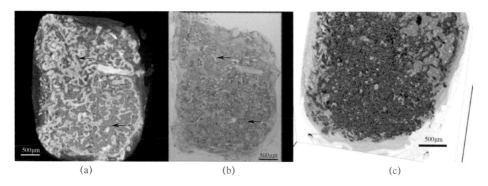

图 8. 29

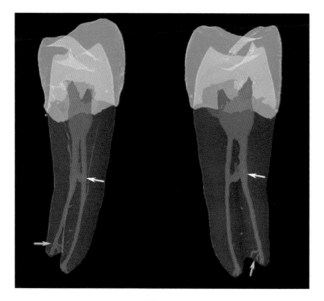

图 8. 31

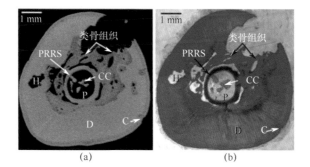

图 8. 32

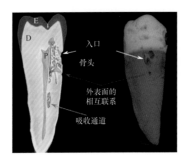

入口

骨头

外表面的
相互联系

吸收通道

图 8.33

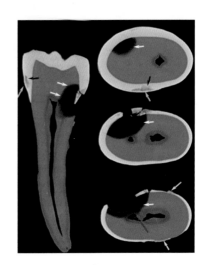

图 8.34

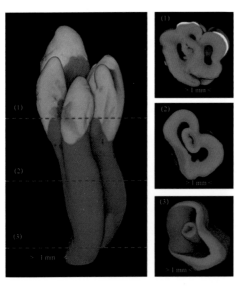

图 8.36

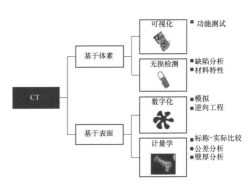

图 9.1

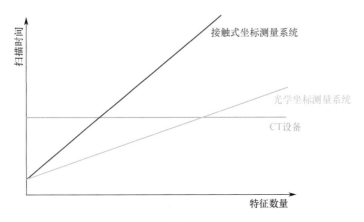

图 9.2

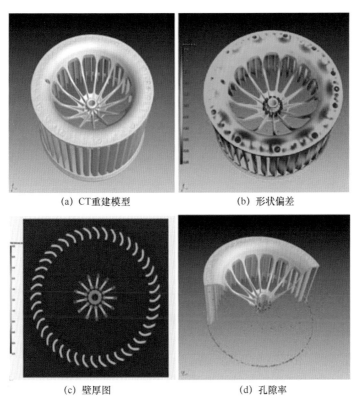

(a) CT重建模型　　　　　　　(b) 形状偏差

(c) 壁厚图　　　　　　　　　(d) 孔隙率

图 9.3

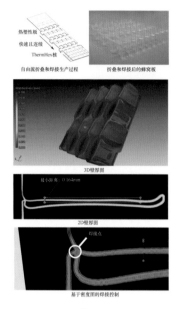

热塑性板
快速且连续
ThermHex核

自由流折叠和焊接生产过程　　折叠和焊接后的蜂窝板

3D壁厚图

最小距离: 0.164mm

2D壁厚图

焊接点

基于密度图的焊接控制

图 9.4

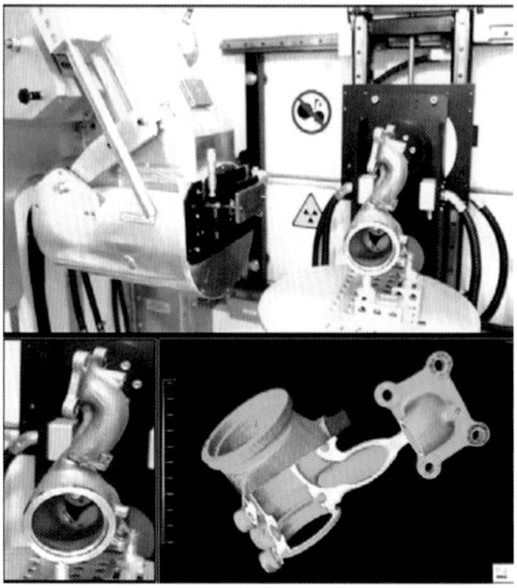

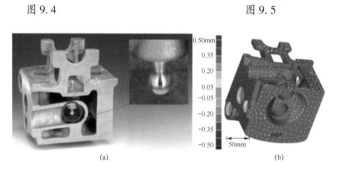

图 9.5

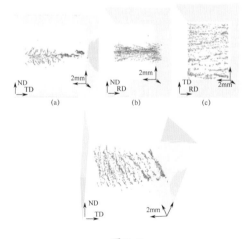

(a)

0.50mm
0.35
0.20
0.05
-0.05
-0.20
-0.35
-0.50

50mm

(b)

图 9.6

(a)　ND TD　2mm
(b)　ND RD　2mm
(c)　TD RD　2mm

ND TD　2mm

图 9.7

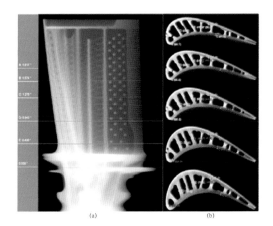

(a)　　　　　　　　　(b)

图 9.8

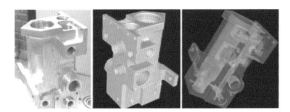

图 9.10

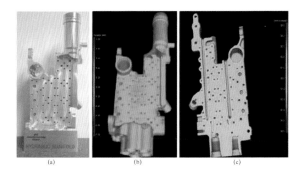

(a)　　　　　　　(b)　　　　　　　(c)

图 9.11

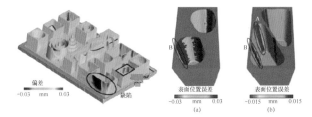

图 9.12

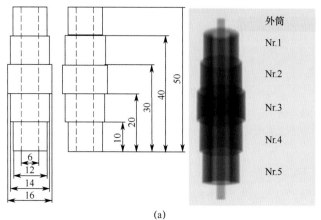

(a)

内销尺寸误差

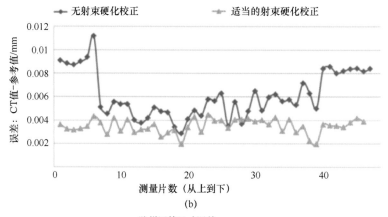

(b)

阶梯圆筒尺寸误差

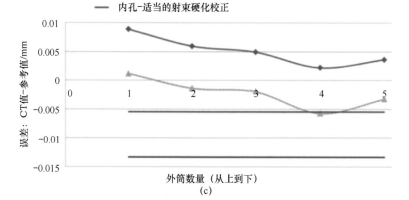

(c)

图 9.13

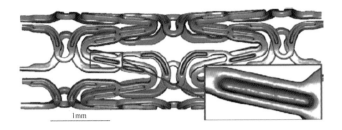

1mm

图 9.14

(a)

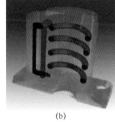

(b)

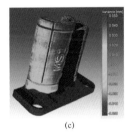

(c)

图 9.16

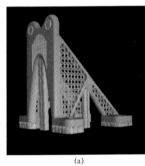

(a)

(b)

图 9.18

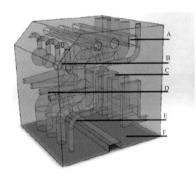

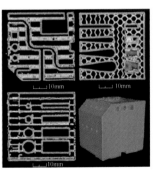

图 9.19

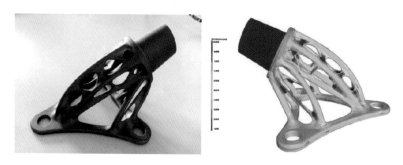

图 9. 20

图 9. 21

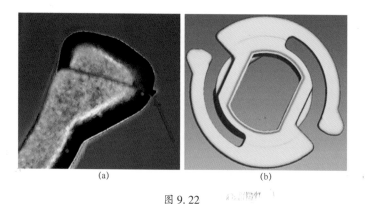

(a)   (b)

图 9. 22

(a)   (b)

图 9. 23

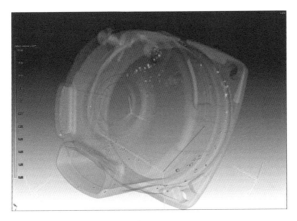

图 9. 24

图 9. 25

59

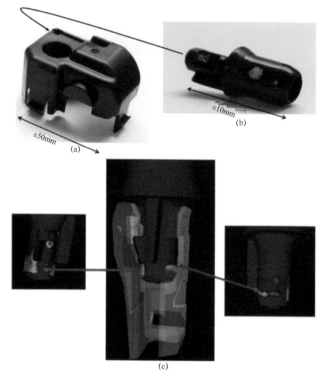

±50mm (a)

±10mm (b)

(c)

图 9.26

图 9.27

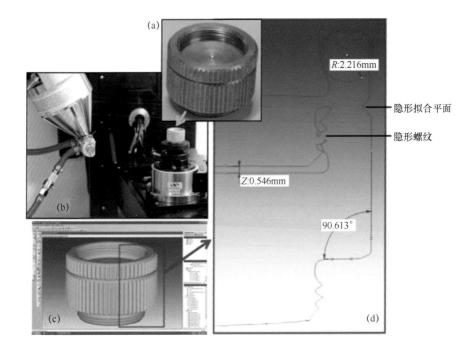

图 9. 28

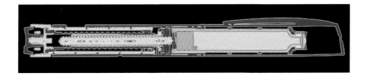

图 9. 29

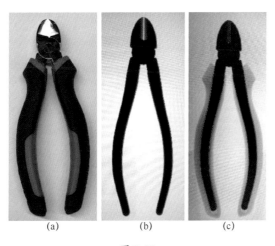

图 9. 30

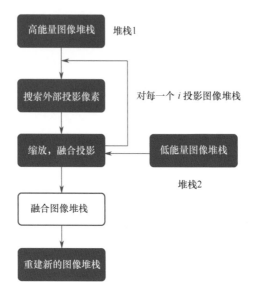

图 9.31

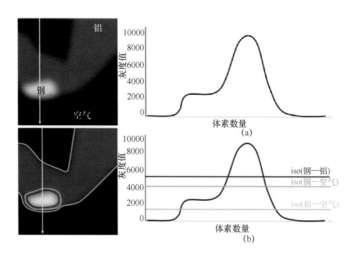

图 9.32

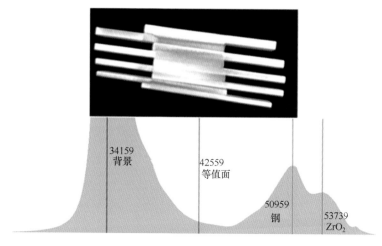

34159
背景

42559
等值面

50959
钢

53739
ZrO₂

图 9.33

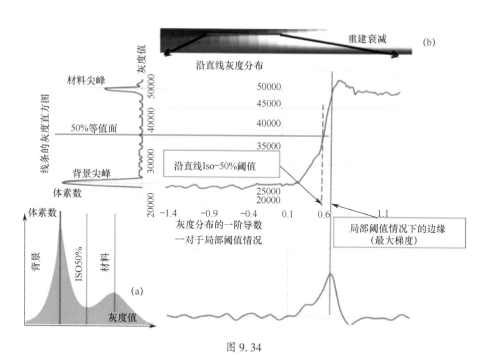

图 9.34

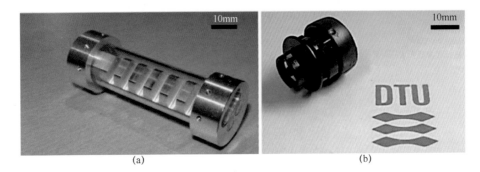

(a)　　　　　　　(b)

图 9.35

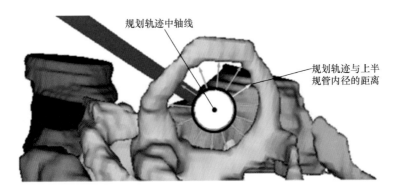

规划轨迹中轴线

规划轨迹与上半
规管内径的距离

图 9.36

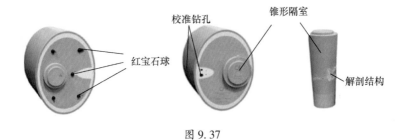

校准钻孔

锥形隔室

红宝石球

解剖结构

图 9.37

64